大数据与人工智能人才培养教学改革示范成果

Java 核心教程：基础与进阶

张亚楠　张　冰　王　姚　主编

电子工业出版社

Publishing House of Electronics Industry

北京·**BEIJING**

内 容 简 介

本书是一本系统性强、实用性强的 Java 编程入门教材，旨在帮助初学者从零开始掌握 Java 语言的核心知识与编程技能。本书首先介绍 Java 的历史与特点、Java 平台、Java 开发工具，以及 JDK 的安装与环境变量的配置、Eclipse 开发工具的使用。然后详细讲解 Java 的基本语法、变量与常量、运算符与表达式、控制结构，帮助读者快速入门。在面向对象编程部分，书中深入探讨类与对象、构造函数、封装、继承、多态、抽象类、接口及内部类等核心概念，并结合常用类的实际应用，强化理论与实践的结合。本书还介绍了 Java 的高级特性，包括数组与集合框架、异常处理、多线程编程、输入/输出与文件管理等内容。最后，书中通过实际案例介绍数据库编程、图形用户界面及网络编程等内容，使读者能够将所学知识应用于实际开发。本书配有大量代码示例、图表和流程图，每章附有习题，帮助读者巩固知识并提升编程能力。

本书可作为高校计算机相关专业的教材，也可供自学 Java 编程的读者参考使用。

图书在版编目（CIP）数据

Java 核心教程：基础与进阶 / 张亚楠, 张冰, 王姚

主编. — 北京：电子工业出版社, 2025.6. — ISBN

978-7-121-50791-5

Ⅰ. TP312.8

中国国家版本馆 CIP 数据核字第 20258PR734 号

责任编辑：王昭松

印　　刷：三河市君旺印务有限公司

装　　订：三河市君旺印务有限公司

出版发行：电子工业出版社

　　　　　北京市海淀区万寿路 173 信箱　　　　邮编：100036

开　　本：787×1092　　1/16　　印张：21.25　　字数：558 千字

版　　次：2025 年 6 月第 1 版

印　　次：2025 年 6 月第 1 次印刷

定　　价：68.00 元

在信息技术飞速发展的今天，Java 作为一门历史悠久且应用广泛的编程语言，始终保持着其强大的生命力和影响力。无论是在企业级应用、移动开发、云计算领域，还是在大数据处理等领域，Java 都扮演着举足轻重的角色。鉴于此，我们精心编写了本书，旨在为初学者提供一本系统、全面、易于理解且实用性强的 Java 入门指南。

本书内容涵盖 Java 语言的基础知识和核心概念，包括 Java 简介、Java 的编程基础、面向对象编程、数组与集合框架、异常处理、多线程编程、输入/输出与文件管理、数据库编程、图形用户界面、网络编程等方面。每章的内容都经过精心设计和编排，力求做到理论与实践相结合，既注重理论知识的讲解，又通过丰富的实例代码和实际应用场景，帮助读者更好地理解和运用所学知识。

在编写过程中，我们特别注重以下几点。

（1）循序渐进，易于上手：本书从 Java 的基本概念入手，逐步深入到复杂的高级特性。每章的内容都建立在前一章的基础上，确保读者能够循序渐进地掌握 Java 编程的精髓。

（2）实例丰富，注重实践：本书穿插了大量的实例代码，这些代码不仅可以用于解释和演示理论知识点，还可以提供丰富的应用场景和实用技巧，帮助读者更好地理解和运用所学知识。同时，我们也鼓励读者动手实践，通过编写代码加深理解和巩固知识。

（3）图文并茂，直观易懂：通过丰富的图表、流程图和代码截图，将复杂的编程概念和过程直观地呈现出来，降低学习难度，提高学习效率。

（4）习题配套，巩固知识：每章末尾都附有精心设计的习题，旨在帮助读者巩固所学知识，检验学习效果，并进一步提升编程能力。这些习题既有理论题，也有编程题，旨在全面地考察读者的学习成果。

此外，本书还着重介绍 Java 的开发工具和环境配置，如 JDK 的安装与配置、Eclipse 等集成开发环境的使用等，让读者能够快速搭建起自己的开发环境，为后续的编程实践打下坚实的基础。

本书由张亚楠、张冰、王姚主编，其中张亚楠编写第 2 章、第 3 章、第 7 章；张冰编写

第 1 章、第 4 章、第 6 章；王姚编写第 5 章、第 8～10 章。

我们相信，通过本书的学习，读者能够掌握 Java 编程的基本技能，为后续的高级编程和项目开发奠定坚实的基础。同时，我们也希望读者能够勤于实践，勇于探索，将所学知识应用于实际工作，不断提升自己的编程能力和技术水平。

最后，衷心感谢所有参与本书编写、审阅和校对工作的同仁们，他们的辛勤付出和无私奉献使得本书得以顺利出版。同时，也感谢广大读者对本书的厚爱与支持，你们的意见和建议是我们不断进步的动力。愿本书能够成为你学习 Java 编程的良师益友，助你迈向编程世界的成功之路！

编　者

目 录

Java 是一种广泛使用的高级编程语言。Java 自 1995 年发布以来，已经走过了三十年的发展历程。Java 凭借其跨平台特性和面向对象设计的特点，成为被全球广泛使用的编程语言。它在企业级应用、Web 开发和移动端等领域扮演着重要角色。Java 的发展历程不仅是技术的演进，也是软件工程思想和互联网应用模式变革的缩影。

1.1 Java 的历史与特点

了解 Java 的历史可以帮助 Java 程序员理解其技术演进和核心设计理念，使 Java 程序员更清晰地把握 Java 在未来技术中的潜力，从而更有效地应用其创新特性解决实际问题。

1.1.1 Java 的历史

Java 最初由 Sun Microsystems 公司的 James Gosling 领导的团队在 1991 年开发，最初被命名为 Oak，其设计目标是将编程语言嵌入家用电器等消费类电子设备中。随着互联网的兴起，Sun Microsystems 公司看到 Oak 在网络应用上的潜力，于是将其更名为 Java，并在 1995 年正式发布。自 Java 诞生至今，Java 的版本也经过了多次更新。Java 的发展与演变版本如表 1-1 所示。

表 1-1　Java 的发展与演变版本

时间	版本	改进
1996 年	Java 1	Java 1 作为一种编程语言正式问世
1998 年	Java 2	引入了 "Swing" 图形界面库，以及 "Java 2 Platform, Enterprise Edition"（J2EE）、"Java 2 Platform, Standard Edition"（J2SE）和 "Java 2 Platform, Micro Edition"（J2ME）三大平台，Java 在企业级应用和移动设备中的应用得到了广泛推广
2004 年	Java 5	Java 5 引入了许多重要的特性，如泛型、枚举类型、注解、增强的 for 循环等
2006 年	Java 6	增强了性能和 Web 相关技术
2011 年	Java 7	引入了许多语言和 Java 虚拟机级别的改进，如 try-with-resources 语法和对 NIO 2 的支持
2014 年	Java 8	这是 Java 的一个重大版本，加入了 Lambda 表达式、Stream 应用程序接口和新的日期/时间应用程序接口，为 Java 带来了函数式编程的支持
2017 年	Java 9	引入了模块系统（Project Jigsaw），改善了应用的结构化管理
2018 年	Java 10	Oracle 改变了 Java 的发布周期，采用了每 6 个月发布一次新版本的策略，带来了许多新特性，包括局部变量类型推断（var）等

1.1.2 Java 的特点

Java 具有众多独特的特点，这些特点使 Java 在软件开发领域占据重要的地位。以下是对

Java 特点的简单概述。

1. 面向对象

面向对象（Object-Oriented Programming，OOP），是一种软件开发的思想。它是对现实世界的一种抽象，面向对象会把相关的数据和方法组织为一个整体来看待。Java 就是一种纯粹的面向对象编程的语言，支持封装、继承和多态等核心概念，使得 Java 程序员能够构建出结构良好、易于维护和重用的代码。使用面向对象的方法进行软件开发，可以提高软件的可读性和可扩展性，有助于管理复杂的系统。

2. 语法简洁性

语法简洁性是指 Java 的语法设计简洁明了，去除了 C++ 等语言中的一些复杂和容易引起错误的部分，如指针运算等，这使得 Java 对于新手来说更加友好，同时也降低了开发过程中的错误率。简洁的语法也使得 Java 代码更容易被阅读和维护。

3. 平台独立性

Java 的最大优势之一是平台独立性。Java 程序在任何支持 Java 虚拟机（Java Virtual Machine，JVM）的操作系统上都能运行，无须进行任何修改。这种"一次编写，处处运行"（Write Once, Run Anywhere）的理念极大地简化了 Java 程序的部署和维护工作，使得 Java 成为跨平台应用开发的理想选择。

4. 安全性

Java 非常重视安全性。Java 在设计时就将安全性作为重点。Java 提供了字节码验证器以确保运行在 JVM 上的字节码符合一定的规范与安全要求。Java 还提供了沙箱模型以限制应用程序的运行，防止恶意字节码的执行。此外，Java 提供的安全管理器可以对字节码的执行进行监控和限制，确保了应用程序运行的安全性。

（1）字节码验证器：在字节码被执行前，JVM 会检查它是否符合 Java 语言规范，确保没有非法操作。

（2）沙箱模型：限制应用程序访问系统资源，如文件和网络，防止恶意行为。

（3）安全管理器：允许开发者定义安全策略，控制应用程序的权限，如是否可以读取文件或访问网络。

5. 多线程支持

Java 内置了多线程支持，多线程可以提高程序的效率和响应速度，这使 Java 程序员可以轻松地编写并发程序。Java 的并发应用程序接口（Application Program Interface，API）简化了线程的创建和管理，并提供了同步机制来避免并发编程中的常见问题，如死锁和竞态条件。

6. 丰富的类库

Java 拥有一个庞大的标准类库，提供了从基础数据结构到高级 I/O 操作、网络编程、数据库连接等丰富的 API。这些预构建的类和接口为开发者提供了极大的便利，加快了开发速度，并提高了代码的可重用性。

7. 可靠性和健壮性

Java 的设计目标之一是使程序具有多方面的可靠性。Java 注重程序早期的问题检测、运行时的检测，并消除有错误倾向的状态。通过强类型检查，Java 能在程序编译时检测类型错误，从而减少程序运行时的错误。

Java 的健壮性还体现在垃圾回收机制上。Java 通过垃圾回收机制能自动管理内存，从而使程序员无须手动释放内存。Java 会自动回收不再使用的对象，这样可以降低内存泄漏和崩溃的风险，提升程序的健壮性和稳定性。

1.2　Java 平台

Java 平台是一个可以开发、运行 Java 程序的软件环境，本节将从 Java 平台的组成及 Java 平台的标准化规范两方面对 Java 平台进行介绍。

1.2.1　Java 平台的组成

Java 平台由 JVM、Java 运行时环境（Java Runtime Environment，JRE）、Java 开发工具包（Java Development Kit，JDK）组成，它提供了一个跨平台、高效、面向对象的开发和运行环境，用于开发各种类型的应用程序。

1. JVM

JVM 可以实现同一套 Java 源代码在不同操作系统平台的执行，操作系统在执行 Java 代码文件时会先将 Java 源代码文件通过编译器产生相应的字节码（.class）文件，再通过 JVM 中的解释器，将字节码文件编译成特定操作系统上的机器码。Java 跨操作系统平台执行的过程示意如图 1-1 所示。

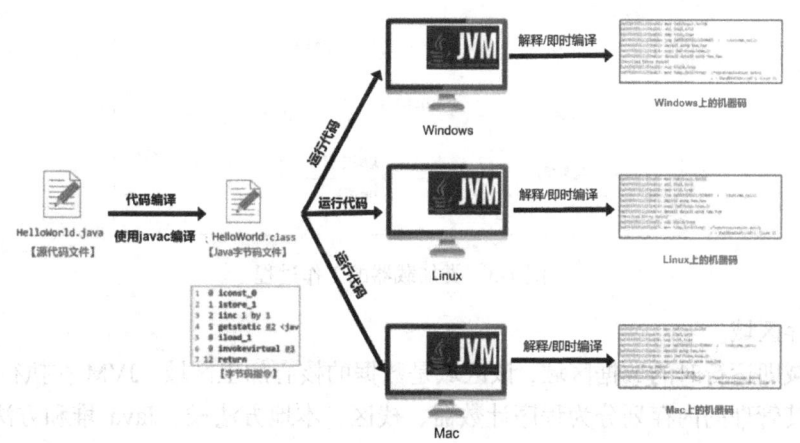

图 1-1　Java 跨操作系统平台执行的过程示意

1）JVM 的体系结构

JVM 的体系结构如图 1-2 所示，JVM 主要由类加载器、内存区域、执行器、本地库接口和本地方法库组成。

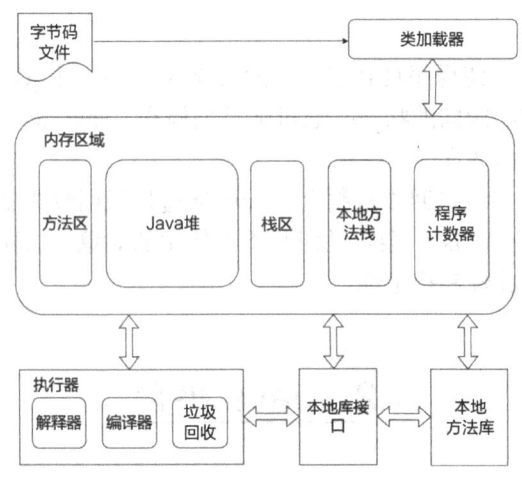

图 1-2　JVM 的体系结构

（1）类加载器。

类加载器负责将字节码文件加载到 JVM 内存，主要用于加载类对象，将字节码文件加载为 class 类，类加载器的工作过程如图 1-3 所示。Animal.class 字节码文件通过类加载器加载到 JVM 中，并在 JVM 中初始化了一个动物类。动物类可以通过调用 getClassLoader()方法获取动物类的类加载器，并通过调用 new()方法实例化 3 个动物实例，分别是山羊、绵羊、藏羚羊。被实例化的动物实例绵羊又可以通过调用 getclass()方法返回绵羊动物实例所属的动物类，以获得动物类的信息。

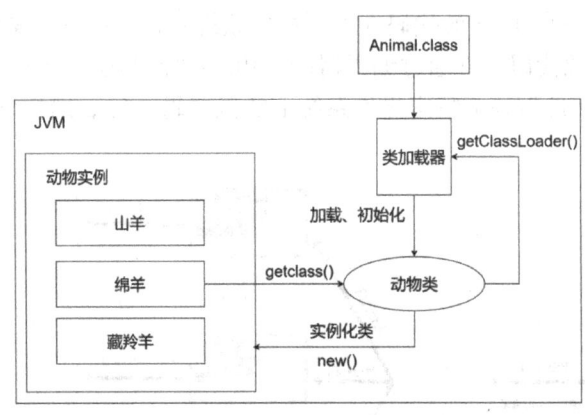

图 1-3　类加载器的工作过程

（2）内存区域。

内存区域即运行时的数据区域，该区域是数据的核心加工区域，JVM 在执行 Java 程序的过程中会将其管理的内存划分为程序计数器、栈区、本地方法栈、Java 堆和方法区等数据区域。这些数据区域有各自的用途，以及创建和销毁的时间，有些数据区域随着虚拟机进程的启动而一直存在，有些数据区域则依赖用户线程的启动和结束而建立或销毁。内存区域中的程序计数器用于记录字节码的执行位置，栈区用于存储方法调用栈帧，本地方法栈用于处理本地方法相关内容，Java 堆用于存储对象实例，方法区用于保存类信息等。内存区域中的不同数据区域介绍如下。

① 程序计数器（Program Counter Register，PCR）：程序计数器是一块较小的内存空间，它可以被看作当前线程所执行的字节码的行号指示器。字节码解释器的工作就是通过改变程序计数器的值来选取下一条需要执行的字节码指令。程序计数器是程序控制流的指示器，分支、循环、跳转、异常处理、线程恢复等基础功能都需要其实现。由于 JVM 的多线程是通过线程轮流切换、分配处理器执行时间的方式实现的，在任何一个确定的时刻，一个处理器（对多核处理器来说是一个内核）只执行一条线程中的指令。因此，为了线程切换后能恢复到正确的执行位置，每条线程都需要一个独立的程序计数器。各条线程之间的程序计数器互不影响且独立存储，故我们将这类内存区域称为"线程私有"的内存。

② 栈区：图 1-2 所示的内存区域中的栈区即 JVM 栈，是 Java 方法执行的线程内存模型。当每个方法被执行时，JVM 都会同步创建一个栈帧，用于存储局部变量表、操作数栈、动态连接、方法出口等信息。每个方法从调用到执行完毕的过程，对应着一个栈帧在 JVM 栈中从入栈到出栈的过程。与程序计数器一样，JVM 栈也是线程私有的，其生命周期与线程相同。

③ 本地方法栈（Native Method Stacks）：本地方法栈与 JVM 栈的作用是非常相似的，二者的区别是 JVM 栈为 JVM 执行 Java 方法（字节码）服务，而本地方法栈则为 JVM 使用到的本地（Native）方法服务。

④ Java 堆：Java 堆是被所有线程共享的一块内存区域，在 JVM 启动时创建。此内存区域的唯一目的就是存储对象实例，Java 绝大多数的对象实例都在这里分配内存。Java 堆是垃圾收集器管理的内存区域，因此它也被称为"GC 堆"，这就是我们进行 JVM 调优的重点区域部分（详见 JVM 未来的发展中的第一点）。

⑤ 方法区（Method Area）：方法区与 Java 堆一样，是各个线程共享的内存区域，它用于存储已被虚拟机加载的类信息、常量、静态变量、即时编译器编译后的代码缓存等数据。

（3）执行器。

执行器的功能是通过解释器或编译器把字节码转换成机器码并执行。本地方法接口用于与本地方法库协作，调用 C 或 C++ 等编写的本地方法，让 Java 能更好地利用底层系统资源。

2）JVM 的功能

JVM 具有内存管理、解释执行虚拟机指令和即时编译（Just-In-Time，JIT）三大核心功能。内存管理是指 JVM 负责管理堆内存（JVM 中用于动态分配内存的区域）。解释执行虚拟机指令是指 JVM 通过解释器逐行解释字节码并执行相应的操作。解释执行虚拟机指令的优点在于它的跨平台性，即无论在哪种操作系统或硬件平台上，只要安装了对应的 JVM，就可以运行 Java 程序。即时编译是一种优化技术，它会在 Java 程序运行时将热点代码编译成本地机器码。这些热点代码通常是被频繁执行的代码片段，将它们编译成本地代码可以显著提高执行速度。即时编译的流程如图 1-4 所示，将 HelloWorld.class 这一 Java 热点字节码文件进行解释优化后保存至内存，当计算机需要再次执行这一热点代码时，就可以直接去内存中调用，无须再次解释优化。

3）JVM 不同种类的实现

常见的 JVM 实现包括 HotSpot、GraalVM、Dragonwell JDK、Eclipse OpenJ9 等。以下是对常见 JVM 实现的简单概述。

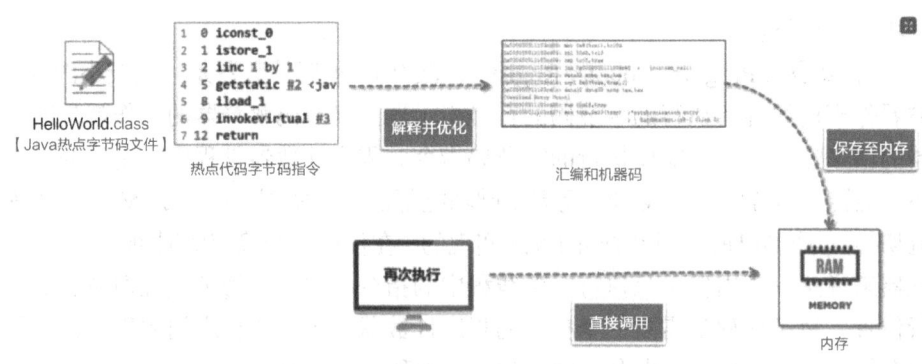

图 1-4 即时编译的流程

（1）HotSpot。

HotSpot 是由 Oracle 开发的一款高性能且被广泛使用的 JVM。为了提高 Java 程序的执行效率，HotSpot 虚拟机采用了多种优化技术，其中最核心的是即时编译技术。此外，HotSpot 虚拟机还支持一种被称为"混合编译"的优化技术，它将解释执行和即时编译结合起来，进一步优化程序的性能。除了即时编译技术，HotSpot 虚拟机还具有其他高性能特性。例如，它优化了垃圾回收器和内存管理器，为 Java 程序提供了高效、稳定的运行环境。这些特性使 HotSpot 成为高性能、可扩展的 JVM，被广泛应用于各种应用程序和场景。

（2）GraalVM。

GraalVM 是一种高性能的运行时环境，可以运行多种语言的程序，包括 Java、JavaScript、Python 等，旨在提供一种统一的运行时环境，以支持各种不同的编程语言和框架。GraalVM 通过使用即时编译和垃圾回收技术提高程序的执行效率，并提供了一种被称为"Truffle"的框架，用于实现自定义语言的解释器和编译器。通过 Truffle 框架，开发者可以使用高级语言编写程序，并利用 GraalVM 的高性能特性运行。除了高性能的即时编译和垃圾回收功能，GraalVM 还支持多种语言的互操作性。这意味着开发者可以在同一个应用程序中使用不同的编程语言，并轻松地调用和交互它们的功能。这种互操作性使 GraalVM 成为一种灵活、高效的多语言运行时环境。

（3）Dragonwell JDK。

Dragonwell JDK 是阿里巴巴提供的一款功能增强版的 JVM。它基于 HotSpot 虚拟机进行了一些优化和增强，旨在提高 Java 程序的性能和稳定性。Dragonwell JDK 通过优化 HotSpot 虚拟机的内部机制来提高 Java 程序的执行效率，涉及对垃圾回收器、即时编译器和其他核心组件的调整和改进。这些优化旨在提高程序的启动速度、运行时的性能，以及减少资源消耗。除了性能优化，Dragonwell JDK 还提供了一些额外的功能和工具，以提升开发者的体验和应用程序的质量，其中包括对特定于中国市场的特性的支持、更好的调试和监控工具，以及对最新 Java 版本的早期支持等。

（4）Eclipse OpenJ9。

Eclipse OpenJ9 是 IBM 开发的一款高性能 JVM，它不仅支持 Java SE 标准，还提供了强大的垃圾回收和诊断工具。作为一款专为企业级应用打造的高性能 JVM，Eclipse OpenJ9 致力于为应用程序提供稳定、高效的运行环境。Eclipse OpenJ9 虚拟机的垃圾回收机制可以有效地管理内存并降低内存泄漏的风险；诊断工具则可以帮助开发者和系统管理员监控和调试 Java

应用程序。这些工具可以帮助开发者分析程序的性能瓶颈和解决潜在问题。Eclipse OpenJ9 广泛应用于大型企业级应用和关键任务场景，被认为是一种可靠、高性能的 JVM 选择，尤其适用于需要高可用性和可扩展性的应用程序。

4）JVM 未来的发展

随着技术的不断进步，JVM 也在不断演进，以适应新的应用场景和需求。特别是在云计算和容器化技术的推动下，JVM 在性能、可扩展性和资源管理方面都面临新的挑战和机遇。理解 JVM 的未来发展趋势及其在云计算中的应用，对于开发者和运维人员来说至关重要。JVM 的未来发展趋势如下。

（1）更高效的垃圾回收。

垃圾回收一直是 JVM 性能优化的重点领域。未来，JVM 将继续在垃圾回收算法和垃圾回收器方面进行改进，以提高 GC 的效率和减少停顿时间。而垃圾回收方面的性能调优将以堆为重点。

（2）更智能的即时编译。

即时编译是提高 Java 应用程序性能的重要手段。未来，JVM 将继续在 JIT 编译器方面进行改进，以提高编译效率和生成代码的执行性能。

（3）更好的容器化支持。

随着容器化技术的普及，JVM 在容器环境中的性能和资源管理变得越来越重要。未来，JVM 将继续在容器化支持方面进行改进，以更好地适应云计算和微服务架构。

（4）更强的安全性。

安全性是 JVM 发展的重要方向之一。未来，JVM 将继续在安全机制方面进行改进，以应对新的安全威胁和漏洞。

2. JRE

JRE 是 Java 平台的组成之一，其由 Sun 微系统研发，是运行 Java 程序所必需的软件环境，提供了执行 Java 字节码所需的所有组件。JRE 由 JVM、Java 核心类库、支持文件和工具组成。由于前面已经详细介绍了 JVM，所以下面重点介绍 Java 核心类库和支持文件。

1）Java 核心类库

Java 的类库是 Java 开发的核心组成部分，它包含了大量的预定义类和方法，提供了 Java 程序开发所需的基本功能。Java 类库为开发者提供了丰富的工具，可以让程序员快速实现如输入/输出、网络编程、数据库访问等常见功能，而无须从头编写代码。Java 类库可以分为多个模块和包，每个模块和包都负责不同的功能。以下是对 Java 类库的详细介绍，包括常见的类库包及其主要功能。

（1）java.lang 包。

java.lang 包是 Java 程序中最基本和最核心的包，包含了 Java 编程语言的基础类，这些类是每个 Java 程序的构建块。由于其重要性，java.lang 包中的类被自动导入所有 Java 程序，无须显式地使用 import 语句。java.lang 包提供的基础类包括基本 Object 类、Class 类、String 类、基本类型的包装类、基本的数学类等。

（2）java.util 包。

java.util 包是 Java 标准类库中的重要组成部分，提供了一系列对程序开发非常有用的类和接口。

（3）java.io 包。

I/O（Input/Output），指输入和输出。数据输入计算机内存的过程即输入，反之数据输出到外部存储（如数据库、文件、远程主机）的过程即输出。数据传输的过程类似水流，因此被称为 I/O 流。I/O 流在 Java 中分为输入流和输出流，而根据数据的处理方式又分为字节流和字符流。I/O 流的 40 多个类都是从抽象类基类中派生出来的。

（4）java.net 包。

java.net 包提供了用于网络编程的类，支持 HTTP、TCP、UDP 等协议。它为 Java 程序提供了与其他计算机或网络服务进行通信的能力。

2）Java 的支持文件

Java 的支持文件主要包括配置文件、本地化文件、调试和监控相关文件。

（1）配置文件。

JRE 中的配置文件用于设置 Java 运行时环境的各种参数，这些参数能够影响 Java 程序的运行方式。例如，通过配置文件可以调整 JVM 的内存使用情况、垃圾回收策略、安全策略等诸多重要参数。配置文件有如下几种。

- java.security 文件：这是 Java 安全策略的配置文件。java.security 文件定义了 Java 程序在运行过程中的各种安全权限，如哪些程序代码可以访问本地文件系统、哪些程序代码可以进行网络连接等。例如，在一个需要限制网络访问权限的小程序中，可以通过修改 java.security 文件实现更严格的安全策略，防止恶意代码利用网络进行非法数据传输。
- jvm.config 文件（部分 JVM 使用）：用于配置 JVM 自身的一些参数。例如，可以在这个文件中设置 JVM 的启动参数，如-Xmx（用于指定最大堆内存）和-Xms（用于指定初始堆内存）。如果开发一个内存密集型的 Java 应用，则可能需要在 jvm.config 文件中适当增大这些参数值，以确保程序有足够的内存空间运行，避免出现内存不足的情况。

（2）本地化文件。

本地化文件用于支持 Java 程序在不同地区和语言环境下的本地化运行，使 Java 程序能够根据用户所在的地区显示合适的语言、日期格式、数字格式等。例如，properties 文件就是一个本地化文件，它用于存储不同语言环境下的文本消息。

（3）调试和监控相关文件。

JRE 的调试和监控工具在运行过程中也会涉及一些调试和监控相关的支持文件。以 JConsole 为例，它通过 Java Management Extensions（JMX）技术与 JVM 中的管理代理通信，这个过程可能涉及一些内部的配置和数据交换文件（虽然这些文件通常对开发者是透明的），用于获取 Java 程序运行的内存使用、线程状态、类加载等信息。调试和监控相关文件的主要功能不是配置运行环境，而是辅助监控程序状态。

3. JDK

JDK 是 Java 平台的核心，提供了开发 Java 程序所需的工具和库。对普通用户而言，无须安装 JDK 即可运行 Java 程序（只需安装 JRE）；对程序开发者而言，必须安装 JDK 来编译、调试程序。

JDK 包含了一批用于 Java 开发的组件，其中包括如下几种。

- javac：编译器，将后缀名为 ".java" 的源代码编译成后缀名为 ".class" 的字节码。
- java：运行工具，运行后缀名为 ".class" 的字节码。
- jar：打包工具，将相关的类文件打包成一个文件。
- javadoc：文档生成器，从源码注释中提取文档，注释需符合规范。
- jdb debugger：调试工具。
- jps：显示当前 java 程序运行的进程状态。
- javap：反编译程序。
- appletviewer：运行和调试 applet 程序的工具，不需要使用浏览器。
- javah：从 Java 类生成 C 头文件和 C 源文件。这些文件提供了连接胶合，使 Java 代码和 C 代码可进行交互。
- javaws：运行 JNLP 程序。
- extcheck：一个检测 jar 包冲突的工具。
- apt：注释处理工具。
- jhat：java 堆分析工具。
- jstack：栈跟踪程序。
- jstat：JVM 检测统计工具。
- jstatd：jstat 守护进程。
- jinfo：获取正在运行或崩溃的 java 程序配置信息。
- jmap：获取 java 程序内存的映射信息。
- idlj：IDL-to-Java 编译器，将 IDL 语言转化为 java 文件。
- policytool：一个 GUI 的策略文件创建和管理工具。
- jrunscript：命令行脚本运行。

JDK、JRE 和 JVM 三者之间的关系如图 1-5 所示。

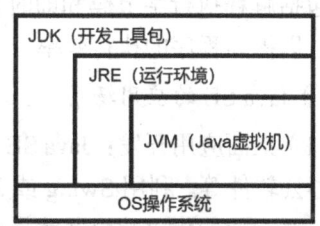

图 1-5　JDK、JRE 和 JVM 三者之间的关系

1.2.2　Java 平台的标准化规范

Java 平台包含一系列的标准和规范，如 Java SE（Java Standard Edition）、Java EE（Java Platform，Enterprise Edition）和 Java ME（Java Platform，Micro Edition）。这些规范定义了不同类型的 Java 程序的开发和运行环境。

1. Java SE

Java SE（Java 标准版）提供了 Java 应用的基本组件，如前面提到的 JVM、JRE 和 JDK，它允许开发和部署在桌面、服务器、嵌入式环境和实时环境中使用的 Java 应用程序。Java SE 也包含了支持 Java Web 服务开发的类。

1）Java SE 的历史背景

Java SE 的起源可以追溯到 Java 的早期发展阶段。Java 最初是为了解决嵌入式系统开发中的跨平台问题而设计的。随着时间的推移，Sun Microsystems（后来被 Oracle 收购）对 Java 进行了不断的完善和扩展，逐渐形成了 Java SE 这一标准版。它从简单的语言基础起步，持续吸收新的特性和技术：早期有用于图形用户界面开发的 AWT（Abstract Window Toolkit），后来推出功能更强大的 Swing 库，使 Java SE 在桌面应用开发等领域更具竞争力。1995 年 Java 正式发布，Java SE 作为核心部分，为后续 Java 在各个领域的广泛应用奠定了基础。随着计算机技术的进步，Java SE 不断发展：从早期互联网兴起时主要用于简单的网页小程序，到如今成为开发各种复杂的单机应用、后端服务基础组件等的重要工具。

2）Java SE 的架构

（1）核心语言层：这是 Java SE 的基础部分，包括 Java 语言的基本语法，如数据类型（整数、浮点数、字符、布尔等）、控制语句（条件判断 if-else、循环 for、while 等）、面向对象的编程特性（类、对象、继承、封装、多态）。这些基本元素构成了 Java 程序的逻辑骨架。例如，通过定义类描述实体，利用继承来构建类之间的层次关系，以实现代码的复用和扩展。

（2）标准库层：Java SE 提供了丰富的标准库，这些库按照功能划分成多个包。例如，java.util 包包含了实用的工具类和数据结构，如 ArrayList（动态数组）、LinkedList（链表）、HashMap（键值对映射）等集合类，便于开发者进行数据的存储和操作。java.io 包用于输入/输出操作，使得程序能够读写文件并进行网络通信等。java.lang 包是最基础的包，其中包含了如 Object（所有类的根类）、String（字符串处理）等常用类，这些类在 Java 程序中被频繁使用。

（3）虚拟机层：Java SE 的程序是通过 JVM 执行的。JVM 负责加载和执行字节码文件。它提供了一个抽象层，使 Java 程序能够在不同的操作系统上运行。JVM 采用了多种执行策略，包括解释执行字节码和即时编译，在运行过程中可以将频繁执行的字节码部分编译成机器码，以提高程序的执行效率。

3）Java SE 的应用场景

（1）桌面应用开发：Java SE 可用于开发各种桌面应用程序，如文本编辑器、图形设计工具、办公软件等。利用 Swing 或 JavaFX 等图形库，可以创建出具有丰富用户界面的应用。例如，一些专业的代码编辑器就是使用 Java SE 开发的，它们通过 Java 的图形界面技术提供了代码编辑、语法检查、代码自动补全等功能。

（2）命令行工具开发：许多系统管理和开发相关的命令行工具是基于 Java SE 构建的。这些工具可以在终端或命令行提示符窗口中运行，执行各种任务，如文件处理、数据转换、代码编译等。例如，在软件开发过程中，一些构建工具可以利用 Java SE 的特性处理项目文件的编译、打包等操作。

（3）后端服务基础组件开发：虽然 Java EE 更侧重于完整的企业级后端服务开发，但 Java SE 作为基础，可用于开发后端服务中的一些基础组件，如简单的数据库连接池（Connection Pool）、日志系统等。这些基础组件可以为更复杂的企业级应用提供支持。例如，一个自定义的数据库连接池组件可以利用 Java SE 的多线程和资源管理特性高效地管理数据库连接，从而提升程序的性能。

2. Java EE

Java EE 是一个为企业级应用开发提供全面支持的平台，它构建在 Java SE 基础之上，旨在帮助开发者高效地创建复杂的、分布式的、多层架构的企业应用。

1）Java EE 的历史背景

Java EE 的前身是 J2EE，首次发布于 1999 年。J2EE 作为 Java SE 的扩展，引入了面向企业的特性，迅速被大规模企业采用，用于开发分布式、多层次的企业应用。到了 2006 年，J2EE 被重新命名为 Java EE，并随着版本迭代引入了更多的新特性和优化。

在 2017 年，Oracle 公司将 Java EE 转交给了 Eclipse 基金会，并将其改名为 Jakarta EE。这标志着 Java 企业版进入了新的发展阶段，由社区驱动、开源化，继续为开发者提供高效、灵活的企业级开发平台。

2）Java EE 的架构

Java EE 的架构采用分层的设计理念，通常包括表示层、业务逻辑层和数据访问层。

（1）表示层：主要负责与用户进行交互，处理用户界面相关的事务。这一层可以通过多种方式实现，如使用 Servlet 和 JSP 技术生成动态网页，或者利用 Java FX 等技术构建富客户端应用。例如，在一个电商网站中，用户看到的商品展示页面、购物车页面等都属于表示层的范畴。表示层用于接收用户的操作请求并将其传递给业务逻辑层进行处理。

（2）业务逻辑层：负责集中处理企业应用的核心业务逻辑。这一层包含了各种业务规则和流程，如订单处理、库存管理、用户认证等。在 Java EE 中，EJB（Enterprise JavaBeans，企业级 Java Bean）是实现业务逻辑层的关键技术之一，其提供了事务管理、安全性、并发控制等企业级特性，使开发者能够专注于业务逻辑的实现，而不用担心底层的复杂技术细节。例如，在银行转账业务中，业务逻辑层需要确保转账操作的原子性、完成用户权限验证并执行更新账户余额等操作。

（3）数据访问层：负责与数据库或其他数据存储系统进行交互，实现数据的持久化和读取。在 Java EE 中，可以使用 JPA（Java 持久化 API）实现数据访问层。JPA 允许开发者通过面向对象的方式操作数据库，将数据库中的表映射为 Java 对象，便于执行数据的插入、查询、更新和删除操作。例如，在一个企业资源规划系统中，数据访问层需要从数据库中读取员工信息、产品库存信息等，并将业务逻辑层处理后的结果持久化到数据库中。

3）Java EE 的主要技术组件

（1）Servlet 技术。

① Servlet 是运行在服务器端的 Java 小程序，它基于请求–响应模型工作。当客户端（如浏览器）发送一个 HTTP 请求到服务器时，服务器会根据请求的 URL 将请求转发给相应的 Servlet。

② Servlet 容器（如 Tomcat）负责加载和管理 Servlet。Servlet 通过 init() 方法进行初始化，这个方法在 Servlet 第一次被加载时执行，用于初始化一些资源，如数据库连接池等。service() 方法是处理请求的核心方法，会根据请求的类型（如 GET、POST 等）执行相应的逻辑。例

如，对于一个用户登录的请求，service()方法会验证用户输入的用户名和密码是否正确。destroy()方法用于在 Servlet 被卸载时清理资源，如关闭数据库连接等。

（2）Java 服务器页面技术。

Java 服务器页面（Java Server Pages，JSP）允许在 HTML 页面中嵌入 Java 代码片段，实现动态网页生成。当客户端第一次访问 JSP 页面时，服务器会将 JSP 页面编译成 Servlet，然后由 Servlet 容器执行这个 Servlet 生成动态内容并返回给客户端。JSP 页面中的 Java 代码片段可以与服务器端的业务逻辑进行交互，获取数据并将其动态地显示在网页上。例如，在一个新闻网站中，JSP 页面首先从数据库中获取新闻标题、内容和发布时间等信息，然后将这些信息嵌入 HTML 模板，生成最终的新闻页面。

（3）EJB 技术。

EJB 技术的类型与功能如下。

- 会话 Bean（Session Bean）：分为无状态会话 Bean（Stateless Session Bean）和有状态会话 Bean（Stateful Session Bean）。无状态会话 Bean 不维护客户端的状态，每次调用方法时都独立处理，适用于执行独立的、一次性的业务操作，如计算税费、查询产品信息等。有状态会话 Bean 则会维护客户端的状态，它可以记住客户端在多次方法调用之间的状态信息。例如，在一个购物车应用中，有状态会话 Bean 可以跟踪用户添加到购物车中的商品信息、数量等状态，方便用户进行后续的操作，如修改购物车内容、结算等。

- 实体 Bean（Entity Bean）：在早期的 Java EE 中，实体 Bean 用于将数据库中的实体映射到 Java 对象，实现数据的持久化。不过在现代 Java EE 开发中，更多地使用 JPA 代替传统的实体 Bean 进行数据持久化操作。实体 Bean 可以通过容器管理的持久化（CMP）或 Bean 管理的持久化（BMP）方式与数据库交互。

- 消息驱动 Bean（Message Driven Bean）：主要用于处理异步消息。它可以接收来自消息队列（如 JMS）的消息，并在收到消息后执行相应的业务逻辑。例如，在一个企业级消息系统中，消息驱动 Bean 首先接收来自其他系统发送的订单处理消息，然后在后台异步地处理订单，而不会影响其他系统的正常运行。

（4）JPA 技术。

JPA 是一种用于数据持久化的标准 API，它通过对象–关系映射技术将 Java 对象与数据库表进行关联。开发者可以使用 Java 类和接口定义实体，通过注解或 XML 配置文件描述实体与数据库表之间的映射关系。JPA 提供了 EntityManager 接口执行各种数据操作，如 persist()方法用于保存实体到数据库，find()方法用于根据主键查询实体等。例如，定义一个 Employee 实体类，并通过 JPA 注解将其与数据库中的 employees 表进行映射，就可以使用 EntityManager 接口方便地进行员工数据的插入、查询、更新和删除操作。

4）Java EE 的优势

Java EE 作为一个面向企业的平台具有如下优势。

（1）企业级特性支持：Java EE 提供了完整的企业级应用开发解决方案，包括事务管理、安全性、并发控制等功能。例如，在一个分布式的电商系统中，事务管理可以确保订单处理、库存更新和支付操作等步骤全部成功或全部失败，从而保证数据的一致性。安全性控制可以通过角色基于权限的访问控制保护企业的敏感信息，防止未经授权的访问。并发控制可以处理高并发的用户请求。例如，在促销活动期间，同时处理大量的订单提交和商品查询请求。

（2）可扩展性和分布式处理能力：Java EE 应用可以方便地进行扩展，以适应企业业务的增长。通过集群技术，可以将 Java EE 应用部署在多个服务器上，实现负载均衡和高可用性。例如，一个大型的互联网金融公司可以通过将 Java EE 应用部署在多个服务器节点上，根据业务负载动态地分配请求，提高系统的处理能力和可靠性。同时，Java EE 支持分布式计算。例如，通过远程方法调用（RMI）或 Web 服务等技术，可以方便地实现不同系统之间的通信和集成。

（3）标准化和规范化：Java EE 是一个标准化的平台，遵循一系列的规范和标准，这使得不同的开发者和开发团队可以使用统一的技术和方法进行企业级应用开发，便于代码的维护和团队协作。例如，在一个大型的企业级项目中，不同的模块可以由不同的团队开发，由于大家都遵循 Java EE 的标准，各个模块之间可以方便地集成和对接。

3. Java ME

Java ME 是专为资源受限的设备和嵌入式应用设计的，主要用于嵌入式系统、移动设备、物联网设备及其他低功耗、低计算能力的环境中。Java ME 提供了一种轻量级的 Java 环境，能够让开发者在这些设备上运行 Java 应用程序。它是 Java 平台的子集，区别于 Java SE 和 Java EE，Java ME 专注于满足嵌入式设备和移动设备的需求。

Java ME 的设计理念是使 Java 程序能够在不同种类的设备上运行，包括手机、个人数字助理、嵌入式设备、物联网设备等。这使得开发者能够利用 Java 的跨平台特性，针对这些设备编写可移植的应用程序。

1）Java ME 的历史背景

Java ME 最初由 Sun Microsystems 于 1999 年推出，作为面向嵌入式设备的 Java 解决方案，它被命名为 "J2ME"，后来随着 Java 平台的发展，J2ME 被更名为 "Java ME"。

随着智能手机和物联网设备的普及，Java ME 逐渐进入了移动通信设备、消费电子、工业自动化、车载系统等领域。Java ME 的版本不断更新，以适应更复杂的设备需求。

2）Java ME 的架构

Java ME 的架构由三个主要部分组成：配置、堆栈和 API，这些组件为不同的设备提供了不同层次的支持，确保 Java ME 在各种设备上都能高效运行。

（1）配置（Configuration）：配置是 Java ME 平台的核心规范，定义了某一类设备必须支持的 Java 语言特性、虚拟机能力及最小核心 API 集合。Java ME 有以下两个主要配置。

- 有限连接设备配置：适用于资源有限的设备，如功能手机、物联网设备等，它提供了一个轻量级的 VM，所支持的 Java API 非常基础，适用于内存和处理能力较低的设备。
- 互联设备配置：适用于更强大的设备，如智能手机、高端 PDA、车载系统等，它提供了更完整的 Java 环境，支持更多的类库和功能。

（2）堆栈：构建在配置之上，为特定类型的设备提供更加专门的功能和 API，它定义了在配置之上为应用程序开发提供的类库。堆栈使得开发者能够根据设备的需求选择最合适的 API，常见堆栈如下。

- MIDP（Mobile Information Device Profile）是 Java ME 最为常见的堆栈，适用于移动设备。MIDP 提供了一些与图形用户界面、网络连接和存储相关的 API。
- PBP（Personal Basis Profile）和 PFP（Personal Profile）适用于更强大的设备，通常是那些基于 CDC 配置的设备，具有更多的功能，适合运行更加复杂的应用。

（3）应用程序的 API：Java ME 提供了多种用于开发嵌入式应用程序的 API，包括以下几种。

- UI（User Interface）API 提供了界面开发功能，开发者可以使用它创建屏幕、按钮、文本框等图形界面元素。
- PIM（Personal Information Management）API 用于访问设备的联系人、日历等信息。
- Connectivity API 为应用提供了通过网络进行通信的功能，如 HTTP、Socket、Bluetooth 等协议。
- KNI（Kiosk Native Interface）为 Java ME 应用程序提供访问设备本地操作系统 API 的能力，用于调用设备特有的硬件功能。

3）Java ME 的应用场景

Java ME 是为资源受限的嵌入式设备和移动设备设计的，因此它的应用场景涵盖了许多低功耗、低存储空间的设备。以下是 Java ME 的一些常见应用场景。

（1）移动电话和智能手机：Java ME 在功能手机和一些早期的智能手机中被广泛应用，它支持 Java 应用程序在这些设备上运行，如游戏、日历、邮件客户端、地图和导航等。

（2）物联网设备：由于物联网设备通常具有较小的内存和计算能力，Java ME 为其提供了合适的开发平台，典型应用场景智能家居、健康监控、智能传感器等领域。

（3）嵌入式设备：Java ME 在嵌入式设备中也有广泛应用，包括汽车电子、工业自动化、智能家电等。它能够运行于各种硬件平台，并通过 Java 提供的 API 与设备的硬件进行交互。

（4）便携式设备和消费电子产品：包括便携式媒体播放器、数字相框、GPS 导航设备等设备，通常需要低功耗、高效率的操作环境，Java ME 为其提供了合适的开发平台。

（5）POS 终端和自助服务设备：包括 ATM 机、票务机、查询机等设备，通常需要与数据库通信，显示信息，并能够执行简单的任务，Java ME 为其提供了合适的工具和功能支持。

4）Java ME 的优势

（1）跨平台性：Java ME 继承了 Java 的跨平台特性，允许开发者一次编写应用程序，在多种设备上运行，降低了开发和维护成本。

（2）小巧高效：Java ME 设计时注重内存和计算资源的优化，适合运行在资源受限的设备上。它的虚拟机非常轻量级，能够满足低内存设备的要求。

（3）广泛的设备支持：Java ME 能够运行在各种设备上，包括功能手机、智能手机、嵌入式设备、物联网设备等，适应了不同设备的需求。

（4）安全性：Java ME 提供了完整的安全模型，能够确保设备和应用程序之间的安全通信和数据保护，适合敏感的企业和消费者应用。

（5）广泛的开发工具支持：Java ME 支持多种开发工具和 IDE（集成开发环境），如 NetBeans、Eclipse、IntelliJ IDEA 等，使开发者能够高效地进行开发。

1.3　Java 开发工具

Java 开发工具是开发者必不可少的得力助手，能够帮助提高代码的编写效率、调试能力和项目管理水平。无论是构建企业级应用，还是进行快速原型开发，合适的开发工具都能大大简化工作流程。常见的 Java 开发工具如 Eclipse、IntelliJ IDEA、NetBeans 等，它们提供了代码自动补全、智能提示、版本控制集成等强大功能，使编程更高效与顺畅。选择合适的工具，不仅能提升个人开发效率，还能提高团队协作与项目管理的能力。以下是对 Java 开发工具的详细介绍。

1.3.1　集成开发环境

集成开发环境（Integrated Development Environment，IDE）是构建软件项目所需的关键部分之一，它们使开发变得简单高效。

开发者通过使用 IDE，可以了解最新的危险和最佳实践，实现开发过程标准化，以便任何人都可以参与，并有效提高自身生产力。

同时，程序员通过 IDE 能够将自身操作视为完整软件开发生命周期的一部分，而不是一系列离散任务，以此助力开发过程的重构工作。

1. IDE 的优点

IDE 的主要优点之一是可以在一个程序中执行所有编码工作。IDE 充当开发者需要的所有工具的中央接口。

（1）代码编辑器：专为编写和编辑源代码而设计的编辑器，此功能使开发者可以更轻松地编写和编辑代码并节省大量时间。

（2）集成调试器：开发者可以使用这些集成调试工具测试和调试其应用程序的代码。

（3）编译器：编译器的主要任务是将人类可读/写的源代码转换成计算机可以理解和执行的形式。

（4）构建自动化工具：这些工具为开发者节省了大量时间，因为它们可用于自动化基本开发任务。

2. IDE 的常见类型

IDE 的常见类型有 6 种，每种类型的 IDE 都有它的长处和短处，IDE 的选择取决于开发者或开发团队的具体需求。

（1）通用 IDE：通用 IDE 旨在支持广泛的编程语言，通常由从事各种项目的开发者使用。通用 IDE 的示例包括 Eclipse、IntelliJ IDEA 和 Visual Studio。

（2）特定语言的 IDE：特定语言的 IDE 旨在支持特定的编程语言，并且通常包括一组为该语言量身定制的工具和功能。特定语言的 IDE 示例包括用于 Python 的 PyCharm、用于 Ruby 的 RubyMine 及用于 Swift 和 Objective-C 的 Xcode。

（3）基于 Web 的 IDE：基于 Web 的 IDE 可通过 Web 浏览器访问，并且可以在任何具有 Internet 连接的设备上使用。基于 Web 的 IDE 示例包括 Cloud9、Codeanywhere 和 Replit。

（4）移动 IDE：移动 IDE 专为移动应用程序开发而设计，通常包含一组专为移动平台量身定制的工具和功能。移动 IDE 的示例包括 Android Studio 和 Xcode。

（5）嵌入式 IDE：嵌入式 IDE 旨在支持嵌入式系统编程。它们通常包括一组针对嵌入式系统开发的特定需求而量身定制的工具和功能。嵌入式 IDE 的示例包括 Atmel Studio 和 IAR Embedded Workbench。

（6）脚本 IDE：脚本 IDE 旨在支持脚本语言，并且通常包含一组工具和功能，这些工具和功能专为脚本开发的特定需求而定制。脚本 IDE 的示例包括 PowerShell ISE 和 Python IDLE。

3. 常用 Java IDE

1）Eclipse

Eclipse 是一款主要用 Java 编写的免费 Java IDE，支持创建各种跨平台的可用于手机、网络、桌面和企业领域的 Java 应用程序。其功能包括 Windows 生成器、集成 Maven、Mylyn、XML 编辑器、Git 客户端、CVS 客户端等。Eclipse 还有一个基本工作区，里面的可扩展插件系统可满足自定义 IDE 的需求。通过插件，也可以用其他编程语言开发应用程序，包括 C、C++、JavaScript、Perl、PHP、Prolog、Python、R、Ruby（包括 Ruby on Rails 框架）等，适用平台为 Windows、Mac OS X、Linux。

2）IntelliJ IDEA

IntelliJ IDEA 是一款由 JetBrains 开发的 Java IDE，被广泛认为是较好的 Java IDE 之一。它提供了强大的代码分析和重构功能，并具有智能代码完成和错误突出显示特性。其功能包括 JUnit 测试、TestNG、调试、代码检查、代码完成、支持多元重构、Maven 构建工具、ant、可视化 GUI 构建器和 XML/Java 编辑器等。IntelliJ IDEA 提供社区版（免费）和付费版（解锁了更多高级功能），支持多平台运行。

3）NetBeans

NetBeans 是一款用 Java 编写的开源 IDE，支持所有 Java 应用类型（Java SE、Java FX、Java ME、网页、EJB 和移动 App）的开发。它支持 Maven、重构、版本控制（支持 CVS、Subversion、GIT、Mercurial 和 ClearCase），并且是在由通用开发和发布协议（CDDL）v1.0 和 GNU 通用公共协议（GPL）v2 构成的双重协议下发布的。除此之外，它还支持 Java Shell 工具等。模块化的设计意味着它可以由第三方创建提升功能的插件来扩展。同时，它也支持其他语言，特别是 PHP、C/C++ 和 HTML5，可在 Windows、Mac OS X、Linux、Solaris 和兼容 JVM 的平台上运行。

1.3.2 构建工具

构建工具是一种基于程序的实用程序，可以构造命令行自动化应用程序。在 Java 中，构建工具负责将代码文件编译为字节码，并将其打包到资源库或可执行文件中。构建工具通过自动执行重复任务，使 Java 开发公司的依赖管理变得容易得多，这有助于最大限度地减少人为错误，为产品部署前编写和运行测试留出空间。

Java 常用构建工具如下。

1. Apache Ant

Apache Ant 是一款流行的开源 Java 构建工具，具有纯 Java 代码的可移植性，它在软件开发行业中被广泛使用。

特点如下。

（1）易于安装。

（2）独立于平台。

（3）可定制，为复杂的构建留出空间。

2. Maven

Maven 是一款主要用于 Java 项目的开源项目管理和构建自动化工具。Maven 由 Apache 集团托管，可以同时协调多个项目，使开发者能够构建整个生命周期的框架及必要的文档。与 Apache 软件基金会的构建工具相比，Maven 更复杂，新手程序员需要更多时间学习。Apache Ant 非常适合设置 XML 文件，但其灵活性影响了构建性能的长度（因为缺乏正式的约定）。而 Maven 可充当具有预定义目标的框架，其功能比 Apache Ant 更先进且拥有更大的资源和工具池，可以无缝集成。

特点如下。

（1）强大的依赖管理和自动化。

（2）通过高效的构建缓存加快构建速度。

（3）清晰的文档和积极的社区支持。

（4）提供多种 Maven 插件，提供附加功能。

3. Gradle

Gradle 凭借其基于 Groovy/Kotlin 的强大、灵活的领域特定语言脱颖而出，成为一种高级构建自动化工具。与 Apache Ant 相比，这种直观的脚本使 Gradle 构建具有高度的可读性和可维护性。凭借强大的依赖管理功能，Gradle 改进了 Apache Ant 的功能，从而简化了构建过程。在首次发布时，Gradle 的主要缺点是文档稀疏。如今，Gradle 已经拥有广泛的社区论坛和充足的培训资源来引导新用户。

特点如下。

（1）有效管理应用程序的构建生命周期。

（2）并行任务支持。

（3）Gradle 包装器功能（无须安装即可运行该工具）。

（4）支持增量构建。

4. Jenkins

Jenkins 是一款高度可扩展的工具，其平台可自动执行各种任务，主要用于持续软件项目集成（CI）和交付（CD）。它被认为是市场上领先的开源自动化工具之一，拥有多达 1800 个插件，可支持各种自动化开发任务。

特点如下。

（1）易于安装和配置。

（2）与 RSS、电子邮件和 IM 无缝集成。

（3）使用 JUnit/TestENG 报告进行分布式构建。

1.3.3 代码版本控制工具

代码版本控制工具不仅可以轻松回溯到过去的稳定版本，还可以为项目管理提供清晰的脉络，更是代码安全的坚实后盾。主要的代码版本开发工具如下。

1. Git

Git 是分布式版本控制系统，可以在本地创建仓库副本，用于代码提交、分支管理等操作。特点如下。

（1）支持本地仓库操作，便于离线工作。

（2）分支管理功能强大，方便创建、切换和合并分支。

（3）支持与多种远程仓库（如 GitHub、GitLab）交互，有利于团队协作。

（4）支持通过.gitignore 文件忽略不需要跟踪的文件和目录。

（5）支持查看提交历史，也可以通过不同方式进行代码回滚。

2. Subversion

Subversion（SVN）是一个开放源代码的版本控制系统。在软件开发过程中，版本控制系统用于记录文件或目录的修改历史，支持团队成员协作开发，可跟踪文件的变化、恢复旧版本等。集中式版本控制系统中的中央服务器存储了版本信息，开发者需从服务器检出项目文件，修改后再提交回去。

特点如下。

（1）操作围绕中央服务器展开，如检出、更新等操作。

（2）支持通过命令添加和提交文件，更新操作可确保本地与服务器文件一致。

（3）支持查看提交历史，但回滚操作相对复杂。

1.3.4 测试工具

Java 测试工具是对 Java 程序进行测试的软件工具，主要检查程序的正确性、稳定性、性能等是否符合预期。Java 测试工具有如下几种。

1. 单元测试工具

1）JUnit

JUnit 是一个广泛使用的 Java 单元测试框架，提供了注解来标识测试方法，使编写测试用例更简单和结构化。例如，使用@Test 注解标识一个方法，这个方法就会被识别为一个测试方法。

特点如下。

（1）支持多种测试断言。

（2）有丰富的扩展机。

2）TestNG

TestNG 是一个功能强大的测试框架，设计上比 JUnit 更灵活，尤其在测试分组和依赖测试方面表现出色。

特点如下。

（1）支持测试分组，通过@Test(groups = "groupName")可以将测试方法划分到不同的组中。这在需要对不同功能模块或不同类型的测试（如冒烟测试、功能测试等）进行分类执行时非常有用。

（2）具有依赖测试功能，通过 dependsOnMethods 属性可以指定一个测试方法依赖于另一个或多个测试方法的执行结果。例如，在测试多步骤业务流程时，后一个步骤的测试需依赖前一个步骤测试的成功执行。

（3）具有更丰富的测试报告功能，包括详细的测试结果、执行时间等信息，便于开发者快速定位问题。

2. 集成测试工具

1）Selenium

Selenium 主要用于 Web 应用的自动化测试，可以模拟用户在浏览器中的操作，如点击按钮、输入文本、提交表单等。

特点如下。

（1）支持多种浏览器，包括 Chrome、Firefox、Safari 等。通过相应的浏览器驱动（如 ChromeDriver、GeckoDriver），可以在不同的浏览器环境下进行测试，确保 Web 应用在各种主流浏览器中的兼容性。

（2）支持跨平台测试，因为它不依赖于特定的操作系统。无论是在 Windows、Mac 操作系统上，还是在 Linux 操作系统上，只要安装了相应的浏览器和驱动，就可以进行测试。

（3）提供了丰富的操作方法，如 findElement 用于定位页面元素，click 用于点击元素，sendKeys 用于向输入框输入文本等。这些操作可以组合起来，模拟复杂的用户行为。

2）REST Assured

REST Assured 是一个用于测试 RESTful API 的 Java 库，提供了简洁的语法发送 HTTP 请求并验证响应。

特点如下。

（1）语法简单直观，采用类似自然语言的方式编写测试用。

（2）可以方便地验证响应的各个部分，包括状态码、头部信息、响应体等。对于响应体，可以使用 JSONPath 或者 XPath 等方式来提取和验证特定的数据。

（3）支持多种请求类型，如 GET、POST、PUT、DELETE 等，能够满足对 RESTful API 的各种操作测试。

3. 性能测试工具

JMeter 是一个功能强大的性能测试工具，用于对 Java 应用及其他类型的应用进行负载测试、压力测试等性能测试。

特点如下。

（1）可以模拟大量用户并发访问应用。通过设置线程组来代表不同的用户组，每个线程可模拟一个用户的行为。例如，可以设置 100 个线程同时访问一个 JavaWeb 应用的登录接口，以测试系统在高并发情况下的性能。

（2）支持多种协议，包括 HTTP、HTTPS、JDBC、JMS 等，可以用于测试各种类型的应用，无论是 Web 应用还是数据库应用等。

（3）可生成丰富的性能测试报告，包括响应时间、吞吐量、错误率等指标的统计信息。这些报告可以帮助开发者和测试人员快速分析系统的性能瓶颈。

1.4　JDK 的安装与环境变量的配置

本节以 Java JDK23 版本为例，主要介绍 Java JDK 的下载与安装、环境变量的配置及第一个代码的编写。

1.4.1　下载和安装 JDK

进入 Oracle 官网，可以看到 Oracle 官网首页，如图 1-6 所示。

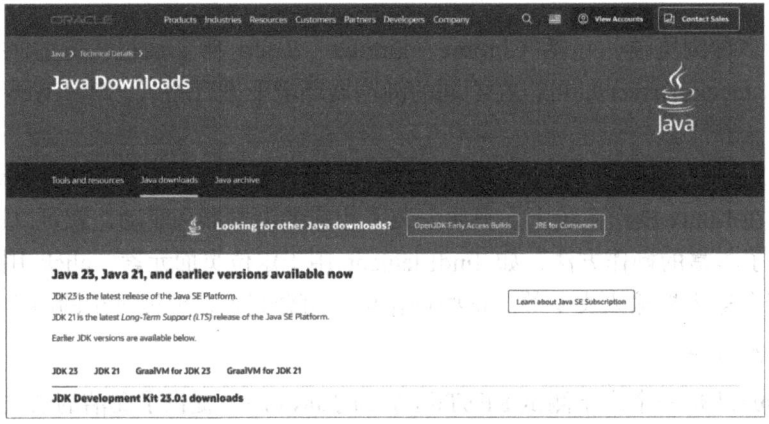

图 1-6　Oracle 官网首页

选择【JDK 23】选项，在【JDK 23】选项卡中选择【Windows】选项，找到【x64 Installer】选项对应的链接，单击链接进行下载，JDK 23 的下载流程如图 1-7 所示。

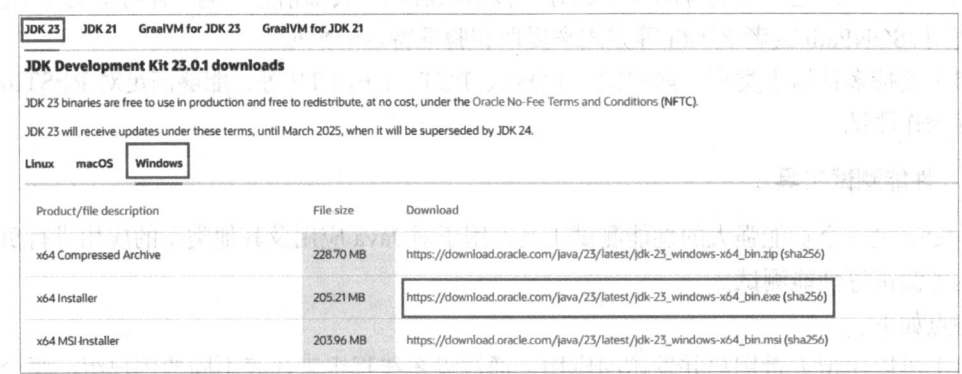

图 1-7　JDK 23 的下载流程

下载完成后双击后缀为 ".exe" 的文件就可以开始安装，JDK 安装界面如图 1-8 所示。单击【下一步】按钮，进入下一页面。

安装路径如图 1-9 所示，请牢记此安装路径，在配置环境变量中将再次用到此安装路径。继续单击【下一步】按钮，进行下一步操作。

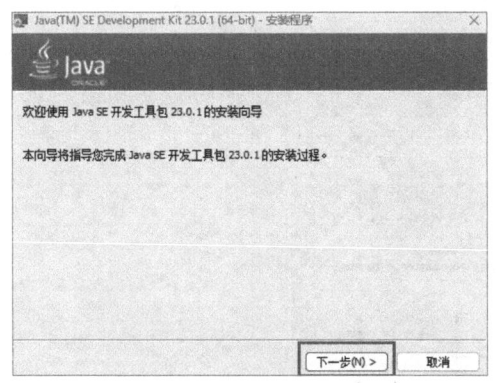

图 1-8　JDK 安装界面

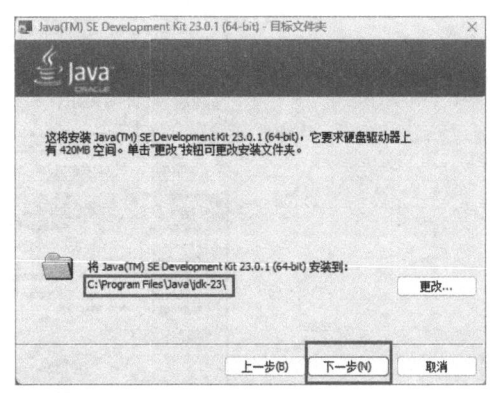

图 1-9　安装路径

1.4.2　配置环境变量

为了方便 Java 程序的开发，需要配置环境变量。右击桌面中的此电脑图标，在弹出的快捷菜单中选择【属性】命令，打开【系统信息】对话框。在【系统信息】对话框中单击【高级系统设置】按钮，在打开的对话框中单击【环境变量】按钮，如图 1-10 所示。

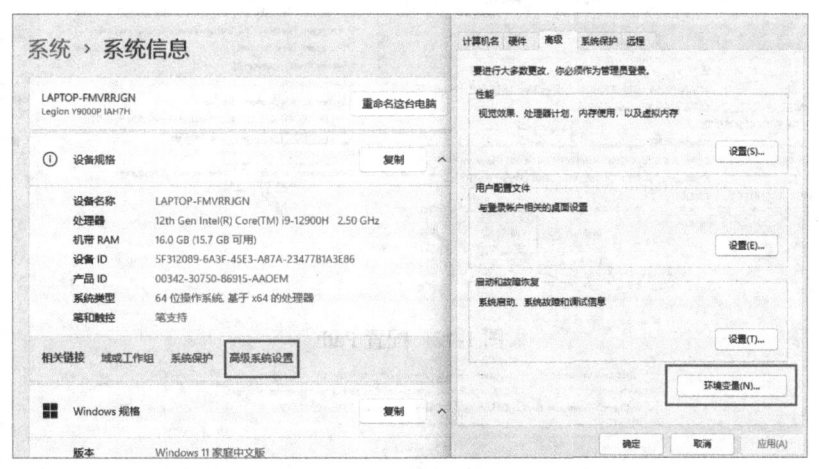

图 1-10　单击【环境变量】按钮

在【系统变量】列表框下单击【新建】按钮，添加环境变量。在打开的【新建系统变量】对话框中设置变量名为 "JAVA_HOME"，变量值为 "C:\Program Files\Java\jdk-23\"，如图 1-11 所示，变量值就是 JDK 的安装路径。

在【系统变量】列表框中选择【Path】选项，并在列表框下单击【编辑】按钮，在打开的【编辑环境变量】对话框中单击【新建】按钮，添加环境变量。配置 Path，设置变量名为 "Path"，变量值为 "%JAVA_HOME%\bin"。

配置 Path 如图 1-12 所示。

在【系统变量】列表框下单击【新建】按钮，添加环境变量。在打开的【新建系统变量】对话框中设置变量名为"CLASSPATH"，变量值为".;%JAVA_HOME%\lib\dt.jar;%JAVA_HOME%\lib\tools.jar;"，如图 1-13 所示。

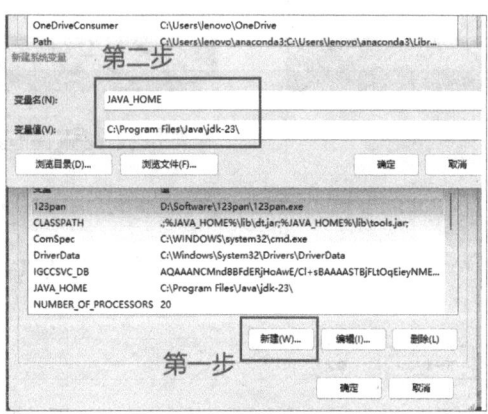

图 1-11　添加环境变量

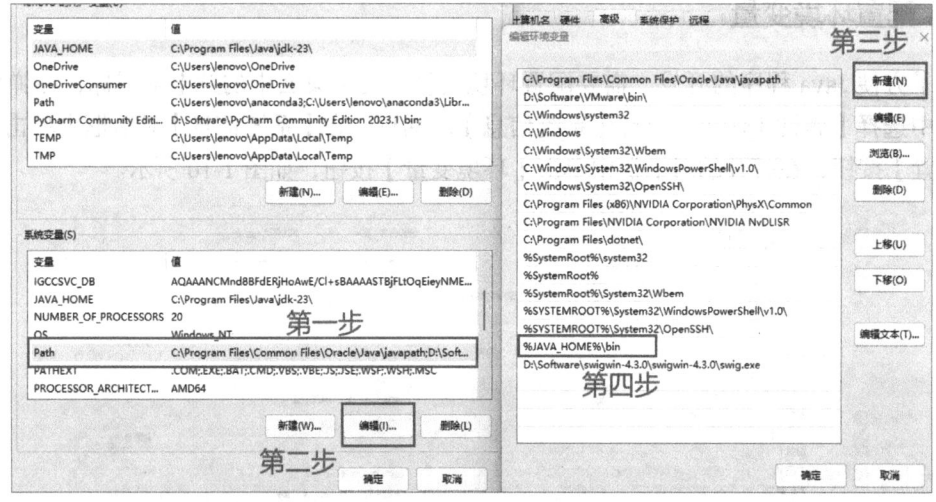

图 1-12　配置 Path

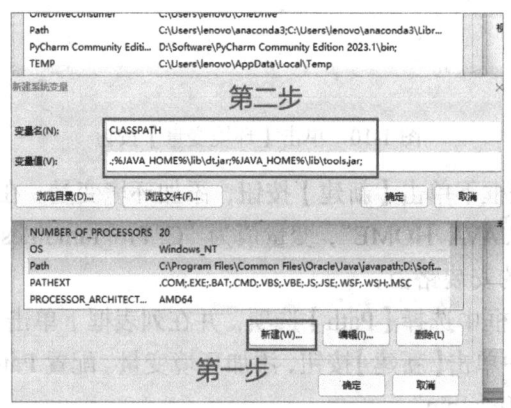

图 1-13　配置 CLASSPATH

注意： 因为 Windows 默认的搜索顺序是先搜索当前目录，再搜索系统目录，最后搜索 Path 环境变量，所以要在变量值的最前面添加 ".;"。

按【Windows+R】快捷键打开【运行】窗口，输入 "Javac"，如果出现如图 1-14 所示的画面，则说明配置成功。

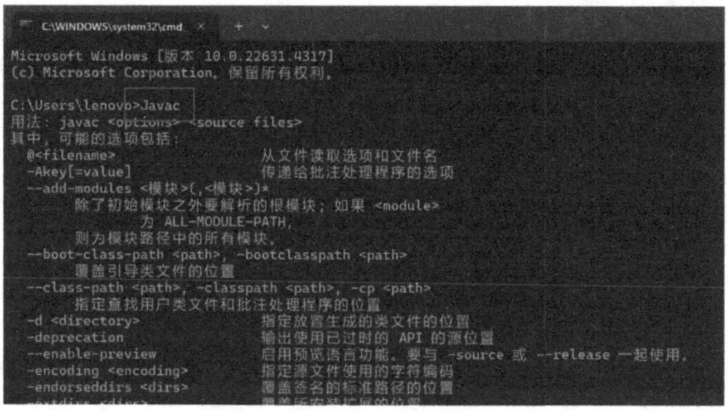

图 1-14　配置成功

1.5　Eclipse 开发工具

1.5.1　Eclipse 的安装与启动

Eclipse 的安装非常简单，仅需要将下载后的压缩文件解压即可完成安装，接下来分别从安装、启动及工作台等方面进行详细的介绍。本书中的 Eclipse 版本为 2024-09。

1. 安装 Eclipse 开发工具

（1）打开 Eclipse 官网，如图 1-15 所示，单击【下载 x86_64】按钮进行下载。

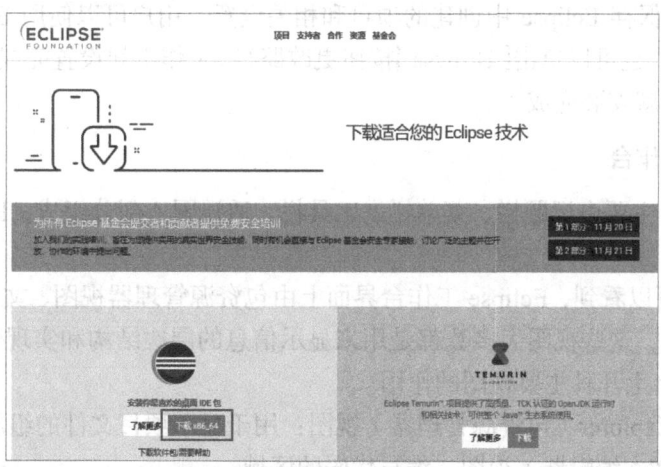

图 1-15　Eclipse 官网

下载完成后双击后缀为 ".exe" 的文件，出现如图 1-16 所示的【eclipseinstaller】对话框。

选中【Eclipse IDE for Enterprise Java and Web Developers】选项，会出现如图 1-17 所示的下载 Java IDE 对话框。

图 1-16 【eclipseinstaller】对话框   图 1-17 下载 Java IDE 对话框

在下载 Java IDE 对话框中单击【INSTALL】按钮，之后就会开始下载 Java IDE。

（2）下载完成后会打开【Eclipse IDE Launcher】对话框，提示选择工作空间，如图 1-18 所示。

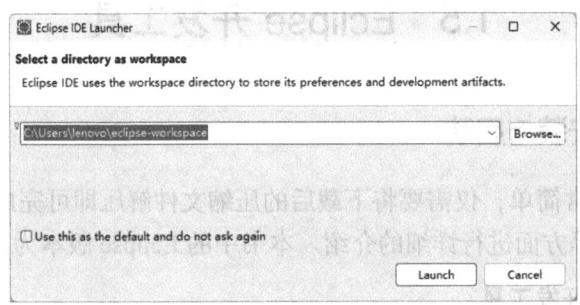

图 1-18 【Eclipse IDE Launcher】对话框

工作空间用于保存 Eclipse 中创建的项目和相关设置。用户可以使用 Eclipse 提供的默认路径作为工作空间，也可以单击【Browse】按钮更改路径。工作空间设置完成后，单击【Launch】按钮，Eclipse IDE 就安装完成了。

2. Eclipse 工作台

Eclipse 工作台主要由标题栏、菜单栏、工具栏、透视图 4 部分组成，Eclipse 工作台界面如图 1-19 所示。

从图 1-19 中可以看到，Eclipse 工作台界面上由包资源管理器视图、文本编辑器视图、大纲视图等多个区域，这些视图大多数都是用来显示信息的层次结构和实现代码编辑的。下面介绍 Eclipse 工作台上几种主要视图的作用。

（1）Package Explorer（包资源管理器）视图：用于显示项目文件的组成结构。

（2）Editor（文本编辑器）视图：编写代码的区域。

（3）Problems（问题）视图：用于展示项目中的警告和错误。

（4）Outline（大纲）视图：用于显示代码中类的结构。

（5）Console（控制台）视图：用于显示程序运行时的输出信息、异常和错误。

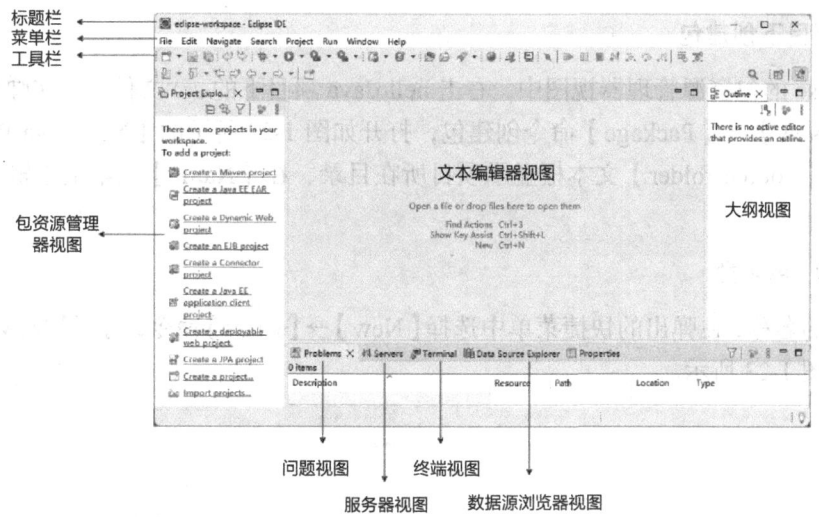

标题栏
菜单栏
工具栏

大纲视图

包资源管理
器视图

问题视图　　　终端视图

服务器视图　　　数据源浏览器视图

图 1-19　Eclipse 工作台界面

1.5.2　Eclipse 开发程序示例

前面已经对 Eclipse 开发工具进行了基本介绍，本节将学习如何使用 Eclipse 完成程序的编写和运行。

1. 创建 Java 项目

在 Eclipse 中创建 Java 项目有两种方式：一种是在菜单栏中依次选择【File】→【New】→【Java Project】命令；另一种是在包资源管理器视图中右击，在弹出的快捷菜单中选择【New】→【Java Project】命令。此时将出现如图 1-20 所示的【New Java Project】对话框，在其中的【Project name】文本框中输入项目名称（如 "helloJava"），其他选项保持默认，单击【Finish】按钮即可完成项目的创建。此时，在包资源管理器视图中会出现如图 1-21 所示的名为 "helloJava" 的 Java 项目。

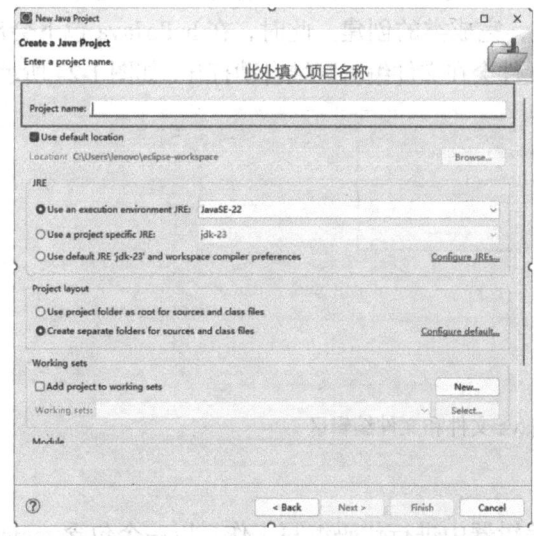

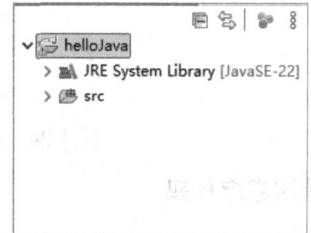

图 1-20　【New Java Project】对话框　　　　图 1-21　包资源管理器视图中的 Java 项目

2. 在项目下创建包

在 Eclipse 的包资源管理器视图中，右击 helloJava 项目下的 src 文件夹，在弹出的快捷菜单中选择【New】→【Package】命令创建包，打开如图 1-22 所示的【New Java Package】对话框，其中【Source folder】文本框显示项目所在目录，在【Name】文本框中输入包的名称"helloJava"。

3. 创建 Java 类

右击包的名称，在弹出的快捷菜单中选择【New】→【Class】命令，打开【New Java Class】对话框，如图 1-23 所示。

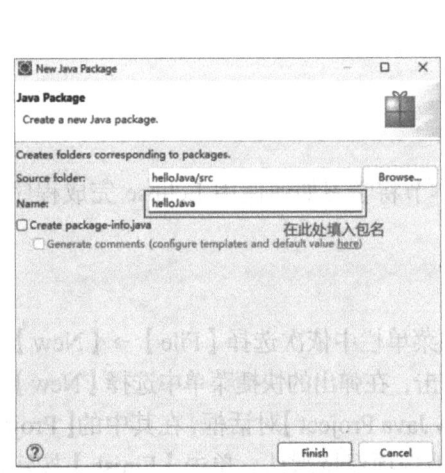

图 1-22 【New Java Package】对话框

图 1-23 【New Java Class】对话框

首先，在【New Java Class】对话框的【Name】文本框中输入类名（如创建一个名为"HelloWorld"的类），然后单击【Finish】按钮，完成类的创建。此时，在 helloJava 包下会出现一个名为"HelloWorld.java"的文件，并且该文件会在文件编辑区域自动打开，如图 1-24 所示。

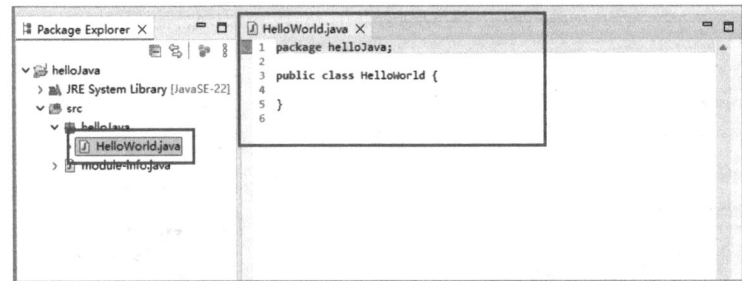

图 1-24 HelloWorld.java 文件和文件编辑区

4. 编写程序代码

创建完 HelloWorld 类后，就可以在文本编辑器中进行代码编写工作。以一个包含 main() 方法和一条输出语句为例进行编写，编写后的文件内容如图 1-25 所示。

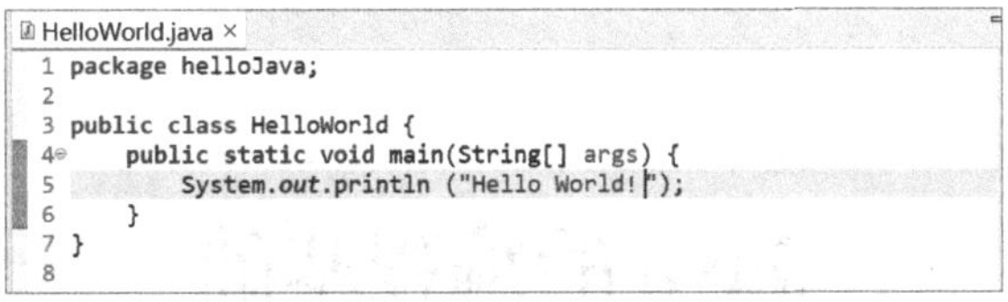

```
HelloWorld.java ×
1 package helloJava;
2
3 public class HelloWorld {
4     public static void main(String[] args) {
5         System.out.println ("Hello World!");
6     }
7 }
8
```

图 1-25　HelloWorld.java 文件内容

5. 运行程序

右击包资源管理器视图中的 HelloWorld.java 文件，在弹出的快捷菜单中选择【Run As】→【Java Application】命令运行程序。也可以在选中文件后直接单击工具栏中的特定按钮运行程序，运行按钮的位置如图 1-26 所示。

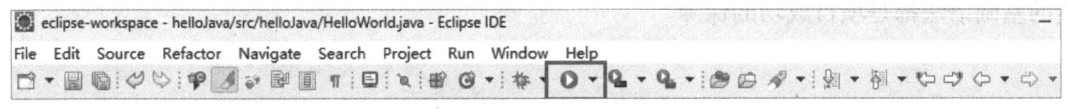

图 1-26　运行按钮的位置

程序运行完毕，可以在控制台视图中看到程序运行结果，如图 1-27 所示。

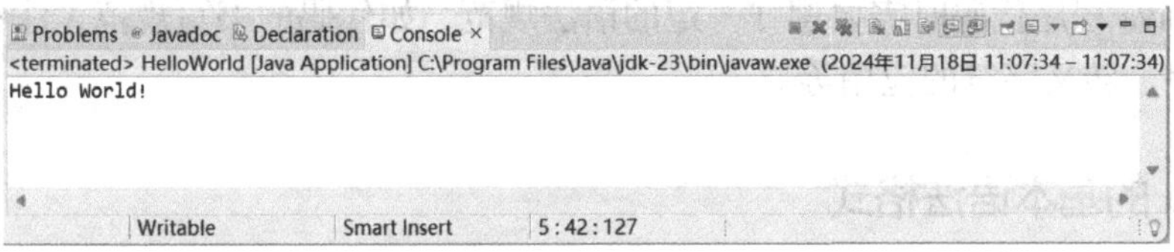

```
Problems  Javadoc  Declaration  Console ×
<terminated> HelloWorld [Java Application] C:\Program Files\Java\jdk-23\bin\javaw.exe (2024年11月18日 11:07:34 – 11:07:34)
Hello World!


Writable          Smart Insert        5 : 42 : 127
```

图 1-27　程序运行结果

1.6　习　　题

一、简答题

1. Java 语言有哪些特点？

2. Java 平台分成几类？它们的适用范围各是什么？

3. JVM 是什么？JVM 的核心功能有哪些？

4. 如果 JDK 的安装目录是 D:\jdk，则应当怎样设置 Path 和 CLASSPATH 的值？

5. Java 源文件的扩展名是什么？Java 字节码的扩展名是什么？

二、编程题

1. 编写代码，输出字符串 "Hello Java!"。

2. Java 测试工具分为哪三类？编写代码并将其以字符串的格式输出。

3. JDK 的主要组件有哪些？编写代码并将其以字符串的格式输出。

Java 是一种清晰、规范且高效的编程语言，它的编程基础包括 Java 的基本语法、Java 的变量与常量、运算符与表达式、控制结构。只有深入理解和掌握 Java 的基础语法，才能构建出功能强大、性能卓越的应用程序。无论是开发小型工具类，还是构建大型企业级系统，扎实的基础语法都是项目成功的保障。

2.1　Java 的基本语法

在编写 Java 程序代码时需要遵守一定的语法规范，如代码的书写规范，注释的用法，标识符与关键字、转义字符的应用等。

2.1.1　Java 的基本语法格式

编写 Java 程序代码必须先声明一个类，再在类中编写实现需求的业务代码。需要使用 class 关键字进行定义，在 class 关键字前面也可以有一些修饰符，其语法格式如下。

```
[修饰符] class 类名{
    程序代码
}
```

在编写 Java 程序代码时，需特别注意如下几个关键点。

（1）Java 中的程序可分为结构定义语句和功能执行语句。其中，结构定义语句用于声明一个类或方法，功能执行语句用于实现具体的功能。每条功能执行语句的结尾都必须使用英文分号 "；" 结束。

（2）Java 语言是严格区分大小写的。例如，在程序中定义一个 computer 的同时，还可以再定义一个 Computer，computer 和 Computer 是两个完全不同的符号。

（3）在 Java 程序代码中，一个连续的字符串不能分开在两行中书写，如果为了便于阅读，想将一个较长的字符串分开在两行中书写，可以先将这一个字符串分成两个字符串，再使用加号 "＋" 将这两个字符串连接起来，语句形式如下。

```
System.out.println ("这是第一个"+
                    "Java 程序！ ");
```

（4）在编写 Java 程序代码时，为了便于阅读，并考虑程序代码的可读性和美观性，通常会使用一种良好的格式进行排版，使程序代码整齐美观、层次清晰。对于下面的两个程序代码示例，我们通常使用示例代码 2。

示例代码 1 如下。

```
public class HelloWorld {public static void
    main(String[
] args){System.out.println("这是第一个 Java 程序！"); }}
```

示例代码 2 如下。

```
public class HelloWorld {
    public static void main(String[] args) {
        System.out.println("这是第一个 Java 程序！");
    }
}
```

2.1.2　Java 中的注释

在编写程序代码时，为了使程序代码易于阅读，通常会在实现程序代码功能的同时，为一些难以理解的程序代码添加相应的注释。注释是对程序某个功能或某行程序代码的解释说明，它能够让开发者在后期阅读和使用程序代码时更容易理解程序代码的作用。编译器在编译 Java 文件时会忽略注释信息，不会将其编译到后缀为 ".class" 的文件中。

Java 有三大类注释，具体如下。

（1）单行注释。

单行注释通常是对程序中某一行代码进行的注释，以符号 "//" 开头，符号 "//" 后面的内容为注释内容，具体示例如下。

```
int c = 10;                //定义了一个整型变量 c
```

（2）多行注释。

多行注释可以同时对多行内容进行统一注释，以符号 "/*" 开头，并以符号 "*/" 结尾，具体示例如下。

```
/*定义了一个整型变量
将 5 赋值给变量 x*/
int x;
x = 5;
```

（3）文档注释。

文档注释通常是对程序代码中的某个类或类中的方法进行的系统性的解释说明，文档注释以符号 "/**" 开头，并以符号 "*/" 结尾，具体示例如下。

```
/**
 * 这个方法用于计算两个整数的和。
 *
 * @param num1 第一个整数参数
 * @param num2 第二个整数参数
 * @return 两个整数相加的结果
 */
public static int addIntegers(int num1, int num2) {
```

```
        return num1 + num2;
    }
```

2.1.3　Java 中的标识符

标识符是程序中用于命名变量、函数、类、方法、对象等的名称。标识符的命名规则和使用规范是程序设计中重要的一部分。一个合法的标识符可以由字母、数字、下画线"_"和美元符号"$"组成，但不能以数字开头。

1. 标识符的命名规则

在 Java 中，标识符的命名规则如下。

（1）字符集：标识符可以由字母（大写或小写）、数字、下画线和美元符号组成。

（2）开头要求：标识符不能以数字开头。必须以字母、下画线或美元符号开头。

（3）大小写敏感：在 Java 中，标识符是大小写敏感的。也就是说，myVariable 和 myvariable 被视为两个不同的标识符。

（4）长度限制：在 Java 中，标识符的长度没有明确限制，但为了实现代码的可读性和可维护性，标识符应避免过长或过短。

（5）禁止使用关键字：标识符不能与 Java 中的关键字相同。

2. 标识符的类型

标识符通常可以分为如下几类。

（1）变量标识符：用于表示存储在内存中的数据。

（2）函数标识符：用于表示程序中的函数或方法。

（3）类标识符：用于表示类的名称。

（4）常量标识符：用于表示常量值，如 PI、MAX_VALUE 等。

（5）对象标识符：用于表示类的实例或对象。

3. 标识符的最佳实践

在命名标识符时，遵循如下最佳实践有助于提高程序代码的可读性和可维护性。

（1）使用有意义的名称，标识符的名称应尽可能描述其用途或功能。例如，"calculateTotalAmount"比"ct"更具描述性。

（2）使用小写字母和下画线或驼峰命名法（除了第一个单词，将每个单词的首字母设置为大写形式）增强程序代码的可读性，如 user_id、userId。

（3）避免使用过于简短或复杂的标识符，名称应简洁且具有足够的描述性。

（4）在命名常量时使用全大写字母，并使用下画线分隔单词，如 MAX_LENGTH。

2.1.4　Java 中的关键字

在 Java 中，关键字是具有特殊意义的保留字，用于定义语法结构或指定操作。关键字不能作为标识符使用。

1. 关键字的定义和作用

关键字有着固定的用途，它们定义了语言的基本结构和语法规则。例如，if、else、for、class 都是关键字，if 和 else 用于条件判断，for 用于循环结构，class 用于定义类。关键字的作用通常是控制程序的流程、定义数据类型、声明类或函数、处理错误等。

2. Java 中的关键字

Java 中关键字的分类及其简要说明如下。

（1）数据类型关键字。

① int：表示整数类型。

② double：表示双精度浮点类型。

③ char：表示字符类型。

④ boolean：表示布尔类型。

（2）控制流程关键字。

① if：用于执行条件判断。

② else：用于与 if 一起执行条件判断的另一个分支。

③ switch：用于选择多个分支。

④ for：表示循环语句。

⑤ while：表示循环语句。

⑥ break：跳出循环或 switch 语句。

⑦ continue：跳过当前循环的当前迭代。

（3）类和对象相关关键字。

① class：用于定义一个类。

② interface：用于定义接口。

③ extends：用于表示类的继承关系。

④ implements：用于表示类实现接口。

（4）访问修饰符。

① public：表示公共访问权限。

② private：表示私有访问权限。

③ protected：表示受保护访问权限。

④ default：表示默认访问权限。

（5）其他关键字。

① static：表示静态方法或变量。

② final：表示常量或不可修改的对象。

③ this：表示当前对象的引用。

④ super：表示父类对象的引用。

⑤ try、catch、finally：用于异常处理。

3. 保留字与关键字的区别

保留字与关键字不同，保留字在当前版本的 Java 中可能不具有特定含义，但它们被保留下来以备未来扩展。Java 中的 const 和 goto 就是保留字，目前它们在 Java 中没有被使用。这些保留字不能用作标识符名称。

4．关键字的最佳实践

由于关键字具有特殊含义，在编程时应避免使用关键字作为标识符名称。使用关键字作为标识符名称会导致编译错误或逻辑错误。例如，class 是表示类的定义的关键字，使用 class 作为变量名会导致程序代码提示错误。

2.1.5　Java 中的转义字符

在 Java 中，转义字符是一种特殊的字符序列，以反斜杠符号"\"开头，用于表示一些无法直接输入或具有特殊意义的字符。这些字符序列被编译器或解释器识别为具有特殊意义的单个字符，而不是字符本身的字面意思。转义字符的存在主要是为了处理那些在程序中有特殊用途，或者在文本中表示有困难的字符。常用的转义字符如下。

（1）换行符（\n）：用于在输出文本时换行，示例代码如下。

```java
public class Main {
    public static void main(String[] args) {
        System.out.println("这是第一个\nJava 程序");
    }
}
```

运行结果如图 2-1 所示。

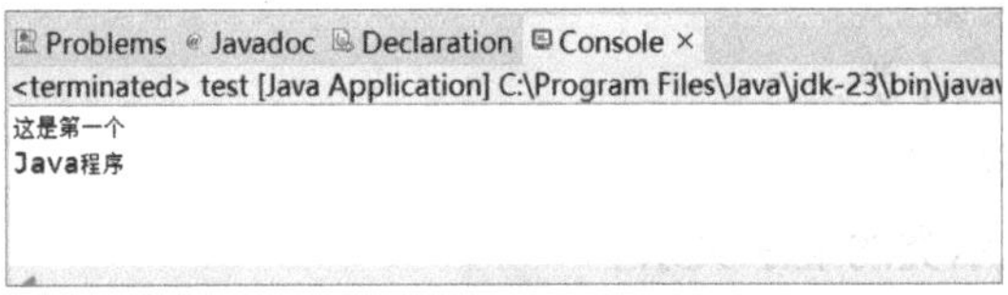

图 2-1　换行符的示例代码运行结果

（2）制表符（\t）：在输出文本时产生水平制表位，可用于格式化输出，让文本在列上对齐，示例代码如下。

```java
public class Main {
    public static void main(String[] args) {
        System.out.println("姓名\t 年龄");
        System.out.println("张三\t20");
    }
}
```

运行结果如图 2-2 所示。

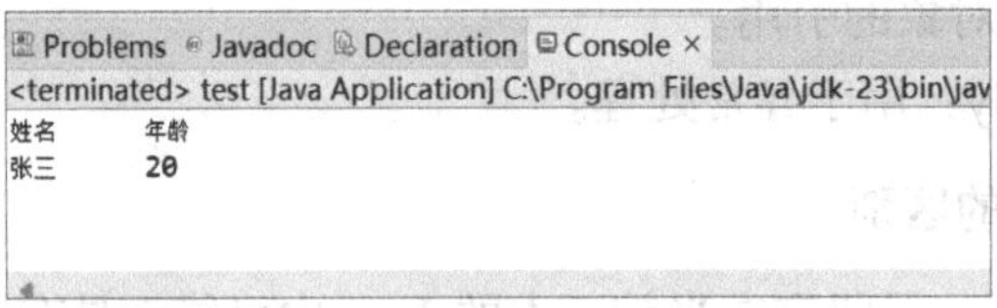

图 2-2　制表符的示例代码运行结果

（3）反斜杠（\\）：如果要在字符串中表示一个反斜杠符号本身，则使用"\\"，因为单个反斜杠符号在转义字符中有特殊用途，直接使用反斜杠符号会被错误解析，示例代码如下。

```java
public class Main {
    public static void main(String[] args) {
        System.out.println("C:\\Program Files");
    }
}
```

运行结果如图 2-3 所示。

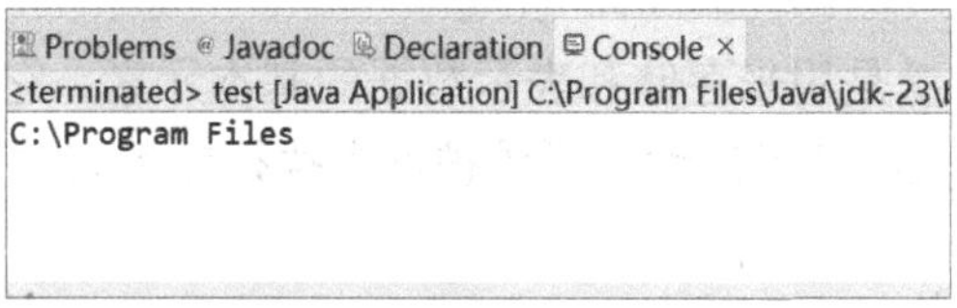

图 2-3　反斜杠的示例代码运行结果

（4）双引号（\"）和单引号（\'）：在字符串字面量中包含双引号时使用"\""，在字符串字面量中包含单引号时使用"\'"，示例代码如下。

```java
public class Main {
    public static void main(String[] args) {
        System.out.println("他说：\"你好！\"");
        char c = '\'';
        System.out.println(c);
    }
}
```

运行结果如图 2-4 所示。

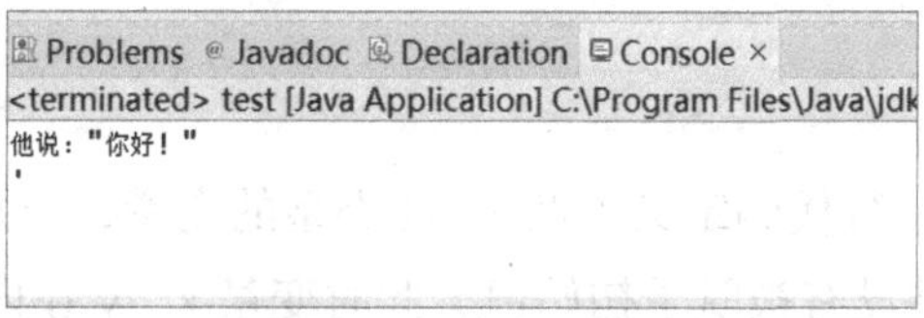

图 2-4　双引号和单引号的示例代码运行结果

（5）回车符（\r）：将光标移动到当前行的开头，与换行符不同，换行符是将光标移动到下一行开头，而回车符只是让光标回到当前行开头，示例代码如下。

```java
public class Main {
    public static void main(String[] args) {
        System.out.print("abc\rc");
    }
}
```

运行结果如图 2-5 所示。

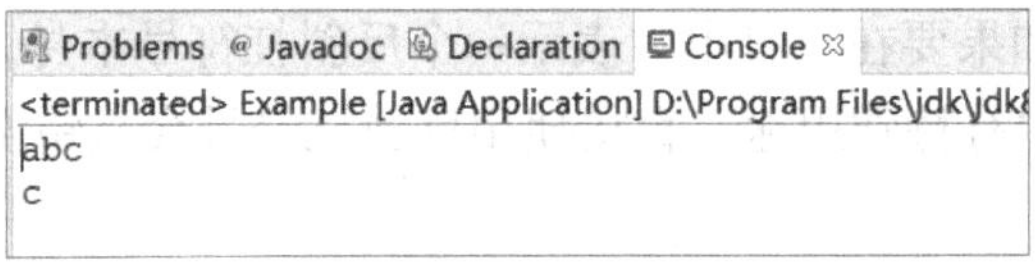

Problems
Javadoc
Declaration
Console
<terminated> Example [Java Application] D:\Program Files\jdk\jdk
abc
c

图 2-5　回车符的示例代码运行结果

2.2　Java 的变量与常量

在 Java 中，变量和常量是用来存储和表示数据的基本元素，它们不仅是程序运行的基础构建模块，而且对于程序代码的可读性、可维护性和执行效率有着直接的影响。

2.2.1　Java 变量的定义

在 Java 中，变量是存储程序代码运行过程中可变数据的容器。每个变量都与一种数据类型关联，表示该变量可以存储的数据类型。变量的值是可以在程序代码运行期间改变的，这也是它与常量的根本区别。

定义变量的语法非常简单，只需要指定变量的类型和变量名，其语法格式如下。

```
变量类型 变量名 [=初始值]
```

上述定义变量的语法中，变量的类型就决定了变量的数据性质、范围、存储在内存中所占的字节数及可以进行的合法操作，变量名必须是一个合法的标识符，而“[=初始值]”表示对变量赋予的初始值是可选的，即在定义变量的同时可以对该变量进行初始化赋值。

接下来通过如下示例代码理解变量的定义。

```
int x = 0,y;
y = x+4;
```

上述示例代码中，第一行代码定义了两个 int 类型的变量，分别是 x 和 y，并对变量 x 赋予了初始值 0，而变量 y 并没有被赋予初始值，此时变量 x、y 在内存中的状态如图 2-6（a）所示，第二行代码的作用是对变量 y 赋予初始值，在执行第二行代码时，程序首先从内存中取出变量 x 的值，然后与 4 相加，最后赋值给变量 y。此时变量 x 和 y 的状态发生了变化，变化如图 2-6（b）所示。

内存
int x
0
int y
内存
int x
0
x + 4
int y
4

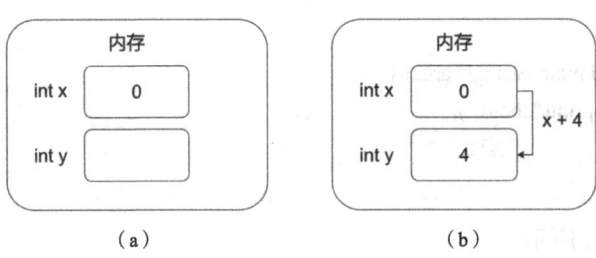

（a）　　　　（b）

图 2-6　内存变化

2.2.2　Java 变量的数据类型

Java 数据类型用于定义变量所能存储的数据种类。如果按照数据类型划分，则变量可以分为基本数据类型和引用数据类型。如果按照作用范围划分，则变量可以分为局部变量、成员（实例）变量和静态（类）变量。其中，基本数据类型可分为数值型、字符型、布尔型三大类，引用数据类型可分为类、接口、数组、枚举和注解等。Java 数据类型分类如图 2-7 所示。

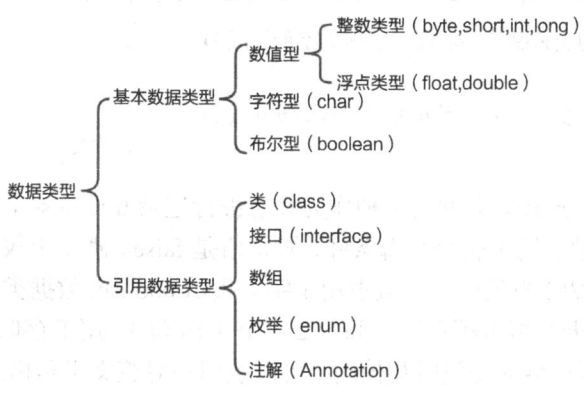

图 2-7　Java 数据类型分类

1. 基本数据类型

Java 变量的基本数据类型是 Java 语言内置的数据类型，Java 语言的基本数据类型可分为数值型（4 种整数类型，2 种浮点类型）、字符型（char）和布尔型（boolean）三类，共计 8 种基本数据类型。其中，数值型由整数类型和浮点类型组成，整数类型可分为 byte、short、int 和 long 4 种基本类型；浮点类型可分为 float 和 double 2 种基本类型。

（1）byte：byte 数据类型占用存储空间为 1 字节（8 位），能够表示有符号的、以二进制补码表示的整数。它的取值范围是 $-2^7 \sim (2^7-1)$，默认值是 0。byte 类型变量占用的空间只有 int 类型的四分之一，在处理文件流或网络传输中的小整数时使用 byte 类型可节约存储空间。

（2）short：short 数据类型占用存储空间为 2 字节（16 位），能够表示有符号的、以二进制补码表示的整数。它的取值范围是 $-2^{15} \sim (2^{15}-1)$，默认值是 0。

（3）int：int 数据类型占用存储空间为 4 字节（32 位），能够表示有符号的、以二进制补码表示的整数。它的取值范围是 $-2^{31} \sim (2^{31}-1)$，默认值是 0。int 是最常用的整数类型，用于存储一般的整数值，如循环计数、数组索引等。

（4）long：long 数据类型占用存储空间为 8 字节（64 位），能够表示有符号的、以二进制补码表示的整数。它的取值范围是 $-2^{63} \sim (2^{63}-1)$，默认值是 0L，主要使用在需要存储比较大整数的系统上。例如，当需要存储时间戳等非常大的整数时，以毫秒为单位从 2020 年 1 月 1 日 00:00:00 UTC 开始存储数据时，需要使用 long 数据类型。

（5）float：float 数据类型占用存储空间为 4 字节（32 位），是一种单精的浮点数。它的取值范围是 $(1.4\times10^{-45}) \sim (3.4\times10^{38})$ 和 $(-1.4\times10^{-45}) \sim (-3.4\times10^{38})$，默认值是 0.0f。在定义 float 类型的变量时，需要在数字后面加上字母 f 或 F。它通常用于对精度要求不是特别高的科学计算中，示例代码如下。

```
//为一个 float 类型的变量赋值，后面必须加上字母 f 或 F
float f = 123.4f;
```

（6）double：double 数据类型占用存储空间为 8 字节（64 位），是一种双精度、符合 IEEE 754 标准的浮点数。它的取值范围是（4.9×10^{-324}）~（1.7×10^{308}）和（-4.9×10^{-324}）~（-1.7×10^{308}），默认值是 0.0d。在 Java 中，如果不写后缀，默认的浮点数类型则是 double，如果需特殊指明变量为 double 类型数据，则可在数字后面添加 d 或 D，示例代码如下。

```
//为一个 double 类型的变量赋值，后面可以加上字母 d 或 D
double d1 = 199.3d;
//为一个 double 类型的变量赋值，后面可以省略字母 d 或 D
double d2 = 100.1;
```

（7）boolean：boolean 数据类型是一种作为标志进行记录 true/false 情况的数据类型，它只有 true 和 false 两个取值，用于表示逻辑条件，默认值是 false。理论上仅需要 1 位二进制数便能表示布尔值，但在 JVM 规范中，一般占用 1 字节表示 boolean 数据类型。

（8）char：char 数据类型占用存储空间为 2 字节（16 位），用于存储采用 Unicode 编码的单个字符。给 char 数据类型的变量赋初值时，可以使用一对英文半角格式的单引号（''）把字符括起来，如'a'；也可以为 char 数据类型的变量赋初值为 0 ~ 65535 的整数，计算机会自动将这些整数转化为对应的字符。这时它的取值范围为 0 ~（$2^{16}-1$），示例代码如下。

```
//为一个 char 类型的变量赋值字符'a'
char c = 'a';
//为一个 char 类型的变量赋值整数 97，相当于赋值字符'a'
char ch = 97;
```

综上，内置数据类型的基本信息如表 2-1 所示。

表 2-1　内置数据类型的基本信息

数据类型	长度	取值范围	默认值
byte	8 位（1 字节）	-2^7 ~（2^7-1）	0
short	16 位（2 字节）	-2^{15} ~（$2^{15}-1$）	0
int	32 位（4 字节）	-2^{31} ~（$2^{31}-1$）	0
long	64 位（8 字节）	-2^{63} ~（$2^{63}-1$）	0L
float	32 位（4 字节）	（1.4×10^{-45}）~（3.4×10^{38}）和（-1.4×10^{-45}）~（-3.4×10^{38}）	0.0f
double	64 位（8 字节）	（4.9×10^{-324}）~（1.7×10^{308}）和（-4.9×10^{-324}）~（-1.7×10^{308}）	0.0d
boolean	8 位（1 字节）	0、1	false
char	16 位（2 字节）	0 ~（$2^{16}-1$）	'\u0000'

2. 引用数据类型

Java 中除了基本数据类型，还有一类被称为引用数据类型的类型。引用数据类型包括类、接口、数组和枚举，这些类型存储的是对象的内存地址。

（1）类：类是 Java 中最重要的结构，用于创建对象。对象通过类定义其属性和方法。类是引用数据类型。

（2）接口：接口定义了类必须实现的功能。与类不同，接口只包含方法的声明，不包含实现。类通过实现接口遵守接口定义的规范。

（3）数组：数组是一个容器，用于存储相同类型的多个值。在 Java 中，数组是一种引用数据类型，它可以存储基本数据类型或其他引用数据类型的对象。

（4）枚举：枚举是 Java 中一种特殊的引用数据类型，用于定义常量集合。

2.2.3 Java 变量的类型转换

在 Java 中，基本数据类型的转换可以分为两类：自动类型转换和手动类型转换（强制类型转换）。在不同数据类型之间进行类型转换时需要遵循一定的规则，以确保不会造成数据精度和范围的损失。

1. 自动类型转换

自动类型转换即隐式转换。自动类型转换发生在从小范围的类型转换到大范围的类型时，Java 会自动进行数据类型转换，而不需要显式的强制转换。例如，从 int 数据类型转换为 long 数据类型，从 float 数据类型转换为 double 数据类型。自动类型转换是安全的，因为大范围类型可以承载小范围类型的值，而不会产生数据的精度损失。自动类型转换规则如图 2-8 所示。

byte
short
char
int
float
long
double
小范围
大范围

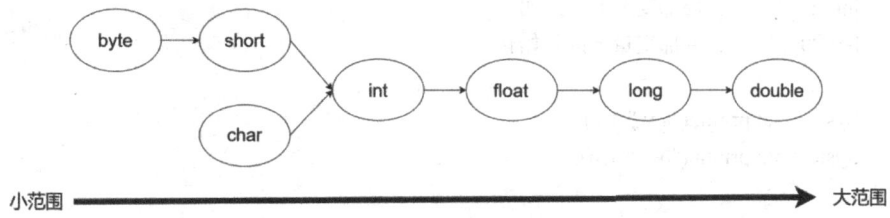

图 2-8　自动类型转换规则

从图 2-8 中可以看出，Java 中取值范围小的 byte、short、char 等类型的数据都可以自动转换为取值范围大的数据类型，如 int 数据类型，最终都可转换为双精度浮点数类型。

2. 强制类型转换

强制类型转换即显式转换。强制类型转换发生在从大范围的类型转换到小范围的类型时。强制类型转换可能导致数据丢失或精度丢失，这种转换需要有明确的强制类型转换操作符。一个错误的类型转换示例如图 2-9 所示。

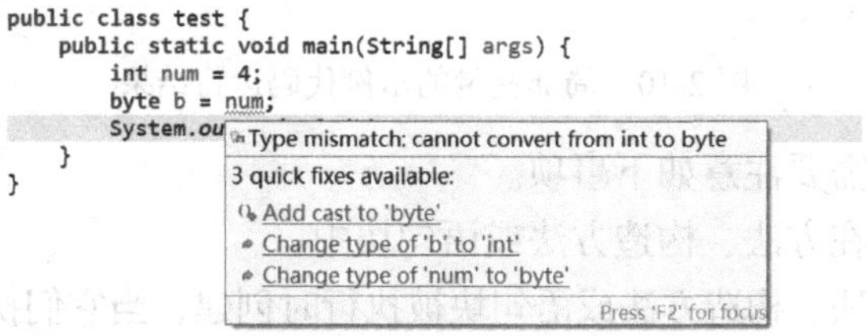

public class test {
public static void main(String[] args) {
int num = 4;
byte b = num;
System.ou
}
}
Type mismatch: cannot convert from int to byte
3 quick fixes available:
Add cast to 'byte'
Change type of 'b' to 'int'
Change type of 'num' to 'byte'
Press 'F2' for focus

图 2-9　错误的类型转换示例

从图 2-9 中可以看出，程序编译过程出现数据类型转换异常，提示 “cannot convert from int to byte”（无法将 int 数据类型转换为 byte 数据类型）。将 int 数据类型的值赋给 byte 数据类型的变量时，int 数据类型的取值范围大于 byte 数据类型的取值范围，可能导致数值溢出，即 1 字节的变量无法存储 4 字节的整数值。

2.2.4　Java 变量的类型

Java 语言支持多种类型的变量，包括局部变量、成员变量、静态变量。每种变量的作用域、生命周期和存储位置等方面均不同。

1. 局部变量

局部变量是在方法、构造函数或块内部声明的变量，该变量的作用域是在声明该变量的方法、构造函数或块内部，在声明局部变量时需要初始化，否则会导致编译错误。局部变量的生命周期从声明时开始，到方法、构造方法或语句块执行结束时终止。之后，局部变量将被垃圾回收。局部变量存储在 JVM 的栈上，与存储在堆上的实例变量或对象不同。局部变量的示例代码如下。

```java
public class LocalVariablesExample {
    public static void main(String[] args) {
        int a = 10;     // 局部变量 a 的声明和初始化
        int b;          // 局部变量 b 的声明
        b = 20;         // 局部变量 b 的初始化

        System.out.println("a = " + a);
        System.out.println("b = " + b);

        // 如果在使用之前不初始化局部变量，编译器会报错
        // int c;
        // System.out.println("c = " + c);
    }
}
```

运行结果如图 2-10 所示。

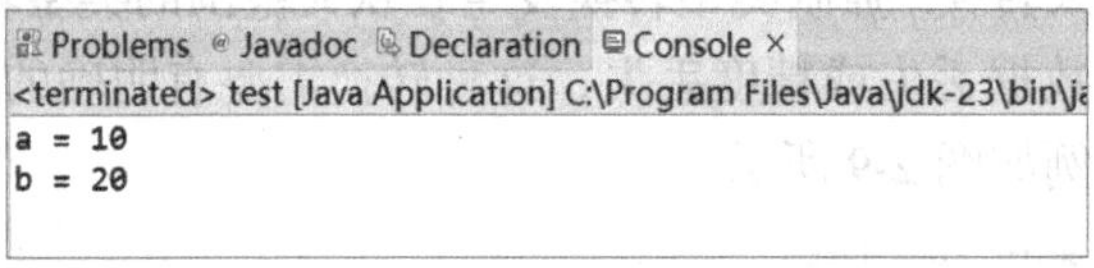

```
Problems  Javadoc  Declaration  Console ×
<terminated> test [Java Application] C:\Program Files\Java\jdk-23\bin\ja
a = 10
b = 20
```

图 2-10　局部变量的示例代码运行结果

在声明局部变量时需要注意如下事项。

（1）局部变量声明在方法、构造方法或语句块中。

（2）局部变量在方法、构造方法或语句块被执行时创建，当它们执行完成后，将被销毁。

（3）访问修饰符不能用于局部变量。

（4）局部变量只在声明它的方法、构造方法或语句块中可见。

（5）局部变量是在栈内存中分配空间的。

（6）局部变量没有默认值，所以局部变量被声明后，必须经过初始化才可以使用。

2．成员变量

成员变量是在类内部，但除方法、构造函数或语句块之外声明的变量，又称实例变量或字段。成员变量的作用域在整个类内部可见，可以被类中的任何方法访问。成员变量属于类的实例，实例变量存储在堆内存中，与对象一起分配空间。每个类的实例都有自己的成员变量副本。因此，成员变量只能通过类的实例来访问。成员变量的示例代码如下。

```java
public class test {
    private int a;                          // 私有成员变量 a
    public String b = "Hello";              // 公有成员变量 b

    public static void main(String[] args) {
        test obj = new test();              // 创建对象

        obj.a = 10;                         // 访问成员变量 a，并设置其值为 10
        System.out.println("a = " + obj.a);

        obj.b = "World";                    // 访问成员变量 b，并设置其值为 "World"
        System.out.println("b = " + obj.b);
    }
}
```

运行结果如图 2-11 所示。

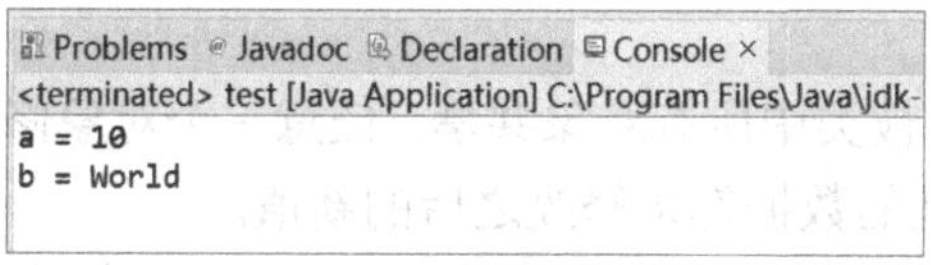

```
🔲 Problems  ᵉ Javadoc  ᵇ Declaration  🔲 Console  ×
<terminated> test [Java Application] C:\Program Files\Java\jdk-
a = 10
b = World
```

图 2-11　成员变量的示例代码运行结果

在声明成员变量时需要注意如下事项。

（1）成员变量声明在一个类中，但除方法、构造函数或语句块。

（2）当一个对象被实例化之后，每个成员变量的值也随之确定。

（3）成员变量在对象创建时创建，在对象被销毁时被销毁。

（4）成员变量的值应该至少被一个方法、构造方法或语句块引用，这样外部才能够以此方式获取变量信息。

（5）可以用访问修饰符修饰成员变量。

（6）成员变量对于类中的方法、构造方法或语句块是可见的。通常情况下应该把成员变量设为私有。

（7）成员变量具有默认值。数值型变量的默认值是 0，布尔型变量的默认值是 false，引用类型变量的默认值是 null。成员变量的值可以在声明时指定，也可以在构造方法中指定。

3．静态变量

通过 static 关键字声明的变量被称为"静态变量"，即类变量。静态变量在整个类内部可见，可以通过类名直接访问，也可以通过对象实例访问，但不推荐这种方式。静态变量在类加载时被创建，在整个程序运行期间都存在。静态变量的示例代码如下。

```
public class test {
    public static final String APP_NAME = "MyApp";
    public static final String APP_VERSION = "1.0.0";
    public static final String DATABASE_URL = "jdbc:mysql://localhost: 3306/mydb";

    public static void main(String[] args) {
        System.out.println("Application name: " + test.APP_NAME);
        System.out.println("Application version: " + test.APP_VERSION);
        System.out.println("Database URL: " + test.DATABASE_URL);
    }
}
```

运行结果如图 2-12 所示。

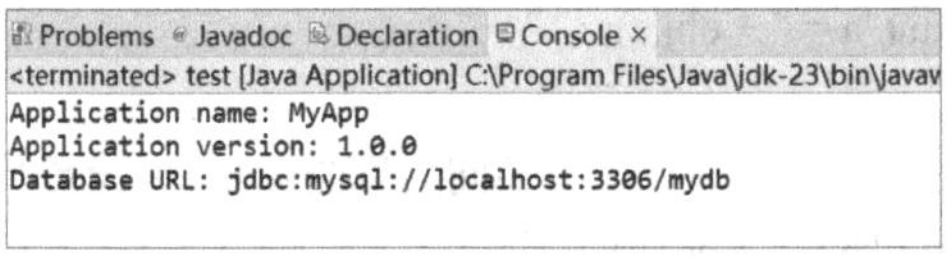

图 2-12　静态变量的示例代码运行结果

在声明静态变量时需要注意如下事项。

（1）静态变量在类中以 static 关键字声明，静态变量的声明必须在方法、构造方法和语句块之外。

（2）静态变量属于类，被类中所有对象共享，任意一个对象修改了被 static 关键字修饰的内容，其他所有对象访问到的数据都是修改之后的新值。

（3）静态变量没有被显式地初始化时，会被赋予默认值。数值型变量默认值是 0（或 0.0），布尔型默认值是 false，引用类型默认值是 null。

2.2.5　Java 常量

Java 常量就是在程序运行过程中固定不变的值，是不能被修改的数据。在 Java 中，使用 final 关键字声明常量，一旦为常量赋值后，它的值就不能再改变。常量包括整型常量、浮点数常量、字符常量、字符串常量、布尔常量、null 常量等。

1. 常量的分类

1）整型常量

整型常量是整数类型的数据，有二进制、八进制、十进制和十六进制 4 种表示形式，具体表示形式如下。

（1）二进制：由数字 0 和 1 组成的数字序列。在 JDK 7.0 中允许使用字面值来表示二进制数，前面要以 0b 或 0B 开头，目的是与十进制进行区分。

（2）八进制：以 0 开头并且其后由 0 ~ 7（包括 0 和 7）的整数组成的数字序列。

（3）十进制：由数字 0 ~ 9（包括 0 和 9）的整数组成的数字序列。

（4）十六进制：以 0x 或 0X 开头并且其后由 0 ~ 9、A ~ F（包括 0 和 9、A 和 F）组成的数字序列，如 0x25AF。

需要注意的是，在程序中为了标明不同的进制，数据都有特定的标识，八进制数必须以 0 开头，如 0711、0123；十六进制数必须以 0x 或 0X 开头，如 0xaf3、0Xff；整数以十进制表示时，第一位不能是 0。例如，十进制数 127 使用二进制表示为 011111，使用八进制表示为 017，使用十六进制表示为 0x7F 或 0X7F。

2）浮点数常量

浮点数常量就是在数学中用到的小数，分为 float 单精度浮点数和 double 双精度浮点数两种类型。其中，单精度浮点数以 F 或 f 结尾，而双精度浮点数则以 D 或 d 结尾。当然，使用浮点数时也可以在结尾处不加任何的后缀，此时虚拟机会默认为 double 双精度浮点数。浮点数常量还可以通过指数形式表示。

3）字符常量

字符常量用于表示一个字符，一个字符常量要使用一对英文半角格式的单引号（''）引起来，它可以是英文字母、数字、标点符号或由转义序列表示的特殊字符。

4）字符串常量

字符串常量用于表示一串连续的字符，一个字符串常量要使用一对英文半角格式的双引号（""）引起来。

5）布尔常量

Java 中的布尔型常量只有两个值，即 false（表示为假）和 true（表示为真）。

6）null 常量

null 常量只有一个值 null，表示对象的引用为空。

2. 常量的使用

在使用常量前必须先声明常量并为其赋予初始值，常量一旦初始化就不可以被修改。

在 Java 中使用 final 关键字声明一个常量，其语法如下所示。

```
final 常量类型 常量名 [= value]
```

其中，final 是声明常量的关键字，表示该变量为常量，一旦赋值就不能再更改；常量类型指常量的数据类型，如 int、double 等；常量名是常量的名称；value 是初始值。final 关键字表示最终的数据，它可以修饰很多元素，修饰变量就变成了常量。如下示例代码声明静态常量、成员常量和局部常量。

```
public class HelloWorld{
//声明一个静态常量 PI，并将其初始化为 3.14
public static final double PI = 3.14;

//声明一个成员常量 y，并将其初始化为 10
final int y = 10;

public static void main(String[] args){
```

```
        //声明一个局部常量 x，并初始化为 3.3
        final double x = 3.3
    }
}
```

2.2.6 引用数据类型

在 Java 中，引用数据类型是一种用于存储对象在内存中的引用的数据类型。当我们声明一个引用类型的变量时，该变量并不直接存储对象本身，而是存储了对象在内存中的存储地址。通过引用数据类型的变量，便能够间接地操作该变量引用的对象。在 Java 中，除了基本数据类型，其他所有类型都是引用类型。引用类型包括类、接口、数组、枚举等，所有引用类型的默认值都是 null，一个引用类型的变量可以用于引用任何与之兼容的数据类型。

在 Java 的内存模型中，对象的实例存储在堆内存中，而引用变量则存储在栈内存中。当我们创建一个对象时，JVM 会在堆内存中为该对象分配必要的存储空间，并返回该存储空间的地址。引用变量则持有这个地址，并通过此地址来访问和操作该对象。这种分离存储机制既能够节约栈内存空间，又能够实现对堆内存中的对象生命周期的高效管控。

2.3 运算符与表达式

运算符与表达式是 Java 语言的核心组成部分，它们承载着实现各种复杂计算和逻辑判断的关键使命。运算符涵盖了算术运算符、关系运算符、逻辑运算符、赋值运算符、位运算符等多种运算方式，每种运算符都具备独特的功能和用途，而表达式则是由变量、常量、运算符等元素组合而成的富有意义的结构，能够精准地表达特定的计算过程或逻辑关系。

2.3.1 运算符

Java 中的运算符是用于对变量和值进行操作的符号。它们在 Java 中起着至关重要的作用，能够实现各种计算、比较、逻辑判断和赋值等操作。

1. 算术运算符

算术运算符用于执行基本的数学计算，常见的有加法、减法、乘法、除法、取余等运算。算术运算符如表 2-2 所示。

（1）加法运算符（+）：计算两个数的和。

（2）减法运算符（-）：计算两个数的差。

（3）乘法运算符（*）：计算两个数的积。

（4）除法运算符（/）：计算两个数的商。

注意：如果两个整数相除，结果会自动进行整数除法，即取整。

（5）取余运算符（%）：计算两个数相除的余数。

（6）自增运算符（++）：变量自动加一，自增符在前先加一再赋值，反之先赋值再加一。

（7）自减运算符（--）：变量自动减一，自减符在前先减一再赋值，反之先赋值再减一。

2.关系运算符

关系运算符用于比较两个操作数，返回值为一个布尔类型数据（true 或 false）。关系运算符广泛应用于条件语句和循环语句中。关系运算符如表 2-3 所示。

表 2-2　算术运算符

运算符	运算	范例	结果
+	加	5+5	10
–	减	6–4	2
*	乘	3*4	12
/	除（算术中整除结果）	7/5	1
%	取余（算术中求余数）	7%5	2
++	自增，自增符在前先加一再赋值	a=2;b=++a;	a=3;b=3
++	自增，自增符在后先赋值再加一	a=2;b=a++;	a=3;b=2
--	自减，自减符在前先减一再赋值	a=2;b=--a;	a=1;b=1
--	自减，自减符在后先赋值再减一	a=2;b=a--;	a=1;b=2

表 2-3　关系运算符

运算符	运算	范例	结果
==	相等于	4==3	false
!=	不等于	4!=3	true
>	大于	4>3	true
<	小于	4<3	false
>=	大于或等于	4>=3	true
<=	小于或等于	4<=3	false

（1）相等于运算符（==）：判断两个值是否相等。

（2）不等于运算符（!=）：判断两个值是否不相等。

（3）大于运算符（>）：判断左边的值是否大于右边的值。

（4）小于运算符（<）：判断左边的值是否小于右边的值。

（5）大于或等于运算符（>=）：判断左边的值是否大于或等于右边的值。

（6）小于或等于运算符（<=）：判断左边的值是否小于或等于右边的值。

3.逻辑运算符

逻辑运算符用于连接多个布尔表达式，并返回一个布尔值作为计算结果。它们通常用于控制结构中，如 if 语句、while 循环等。逻辑运算符如表 2-4 所示。

表 2-4　逻辑运算符

运算符	运算	范例	结果
&	逻辑与运算：当两个条件都为 true 时，返回 true	true & true	true
			true & false	false
			false & false	false
			false & true	false
|	逻辑或运算：当两个条件中至少有一个为 true 时，返回 true	true | true	true
			true | false	true
			false | false	false
			false | true	true
!	逻辑非运算：对布尔值进行取反操作	!true	false
			!false	true

（1）逻辑与运算符（&）：当两个条件都为 true 时，返回 true。

（2）逻辑或运算符（|）：当两个条件中至少有一个为 true 时，返回 true。

（3）逻辑非运算符（!）：对布尔值进行取反操作。

4．赋值运算符

赋值运算符用于给变量赋值。Java 提供了多种复合赋值运算符，可以简化常见的赋值操作。赋值运算符如表 2-5 所示。

表 2-5　赋值运算符

运算符	运算	范例	结果
=	赋值运算：将右侧的值赋给左侧的变量	a=3;b=2;	a=3;b=2;
+=	加等于运算：将右侧的值加到左侧变量的当前值上，并赋值给左侧变量	a=3;b=2;a+=b;	a=5;b=2;
–=	减等于运算：将右侧的值从左侧变量的当前值中减去，并赋值给左侧变量	a=3;b=2;a-=b;	a=1;b=2;
*=	乘等于运算：将右侧的值乘到左侧变量的当前值上，并赋值给左侧变量	a=3;b=2;a*=b;	a=6;b=2;
/=	除等于运算：将左侧变量的值除以右侧的值，并赋值给左侧变量	a=3;b=2;a/=b;	a=1;b=2;
%=	取余等于运算：将左侧变量的值对右侧变量的值取余，并赋值给左侧变量	a=3;b=2;a%=b;	a=1;b=2;

（1）基本赋值运算符（=）：将右侧的值赋给左侧的变量。

（2）加法赋值运算符（+=）：将右侧的值加到左侧变量的当前值上，并赋值给左侧变量。

（3）减法赋值运算符（–=）：将右侧的值从左侧变量的当前值中减去，并赋值给左侧变量。

（4）乘法赋值运算符（*=）：将右侧的值乘到左侧变量的当前值上，并赋值给左侧变量。

（5）除法赋值运算符（/=）：将左侧变量的值除以右侧的值，并赋值给左侧变量。

（6）取余赋值运算符（%=）：将左侧变量的值对右侧变量的值取余，并赋值给左侧变量。

5．位运算符

位运算符用于对二进制位进行操作，这些运算符通常应用于底层编程、加密算法、性能优化等场景。Java 中的位运算符可以处理 int 和 long 类型的数字。位运算符如表 2-6 所示。

表 2-6　位运算符

运算符	运算	范例	结果
&	按位与运算：对两个操作数的每位进行与运算，只有当两个相应位都是 1 时，结果才为 1，否则为 0	0 & 0	0
		0 & 1	0
		1 & 1	1
		1 & 0	0
|	按位或运算：对两个操作数的每一位进行或运算，只要两个相应位中有一个为 1，结果为 1，否则为 0	0 | 0	0
		0 | 1	1
		1 | 1	1
		1 | 0	1
^	按位异或运算：对两个操作数的每一位进行异或运算，相应位不同则结果为 1，相同则结果为 0	0 ^ 0	0
		0 ^ 1	1
		1 ^ 1	0
		1 ^ 0	1
~	按位取反运算：将操作数的每一位取反（0 变 1，1 变 0）	~0	1
		~1	0
>>	右移运算：将操作数的二进制位向右移动指定的位数。对于正数，高位补 0；对于负数，高位补 1	01100010 >> 2	00011000
		11100010 >> 2	11111000

续表

运算符	运算	范例	结果
<<	左移运算：将操作数的二进制位向左移动指定的位数，用 0 填充低位	00000010 << 2	00001000
		10010011 << 2	01001100
>>>	无符号右移运算：将操作数的二进制位向右移动，始终用 0 填充高位，不管原数是正是负	01100010 >>> 2	00011000
		11100010 >>> 2	00111000

（1）按位与运算符（&）：对两个操作数的每位进行与运算，只有当两个相应位都是 1 时，结果才为 1，否则为 0。

（2）按位或运算符（|）：对两个操作数的每位进行或运算，只要两个相应位中有一个为 1，结果为 1，否则为 0。

（3）按位异或运算符（^）：对两个操作数的每位进行异或运算，相应位不同则结果为 1，相同则结果为 0。

（4）按位取反运算符（~）：将操作数的每位取反（0 变 1，1 变 0）。

（5）右移运算符（>>）：将操作数的二进制位向右移动指定的位数。对于正数，高位补 0；对于负数，高位补 1。

（6）左移运算符（<<）：将操作数的二进制位向左移动指定的位数，用 0 填充低位。

（7）无符号右移运算符（>>>）：将操作数的二进制位向右移动，始终用 0 填充高位，不管原数是正是负。

6. 条件运算符

条件运算符即三元运算符，是 Java 中唯一的三元的运算符，其语法形式如下。

```
condition ? expression1 : expression2;
```

条件运算符的使用规则如下：判断 condition 是否为 true，如果为 true，则返回 expression1 的值；如果为 false，则返回 expression2 的值。条件运算符等同 if-else 语句，但更简洁。

2.3.2　表达式

表达式是由一个或多个操作数和运算符组成的一个代码单元，表达式的目的是计算求值。可以将表达式看作是一组组合在一起的操作符和操作数，它们一起完成一个特定的运算或任务。表达式的结果可以是任何类型的数据：基本数据类型（如整数、浮点数、布尔值等）或对象。在 Java 中，表达式通常分为如下几种类型。

（1）算术表达式：使用算术运算符进行计算的表达式。

（2）关系表达式：使用关系运算符进行比较的表达式，返回布尔值。

（3）逻辑表达式：使用逻辑运算符对布尔值进行操作的表达式。

（4）赋值表达式：通过赋值运算符将值赋给变量的表达式。

（5）条件表达式（三元运算符）：使用 "?:" 实现的条件判断表达式。

（6）位运算表达式：使用位运算符对数字的二进制位进行操作的表达式。

（7）类型转换表达式：使用类型转换运算符进行数据类型转换的表达式。

表达式的组合与优先级如下。

在表达式中不仅有单一运算符的操作，还涉及多个运算符的组合计算。在 Java 中，运算符的优先级决定了在没有括号的情况下哪些运算先被执行，了解运算符的优先级是确保代码按预期执行的关键。

1. 运算符优先级

Java 中的运算符优先级由高到低排序如表 2-7 所示。

表 2-7　Java 中的运算符优先级表格

优先级	运算符	计算方向
1	() [] .	从左到右
2	++ -- + - ~ !	从右到左
3	* / %	从左到右
4	+ -	从左到右
5	<< >> >>>	从左到右
6	< <= > >=	从左到右
7	== !=	从左到右
8	&	从左到右
9	^	从左到右
10	|	从左到右
11	&&	从左到右
12	||	从左到右
13	?:	从右到左
14	= += -= *= /= %= &= <<= >>= >>>= ^= |=	从右到左

2. 括号的使用

使用括号可以明确表达式的执行顺序，改变运算的优先级，确保表达式按照开发者的意图进行计算，从而避免优先级混淆的问题。

2.3.3　运算符的注意事项与优化

Java 中的运算符不仅可以用于简单的数值计算，还可以用于更复杂的操作中，在控制流、性能优化和算法设计中运算符都发挥着重要的作用。运算符在使用中也有一些注意事项。

1. 运算符优先级的陷阱

运算符的优先级问题是一个常见的错误源。在书写复杂表达式时，往往由于忽略了默认的优先级规则，计算结果与预期不符。为了避免这类错误，尤其是在涉及多个不同优先级的运算符时，可以使用括号明确运算顺序。

例如：

```
int a = 5;
int b = 3;
int c = 2;
int result = a + b * c;  // 结果是 11, 因为 * 的优先级高于 +
```

如果开发者想先进行加法，再进行乘法，则应该使用括号。

```
int result = (a + b) * c;   // 结果是 16
```

2. 类型转换和数据丢失

Java 中的强制类型转换可能导致数据丢失或溢出。特别是从较大范围的数据类型转换到较小范围的数据类型时，特别容易产生计算结果与预期不匹配的现象。

例如，将 long 数据类型转换为 int 数据类型时，可能丢失精度，或者发生溢出。

```
long largeValue = 9876543210L;
int smallValue = (int) largeValue;   // 数据溢出，结果将不准确
```

为避免这种情况，应该确保目标类型足够大以容纳原始数据，或者在转换前进行验证。

3. 自增自减的使用

"++" 和 "−−" 运算符非常简洁，但有时它们的前置和后置形式可能导致意外的行为，特别是在复杂的表达式中自增、自减运算更容易造成计算结果不准确。为了避免这种困惑，应尽量简化运算，或根据逻辑需求明确使用前置或后置运算符。

例如，以下两个表达式的目的是不同的。

```
int a = 5;
int b = a++;   // b = 5, a = 6  (后置，自增后返回原值)
int c = ++a;   // c = 7, a = 7  (前置，自增后返回新值)
```

4. 位运算的高效性

在图像处理、加密算法、性能优化等需要对二进制位进行处理的场景下，位运算比其他算术运算更高效。例如，进行乘以或除以 2 的操作时，可以使用左移或右移运算符代替常规的乘法和除法运算。

```
int a = 5;
int result = a << 1;   // 相当于 a * 2, 结果是 10
result = a >> 1;   // 相当于 a / 2, 结果是 2
```

5. 条件运算符的使用

在简单的条件判断中，三元条件运算符（?:）比传统的 if-else 语句更简洁。
例如：

```
int a = 10, b = 5;
int max = (a > b) ? a : b;   // 获取较大的值
```

然而，如果条件判断逻辑较复杂，由于三元运算符嵌套时容易导致可读性差，此时使用 if-else 语句就会使程序更清晰易读。例如：

```
// 复杂的三元运算符（可读性差）
int result = (a > b) ? ((a > c) ? a : c) : ((b > c) ? b : c);
```

这种情况使用 if-else 语句更清晰易懂。

2.4 控制结构

控制结构决定了程序在不同条件下的行为和执行路径。从简单的顺序执行到复杂的分支判断和循环迭代，Java 控制结构为开发者提供了一种强大的工具构建高效、灵活且功能丰富的程序。无论是处理用户输入和执行复杂的算法，还是管理程序的流程，理解和熟练运用 Java 控制结构都是至关重要的。

2.4.1 条件控制结构

1. if 语句

if 语句是最基本的条件控制结构，用于根据条件的真假来决定是否执行某些语句，它根据条件表达式的计算结果来选择执行路径。if 语句的基本语法如下。

```
if(判断条件) {
    执行语句          // 当判断条件为 true 时执行的语句
}
```

上述语法格式中，判断条件是一个布尔值，当判断条件为 true 时，就会执行{}中的执行语句。if 语句的执行流程如图 2-13 所示。

if 语句的示例代码如下。

```java
public class Example {
    public static void main(String[] args) {
        int number = 10;
        // 如果 number 大于 5
        if (number > 5) {
            System.out.println("The number is greater than 5.");
        }
    }
}
```

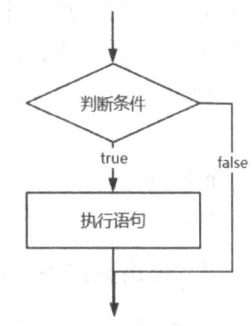

图 2-13 if 语句的执行流程

运行结果如图 2-14 所示。

```
Problems  Javadoc  Declaration  Console ⊠
<terminated> Example [Java Application] D:\Program Files\jdk\jdk8u422-b05\bin\javaw.exe (2024-12-5 16:29:29 - 16:29:29)
The number is greater than 5.
```

图 2-14 if 语句的示例代码运行结果

上述代码首先定义了一个整数变量 number 并初始化为 10。if (number > 5)这行代码是判断条件，如果 number 的值大于 5，则条件为真，执行紧跟在条件后的花括号内的代码，这里打印出"The number is greater than 5."。在这个示例代码中，由于 10 大于 5，所以会打印"The number is greater than 5."。

2. if-else 语句

if-else 语句在 if 语句的基础上增加了 else 语句部分，它提供了条件判断的两个分支：如果条件为真，则执行 if 语句部分的代码，否则执行 else 语句部分的代码。if-else 语句的基本语法如下。

```
if (判断条件) {
    执行语句 1        // 当判断条件为 true 时执行的语句
} else {
    执行语句 2        // 当判断条件为 false 时执行的语句
}
```

上述语法格式是一个条件判断结构，用于根据布尔表达式的结果选择执行不同的代码块。当“判断条件”为真时，执行“执行语句 1”；否则，执行“执行语句 2”。if-else 语句的执行流程如图 2-15 所示。

判断条件
true
false
执行语句1
执行语句2

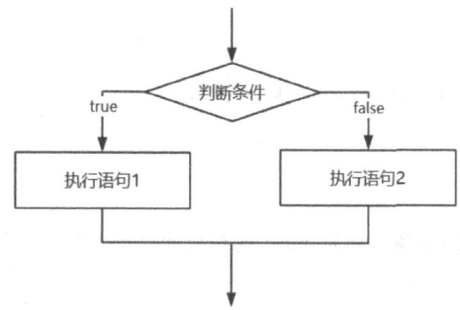

图 2-15　if-else 语句的执行流程

if-else 语句的示例代码如下。

```
public class Example {
    public static void main(String[] args) {
        int number = 8;
        // 如果 number 大于 10
        if (number > 10) {
            System.out.println("The number is greater than 10.");
        } else {
            System.out.println("The number is not greater than 10.");
        }
    }
}
```

运行结果如图 2-16 所示

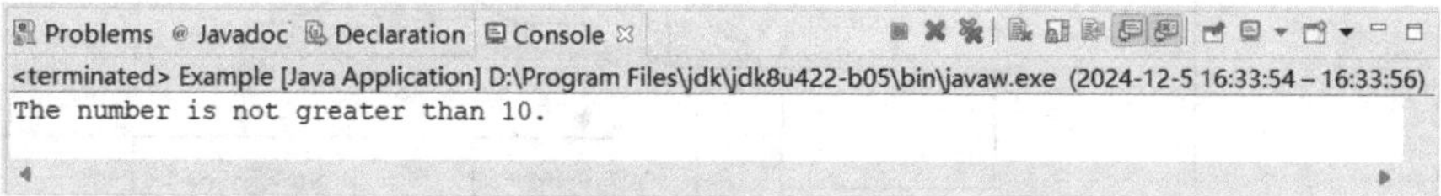

Problems　Javadoc　Declaration　Console
<terminated> Example [Java Application] D:\Program Files\jdk\jdk8u422-b05\bin\javaw.exe (2024-12-5 16:33:54 – 16:33:56)
The number is not greater than 10.

图 2-16　if-else 语句的示例代码运行结果

上述示例代码定义了一个整数变量 number 并初始化为 8。if (number > 10)这行代码是判断条件，如果 number 的值大于 10，则条件为真，执行 if 语句块中的代码，即打印“The number is greater than 10.”。如果条件为假，则执行 else 语句块中的代码。在这个示例代码中，由于 8

不大于 10，所以会执行 else 语句块，打印"The number is not greater than 10."。

3. 多条件 if-else 语句

当存在多个条件需要判断时，可以使用多条件 if-else 语句。它允许检查多个条件，并在某个条件满足时执行对应的语句。多条件 if-else 语句的基本语法如下。

```
if (判断条件 1) {
    执行语句 1 // 当判断条件 1 为 true 时执行的语句
} else if (判断条件 2) {
    执行语句 2 // 当判断条件 2 为 true 时执行的语句

}
…
else if (判断条件 n) {
    执行语句 n // 当判断添加 n 为 true 时执行的语句

}
else {
    执行语句 n+1    // 当所有条件都为 false 时执行的语句
}
```

上述语法格式是一个多分支条件判断结构，用于根据多个条件选择执行不同的代码块。当"判断条件 1"成立时，执行"执行语句 1"；如果"判断条件 1"不成立，则检查"判断条件 2"，如果成立，则执行"执行语句 2"；以此类推，直到执行最后的"判断条件 n"。如果所有条件都不成立，则执行"执行语句 n+1"。该结构可以处理多种情况，确保程序根据不同条件执行相应的操作。多条件 if-else 语句的执行流程如图 2-17 所示。

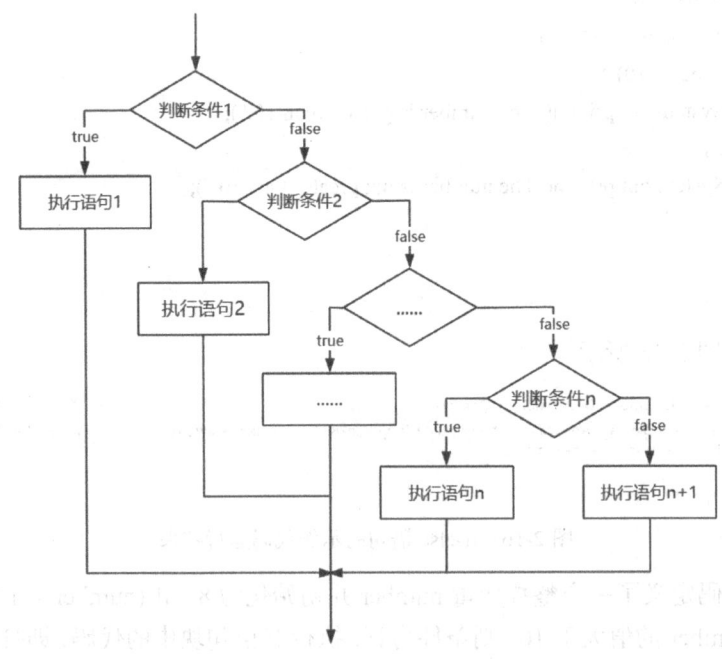

图 2-17　多条件 if-else 语句的执行流程

多条件 if-else 语句的示例代码如下。

```java
public class Example {
    public static void main(String[] args) {
        int score = 75;
        // 根据不同的分数区间输出不同的结果
        if (score >= 90) {
            System.out.println("优秀");
        } else if (score >= 80) {
            System.out.println("良好");
        } else if (score >= 70) {
            System.out.println("中等");
        } else if (score >= 60) {
            System.out.println("及格");
        } else {
            System.out.println("不及格");
        }
    }
}
```

运行结果如图 2-18 所示。

```
Problems  @ Javadoc  Declaration  Console
<terminated> Example [Java Application] D:\Program Files\jdk\jdk8u422-b05\bin\javaw.exe  (2024-12-5 16:35:40 – 16:35:41)
中等
```

图 2-18　多条件 if-else 语句的示例代码运行结果

上述示例代码定义了一个整数变量 score 并将其初始化为 75。首先判断整数变量 score 是否大于或等于 90，如果是，则打印 "优秀"。否则继续下一个判断。接着判断整数变量 score 是否大于或等于 80，如果是，则打印 "良好"。以此类推，进行多个条件的判断。如果前面的所有条件都不满足，则执行 else 语句块，打印 "不及格"。在这个示例代码中，由于 75 大于 70，所以会打印 "中等"。

4. 嵌套 if 语句

在 if 语句中，我们也可以嵌套其他的 if 语句，构成更复杂的条件判断。嵌套 if 语句的示例代码如下。

```java
public class Example {
    public static void main(String[] args) {
        int age = 25;
        boolean hasLicense = true;
        // 外层判断年龄是否大于或等于 18
        if (age >= 18) {
            System.out.println("年龄符合驾驶要求。");
            // 内层判断是否有驾照
            if (hasLicense) {
                System.out.println("可以合法驾驶。");
```

```
            } else {
                System.out.println("没有驾照，不能驾驶。");
            }
        } else {
            System.out.println("年龄未达到驾驶要求。");
        }
    }
}
```

运行结果如图 2-19 所示。

图 2-19　嵌套 if 语句的示例代码运行结果

上述示例代码定义了一个整数变量 age 表示年龄，并将其初始化为 25；定义了一个布尔变量 hasLicense 表示是否有驾照，并将其初始化为 true。首先进行外层的 if 语句判断，判断条件是 age >= 18，即判断年龄是否大于或等于 18 岁。如果满足这个条件，则执行外层 if 语句块中的代码，打印"年龄符合驾驶要求。"。接着在外层 if 语句块中进行内层的 if 语句判断，判断条件是 hasLicense，即判断是否有驾照。如果有驾照（hasLicense 为 true），则打印"可以合法驾驶。"；如果没有驾照（hasLicense 为 false），则打印"没有驾照，不能驾驶。"。如果外层的 if 语句判断条件不满足，即年龄小于 18 岁，则执行外层 else 语句块中的代码，打印"年龄未达到驾驶要求。"。

5. switch 语句

当表达式的多个取值可能对应不同操作时，switch 语句提供了一种更简洁的多分支条件判断方式，它比多条件 if-else 语句更清晰易读。switch 语句的基础语法如下。

```
switch (expression) {
    case value1:
        // 当 expression 等于 value1 的值时执行的语句
        break;
    case value2:
        // 当 expression 等于 value2 的值时执行的语句
        break;
    ......
    case valueN:
        // 当 expression 等于 valueN 的值时执行的语句
        break;

    default:
        // 当 expression 不等于任何 case 的值时执行的语句
}
```

上述语法格式是一个 switch 语句根据某个表达式的值选择执行不同的代码块。首先，将

expression 的值与每个 case 后面的值进行比较。如果 expression 的值等于某个 case 的值，则
执行该 case 后面的代码，遇到 break 关键字时跳出 switch 语句。如果没有匹配的 case，则执
行 default 后面的代码（如果有 default）。这个结构用于处理多个可能的值，简化多个 if-else
语句判断。

　　switch 语句的示例代码如下。

```java
public class Example {
    public static void main(String[] args) {
        int dayOfWeek = 3;
        // 根据 dayOfWeek 的值输出对应的星期几
        switch (dayOfWeek) {
            case 1:
                System.out.println("星期一");
                break;
            case 2:
                System.out.println("星期二");
                break;
            case 3:
                System.out.println("星期三");
                break;
            case 4:
                System.out.println("星期四");
                break;
            case 5:
                System.out.println("星期五");
                break;
            case 6:
                System.out.println("星期六");
                break;
            case 7:
                System.out.println("星期日");
                break;
            default:
                System.out.println("输入错误的星期数值。");
        }
    }
}
```

运行结果如图 2-20 所示。

图 2-20　switch 语句的示例代码运行结果

上述示例代码定义了一个整数变量 dayOfWeek 并初始化为 3，代表一周中的某一天。

switch 语句（dayOfWeek）根据 dayOfWeek 的值进行判断。每个 case 后面跟着一个可能的值，如 "case 3:" 表示当 dayOfWeek 的值为 3 时，如果匹配到相应的值，则会执行该 case 后面的语句，这里是输出对应的星期几。break 关键字用于在执行完相应的 case 后跳出 switch 语句。如果没有 break 关键字，则继续执行下一个 case，直到遇到 break 关键字或 switch 语句。default 用于处理所有未匹配到的情况。如果 dayOfWeek 的值不是 1 到 7 中的任何一个，则执行 default 后面的语句，打印 "输入错误的星期数值。"。

2.4.2 循环控制结构

1. for 循环

for 循环是常用的循环控制结构之一，它允许我们重复执行一段代码块，直到满足特定的条件，for 循环适用于已知循环次数的情况。它通常包括三部分，分别为初始化部分 initialization、条件部分 condition 和更新部分 update。for 循环的基本语法如下。

```
for (initialization; condition; update) {
    // 循环体
}
```

for 循环的执行步骤如下。

（1）计算 initialization 语句，完成必要的初始化工作。

（2）判断 condition 语句的值是否为 true，如果 condition 语句的值为 true，则转到步骤（3），否则转到步骤（4）。

（3）执行循环体语句，执行 update 语句修改循环条件，转到步骤（2）。

（4）结束 for 循环的执行。

for 循环的示例代码如下。

```java
public class Example {
    public static void main(String[] args) {
        // 打印 1 到 5 的数字
        for (int i = 1; i <= 5; i++) {
            System.out.println(i);
        }
    }
}
```

运行结果如图 2-21 所示。

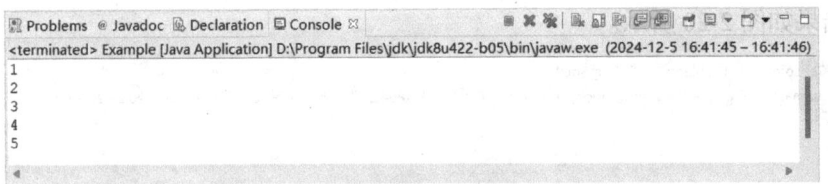

图 2-21　for 循环的示例代码运行结果

在上述示例代码的循环体中，System.out.println(i) 会打印出当前 i 的值。所以这个程序会

依次打印 "1" "2" "3" "4" "5"。

2．foreach 循环

foreach 循环也被称为增强版 for 循环，它提供了一种更加简洁的遍历集合元素的方式，能够避免手动维护索引的操作。foreach 循环的基本语法如下。

```
for (type element : collection) {
    // 遍历 collection 时，使用 element 引用 collection 中的每个元素
}
```

foreach 循环的示例代码如下。

```
public class Example {
    public static void main(String[] args) {
        int[] numbers = {1, 2, 3, 4, 5};
        // 使用 foreach 循环遍历数组
        for (int number : numbers) {
            System.out.println(number);
        }
    }
}
```

运行结果如图 2-22 所示。

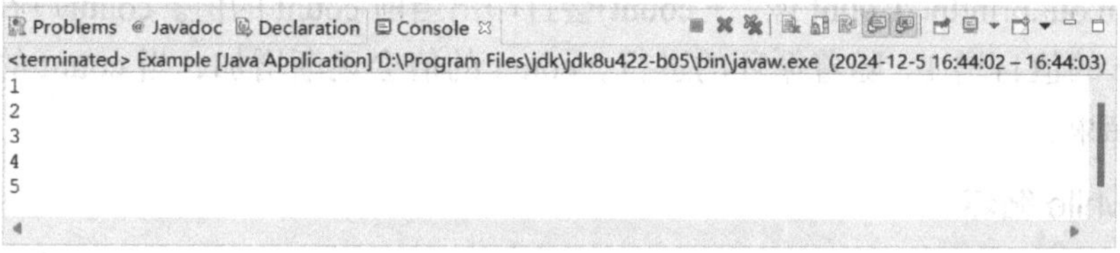

图 2-22　foreach 循环的示例代码运行结果

上述示例代码中的 for 循环（int number : numbers）是 foreach 循环的语法结构。这里的 number 是一个临时变量，它会在每次循环中依次取数组 numbers 中的一个元素的值。

3．while 循环

while 循环由关键字 while、循环条件和循环体三部分组成，适用于在循环开始之前就确定循环条件的情况。只有当循环条件为 true 时，while 循环才会继续执行。while 循环的基本语法如下。

```
while (condition) {
    // 循环体
}
```

while 循环的执行步骤如下。

（1）计算循环条件 condition 的值，如果该值为 true，则转到步骤（2），否则转到步骤（3）。

（2）执行循环体，转到步骤（1）。

（3）结束 while 循环的执行。

while 循环的示例代码如下。

```
public class Example {
    public static void main(String[] args) {
        int count = 0;
        // 当 count 的值小于 5 时执行循环
        while (count < 5) {
            System.out.println("Count is: " + count);
            count++;
        }
    }
}
```

运行结果如图 2-23 所示。

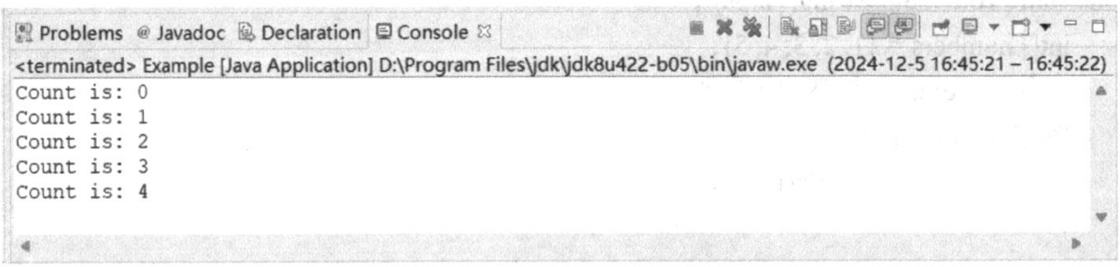

图 2-23 while 循环的示例代码运行结果

上述示例代码中 while(count < 5)表示只要 count 的值小于 5，循环就会一直执行。在循环体中，System.out.println("Count is: " + count)会打印出当前 count 的值。count++在每次循环结束后将 count 的值自增 1。随着循环的进行，count 的值会逐渐增加，当 count 的值不再小于5 时，循环结束。

4．do-while 循环

do-while 循环与 while 循环相似，唯一的区别在于，do-while 循环会先执行一次循环体，再判断循环条件，也就是说 do-while 循环至少会被执行一次。do-while 循环的基本语法如下。

```
do {
    // 循环体
} while (condition);
```

do-while 循环的示例代码如下。

```
public class Example {
    public static void main(String[] args) {
        int num = 1;
        // 先执行一次循环体，再判断循环条件
        do {
            System.out.println(num);
            num++;
        } while (num < 5);
    }
}
```

运行结果如图 2-24 所示。

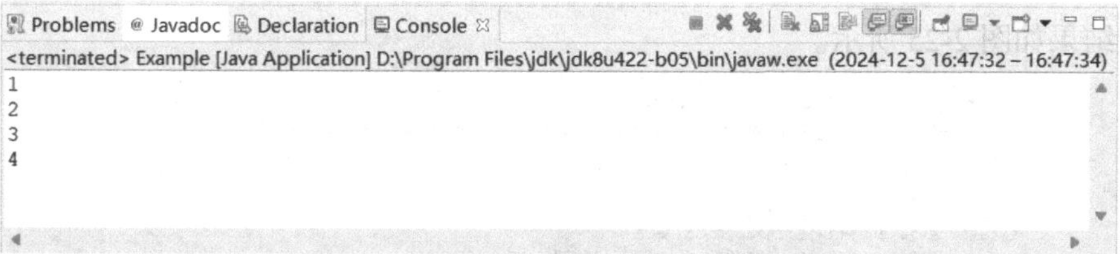

图 2-24　do-while 循环的示例代码运行结果

上述示例代码中 do {... }中的代码块是循环体，会先执行一次。程序会先打印出 num 的值，即 1，再将 num 的值自增 1。while (num < 5)是循环的条件判断部分。在每次循环体执行完后，会检查这个条件。如果条件为 true，则继续执行循环体；如果条件为 false，则循环结束。在上述示例代码中，当 num 的值不小于 5 时，循环结束，因此依次打印 "1" "2" "3" "4"。

5. 嵌套循环

嵌套循环是指在一个外部循环内部再嵌套一个或多个内部循环。在外部循环的每次迭代中，内部循环会被完整执行一次。外部循环控制迭代的总体范围（如遍历所有行或列），而内部循环则处理具体的细节（如每行的元素）。这种结构广泛应用于二维数据处理、矩阵计算、图形显示、排序等场景，能够高效地解决多维度的问题。我们常用的是 for 循环，其语法格式如下。

```
for (initialization; condition; update) {
    // 外部循环体代码
    for (initialization; condition; update) {
        // 内部循环体代码
    }
    // 外部循环体继续执行的代码
}
```

上述语法格式表示了一个嵌套的 for 循环结构，其中外部循环控制循环的整体次数，而内部循环在每次外部循环迭代时执行一次。外部循环会先执行一轮，再进入内部循环，内部循环每执行完一次后，外部循环才继续执行下一次迭代。嵌套循环通常用于处理多维数据或需要重复执行多次操作的场景，如二维数组遍历或矩阵计算等。

下面是一个使用嵌套 for 循环打印九九乘法表的示例代码。

```
public class Example {
    public static void main(String[] args) {
        // 外部循环控制行数
        for (int i = 1; i <= 9; i++) {
            // 内部循环控制列数
            for (int j = 1; j <= i; j++) {
                System.out.print(i+"*"+j+"="+(i * j)+"\t");
            }
            System.out.println();   // 每行打印完后换行
        }
    }
}
```

运行结果如图 2-25 所示。

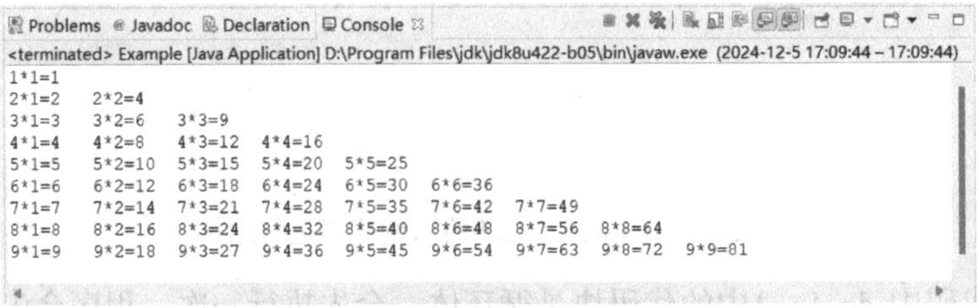

图 2-25　嵌套 for 循环的示例代码运行结果

上述示例代码演示了如何使用嵌套循环打印出九九乘法表。首先，外部循环控制了行数（即乘法表中的每行）。对于每行，内部循环会打印从 1 到当前行数 i 的乘法结果。这样在第一行只打印 "1 * 1=1"，在第二行打印 "2 * 1=2" 和 "2 * 2=4"，以此类推，直到第九行。

嵌套循环的执行步骤如下。

（1）外部循环开始时，i = 1，进入内部循环，打印 "1 * 1 = 1"。

（2）外部循环进行到第二行，i = 2，内部循环打印 "2 * 1 = 2" 和 "2 * 2 = 4"。

（3）以此类推，外部循环的 i 值逐渐增大，每次内部循环根据当前 i 值打印相应的乘法结果。

6. break 语句和 continue 语句

在循环结构中，break 语句和 continue 语句是两种常用的控制语句，可将它们分别用于跳出循环和跳过当前循环迭代。

（1）break 语句。

break 语句通常用于在满足某个条件时提前结束循环，或者在 switch 语句中跳出某个 case 分支。在循环中使用 break 语句时，如果不再满足循环条件，则可通过 break 语句提前终止循环的执行，示例代码如下。

```java
public class Example {
    public static void main(String[] args) {
        for (int i = 0; i < 10; i++) {
            if (i == 5) {
                break;  // 当 i 等于 5 时，跳出循环
            }
            System.out.println("i = " + i);
        }
    }
}
```

运行结果如图 2-26 所示。

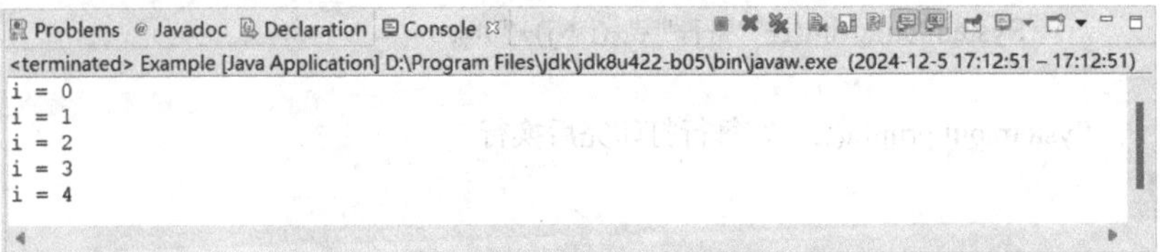

图 2-26　break 语句的示例代码运行结果

上述示例代码会打印 "i = 0" 到 "i = 4"，当 i=5 时，break 语句会立即跳出循环。

（2）continue 语句。

continue 语句用于跳过当前循环迭代的剩余部分，并立即开始下一次循环迭代。当 continue 语句被执行时，程序会跳过当前循环的后续代码，直接返回循环条件的判断部分。continue 语句有助于优化代码，减少嵌套层次，提高代码的可读性。

```java
public class Example {
    public static void main(String[] args) {
        for (int i = 0; i < 10; i++) {
            if (i % 2 == 0) {
                continue;   // 如果 i 是偶数，则跳过当前迭代
            }
            System.out.println("i = " + i);
        }
    }
}
```

运行结果如图 2-27 所示。

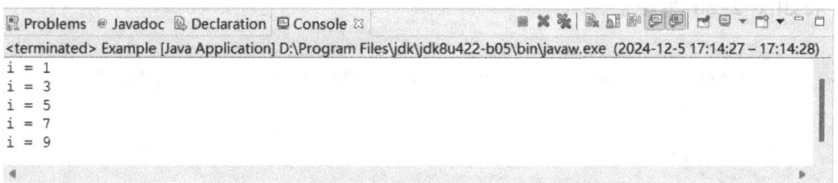

图 2-27　continue 语句的示例代码运行结果

上述示例代码会打印所有奇数 "i = 1" "i = 3" "i = 5" "i = 7" "i = 9"。当 i 为偶数时，continue 语句会跳过当前迭代。

2.4.3　跳转控制结构

跳转控制结构用于改变程序的执行流，通常与 for、while 等循环语句结合使用。

1. return 语句

return 语句用于结束当前的方法，并返回一个与方法声明的返回值类型相同的值。我们可以在方法的任何地方使用 return 语句，以提前结束方法的执行。此外，如果在循环体内使用 return 语句，循环则会立即停止，方法的执行也会结束，示例代码如下。

```java
public int add(int a, int b) {
    return a + b;   // 立即返回计算结果，结束方法
}
```

2. 标签与 break 或 continue 语句结合使用

在嵌套循环中，我们有时需要控制外层循环的跳出或跳过某一次迭代，此时可以使用标签（Label）配合 break 语句或 continue 语句实现这种操作。标签是一种用于标识代码块的标识符，通常与循环语句（for、while、do-while 语句）和分支语句（if-else、switch 语句）一起

使用。标签的语法格式为在代码块之前加上标识符并以冒号结尾。

（1）使用 break 语句跳出外层循环。

可以结合使用标签与 break 语句跳出外层循环，示例代码如下。

```java
public class Example {
    public static void main(String[] args) {
        outer:   // 标签定义
            for (int i = 0; i < 5; i++) {
                for (int j = 0; j < 5; j++) {
                    if (i == 2 && j == 3) {
                        break outer;   // 跳出名为 "outer" 的外层循环
                    }
                    System.out.println("i = " + i + ", j = " + j);
                }
            }
    }
}
```

运行结果如图 2-28 所示。

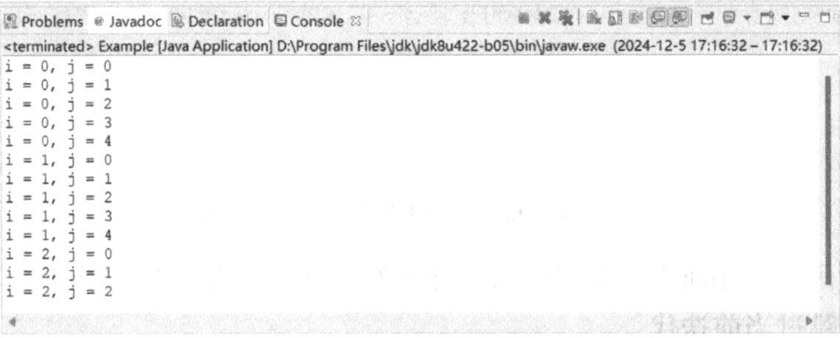

图 2-28　break 语句跳出循环示例代码的运行结果

上述示例代码展示了如何结合使用标签与 break 语句跳出外层循环。当内层循环的 i=2 且 j=3 时，会立即执行 "break outer;" 语句跳出名为 "outer" 的外层循环，终止所有循环的执行。程序会依次打印 i 和 j 的值，直到满足跳出条件。

（2）使用 continue 语句跳过外层循环的当前迭代。

同样，标签也可以与 continue 语句一起使用，用来跳过外层循环的当前迭代，示例代码如下。

```java
public class Example {
    public static void main(String[] args) {
        outer:   // 标签定义
            for (int i = 0; i < 5; i++) {
                for (int j = 0; j < 5; j++) {
                    if (i == 2 && j == 3) {
                        continue outer;   // 跳过外层循环的当前迭代
                    }
                    System.out.println("i = " + i + ", j = " + j);
```

```
                }
            }
        }
    }
```

运行结果如图 2-29 所示。

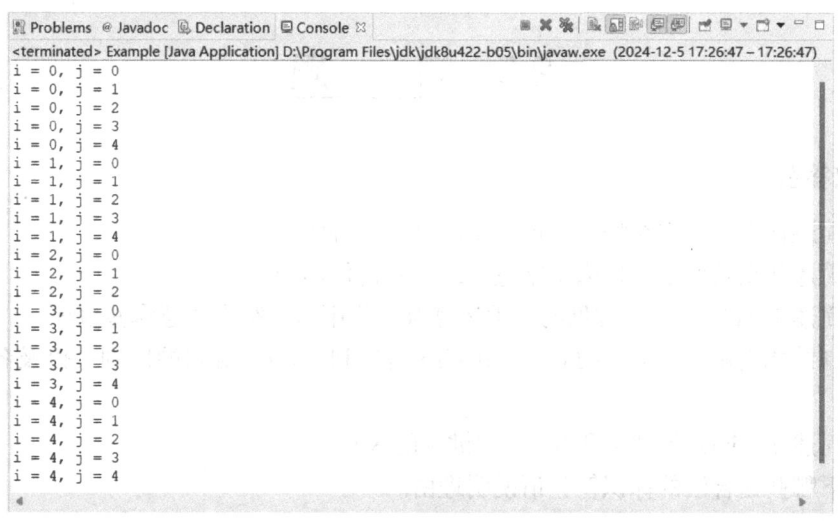

图 2-29　continue 语句跳出循环示例代码的运行结果

上述示例代码展示了如何结合使用标签与 continue 语句跳过外层循环的当前迭代。当内层循环的 i=2 和 j=3 时，会执行"continue outer;"语句跳过外层循环的当前迭代，并继续执行下一次外层循环的迭代。也就是说，内层循环会继续执行，直到满足跳过条件时，外层循环直接进入下一次迭代。程序会打印出所有的 i 和 j 的值，除了"i=2, j=3"的情况。

2.4.4　高级控制结构

1. Lambda 表达式与条件逻辑

Lambda 表达式是 Java 8 新增的实用特性。通过 Lambda 表达式我们可以使用更简洁的方式表示条件控制结构。Lambda 表达式为处理集合、流和复杂的逻辑提供了更强大和灵活的工具。Lambda 表达式的基本语法如下。

```
(parameters) -> expression
```

或

```
(parameters) ->{ statements; }
```

Lambda 表达式由以下三部分组成。

（1）parameters（参数）：它类似于方法中的参数列表，我们可以明确地声明其参数类型，也可以不声明参数类型，而由 JVM 进行推断。当 Lambda 表达式只有一个参数且该参数类型可由 JVM 推断时，可以省略圆括号。

（2）->（箭头操作符）：可理解为"被用于"。

（3）方法体：可以是表达式 expression，也可以是代码块 { statements; }，是函数式接口中方法的实现。

2. Optional 类与条件判断

在 Java 8 中，为了解决 null 值判断问题，引入了 Optional 类。使用 Optional 类，能够避免显式地进行 null 值判断（null 的防御性检查），进而避免因 null 值导致的空指针异常（NullPointerException）。

2.5 习　　题

一、简答题

1. 请简述什么是数据类型，数据类型的分类有哪些。

2. 请简述什么是变量，什么是常量，二者有何作用和区别。

3. 请简述 Java 中有哪些常见的算术运算符，使用运算符应注意哪些事项。

4. 控制结构有哪些？简述 Java 中 if-else 语句和 switch 语句的区别，以及各自的适用场景。

5. 请简述 continue 关键字和 break 关键字的区别。

6. 以下哪些是合法的标识符？请说明理由。

（1）123identifier。

（2）_identifier。

（3）identi fier。

（4）identifier123。

二、编程题

1. 定义一个方法，该方法接收一个整数参数，判断这个整数是奇数还是偶数，并返回一个字符串表示结果。在主方法中调用这个方法，传入不同的整数进行测试。

2. 编写一个 Java 程序，从控制台接收两个整数，使用三元运算符判断这两个整数的大小关系，并打印较大的整数。如果两个整数相等，则打印"两个数相等"。

3. 编写一个 Java 程序，定义两个整数变量 a 和 b，分别初始化为 10 和 5。依次打印两数之和、两数之差、两数是否相等、两数是否都大于 0 的结果。

4. 编写一个 Java 程序，从控制台接收一个整数。如果该整数是 1 到 5 之间的数字，则使用 switch 语句打印对应的星期几的英文名称（1 对应 Monday，2 对应 Tuesday，以此类推）。如果接收的整数不在这个范围内，则打印"Invalid input"。

第3章 | 面向对象编程

面向对象编程（Object-Oriented Programming，OOP）是一种程序设计范式，其核心思想是通过模拟现实世界中的事物来构建程序。在面向对象编程中，使用"对象"作为程序的基本单元，将数据和操作数据的方法封装在一起，组织成一个个独立的对象，并通过对象间的交互编写程序。面向对象编程的理念有助于提高程序的模块化程度、可维护性、可复用性和可扩展性。

3.1 类与对象

在面向对象编程领域，"类"和"对象"是两个基本的概念。理解类和对象的关系及它们各自的作用，对学习和掌握面向对象编程的方法有着至关重要的意义。本节将详细阐述类与对象的概念、二者之间的关系，以及如何使用它们进行实际的编程工作。

3.1.1 类与对象的概念

类（Class）作为面向对象编程的核心构建模块，其重要性不言而喻。可以将类看作是一个模板或蓝图，它定义了一组具有相同属性和行为的对象所共有的特征。在现实世界中，我们可以把"类"比作"种类"或"类型"。例如，汽车类（Car）可以定义所有汽车所具备的共同属性和行为（如颜色、型号，以及启动和停止等操作）。然而，类本身并不代表任何一辆具体的汽车，它只是所有汽车的一个抽象模型。

在编程中，类通常包括以下部分。

- 成员变量（字段或属性）：用于描述类的特征。
- 方法（或成员方法）：用于描述类的行为，具备对对象的状态进行操作或对外提供服务的功能。

对象（Object）是类的实例化呈现。每个对象都拥有类定义的属性和方法。可以把对象看作是类的一个具体实例，它存储着类的实际数据。换言之，类是抽象的概念，而对象是具体的、真实存在的实体。

只有通过创建对象，我们才能借助类的定义去处理实际的业务需求。类为对象提供了结构和功能层面的定义，而对象则代表了实际操作过程中的数据实体。

类与对象之间的关系可以通过一个简单的比喻来理解。类就像模具，而对象就像通过模具制作出来的具体产品。

- 如果类是"饼干模具"，对象就是"通过该模具制作出来的饼干"。

- 类定义了饼干的形状、大小、纹理等特征，而每个饼干对象则是由这个模具（类）生成的具体实例。

在面向对象编程中，类作为模板，给出了属性和行为的定义，而对象则是该模板的具体实现。对象是类在内存中的实例化对象，它能够持有类中定义的属性的实际值，并能够调用类中定义的方法。类和对象的关系如图 3-1 所示。

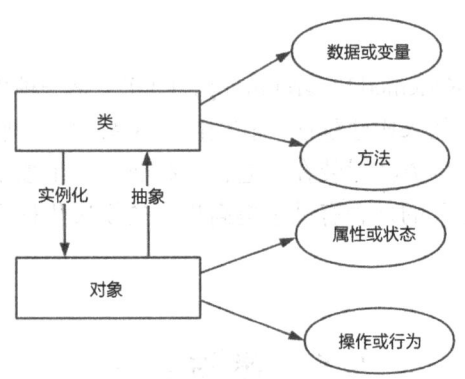

图 3-1 类和对象的关系

3.1.2 定义类与创建对象

在 Java 中，类的定义通常包括类的名称、属性和方法。我们可以使用 class 关键字定义类，属性和方法定义在类的主体内。类的定义格式如下。

```
[修饰符] class 类名 [extends 父类] [implements 接口列表] {
    // 类体，包括类的成员变量和成员方法
}
```

在上述语法格式中，类的定义通常由修饰符、class 关键字和类名等部分构成，并且需要遵循一定的语法规则。首先，修饰符用于限定类的可见性和特性，其中，访问控制修饰符包括 public 类（公共类，对所有类可见，在一个源文件中最多只能有一个 public，且文件名必须与该类名相同）和默认类（默认情况，即不加修饰符，表示对同一包内的类可见，被称为包级私有）。需要注意的是，protected 和 private 不能修饰顶级类，只能用于修饰类的成员。非访问控制修饰符有 abstract 类（抽象类，不能直接被实例化，可能包含抽象方法）和 final 类（最终类，不能被继承），用于描述类的特殊特性。其次，class 关键字是 Java 中的保留字，用于声明定义的一个类。最后，类名（Class Name）必须遵循标识符的命名规则：以字母（A～Z，a～z）、下画线（_）或美元符号（$）开头，后续字符可以是字母、数字（0～9）、下画线或美元符号。依照命名规范，类名通常采用大驼峰命名法，即取每个单词的首字母大写，如 StudentInfo，这样可以提高代码的可读性和规范性。

简单的类定义示例代码如下。

```
public class Car {
    // 属性
    String color;
    String model;
```

```
    int year;
    // 方法
    void start() {
        System.out.println("Car is starting.");
    }
    void stop() {
        System.out.println("Car is stopping.");
    }
}
```

在这个简单的 Car 类中，属性和方法解释如下。

- 属性（字段或成员变量）：定义了 color（颜色）、model（型号）和 year（年份）这三个属性，这些属性用于描述汽车的基本特征。
- 方法：定义了 start() 方法和 stop() 方法，这些方法描述了汽车的行为，也就是启动和停止操作。

类定义完成后，我们可以通过创建对象对其进行实例化操作。对象的创建需要使用 new 关键字，并调用类的构造方法实现。每次通过 new 关键字创建对象时，JVM 会在内存中为该对象分配空间，并对其属性进行初始化。

例如，创建一个 Car 类的对象，并赋予它属性值，示例代码如下。

```
public class Main {
    public static void main(String[] args) {
        // 创建一个 Car 类的对象
        Car myCar = new Car();
        // 设置属性
        myCar.color = "Red";
        myCar.model = "Tesla Model S";
        myCar.year = 2023;
        // 调用方法
        myCar.start();
        myCar.stop();
    }
}
```

运行结果如图 3-2 所示。

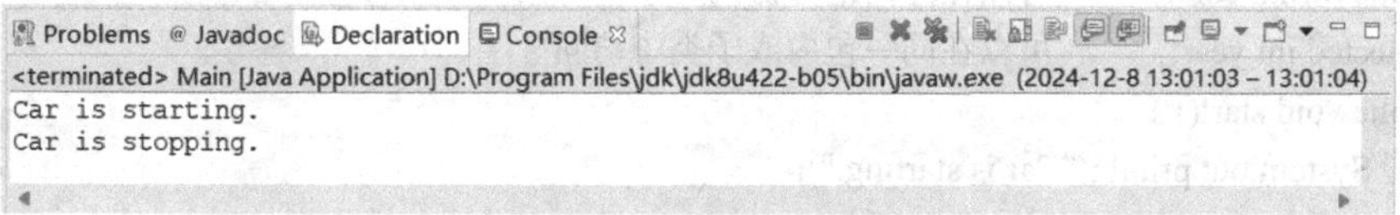

图 3-2　Car 类的对象创建与方法调用的示例代码运行结果

上述示例代码解释如下。

- "Car myCar = new Car()" 语句创建了一个 Car 类型的对象 myCar。
- 使用 "myCar.color = "Red""、"myCar.model = "Tesla Model S"" 和 "myCar.year = 2023" 语句为对象的属性赋值。

- 通过 myCar.start()和 myCar.stop()调用了该对象的 start()方法和 stop() 方法。

1. 类和对象的内存结构

当一个类被加载时，JVM 会为其分配一块内存区域来存储该类的定义。这个内存区域包括类的属性、方法等信息。对象作为类的一个实例，在程序运行时，JVM 同样会为每个创建的对象分配内存空间。

每个对象在内存中都会有自己的实例数据，也就是类所定义的属性，并且每个对象都有自己的独立状态。

- 对 Car 类而言，每个 Car 对象有各自独立的 color、model 和 year 属性。
- 类的静态方法和字段是所有对象共享的，而每个对象的实例方法和字段是相互独立的。

2. 类的实例化和对象的生命周期

类定义了对象的结构，而对象的生命周期由程序的执行过程管理。对象的生命周期包括三个阶段，分别为创建、使用、销毁。

（1）创建阶段：当使用 new 关键字实例化一个对象时，JVM 为对象分配内存并初始化属性值。

（2）使用阶段：对象创建后，可以通过调用方法操作其属性，此时对象的状态会随着方法的调用而变化。

（3）销毁阶段：当对象不再被使用时，它会被垃圾回收器（Garbage Collector）回收。

3. 类与对象的访问控制

通常，通过访问修饰符实现对类和对象的访问控制。常见的访问修饰符有 public、private、protected 和默认访问级别。通过访问修饰符，程序员可以控制类的成员是否能够被外部访问或修改。常见的访问修饰符如下。

- public：类的成员可以被任何其他类访问。
- private：类的成员只能在类的内部访问。
- protected：类的成员可以在同一包内或子类中访问。
- 默认访问（不写访问修饰符）：类的成员只能在同一包内访问。

示例代码如下。

```java
public class Car {
    private String model;    // 只能在类的内部访问
    public String color;     // 可以在任何地方访问
    protected int year;      // 可以在同一包内或子类中访问
    public void start() {
        System.out.println("Car is starting.");
    }
}
```

在这个示例代码中：

- model 属性被声明为 private，只能在 Car 类的内部访问。
- color 属性被声明为 public，可以在任何地方访问。
- year 属性被声明为 protected，可以在同一包内或子类中访问。

4. 类与对象的关系总结

（1）类是模板，对象是实例：类定义了对象的结构和行为，而对象是类的一个具体实例。

（2）类的定义与对象的创建：类通过定义属性和方法描述对象的特性和行为；对象通过 new 关键字创建，它包含类的实例化数据。

（3）对象的生命周期：对象的生命周期包括创建、使用和销毁，JVM 负责管理对象的内存分配和回收工作。

类与对象是面向对象编程的基础。类作为对象的设计蓝图，提供了一个框架，而对象则是该框架的实际实现。通过创建和运用对象，程序员可以借助类定义的功能来实现复杂的应用程序。

3.2　构造函数

在 Java 中，构造函数是一个特殊的方法，用于在创建对象时对其进行初始化操作。构造函数的名称必须与类名相同，并且没有返回类型。当用户运用 new 关键字创建一个对象时，构造函数会自动被调用。

构造函数的作用是为对象的属性赋予初始值，确保对象在创建时具备基本的状态。如果构造函数带参数，则称其为有参构造函数，用于在创建对象时传递初始数据。例如，在一个 Student 类中，构造函数可以接受学生的姓名和年龄，从而在创建 Student 对象时直接赋值为对应的属性赋值。

如果用户不定义构造函数，Java 会自动提供一个"默认构造函数"，它没有参数，也不进行任何属性的初始化。此时虽然可以创建对象，但需要手动设置对象的属性。

3.2.1　构造函数的定义

构造函数是类的一种特殊方法，在创建对象时自动调用构造函数，用于对新对象进行初始化。构造函数的主要目的是确保每个新创建的对象都从一个已知状态开始，这样可以确保对象的属性具有合理的初始值。

1. 构造函数的特点

（1）名称必须与类名相同：构造函数的名称必须与类名完全一致，且大小写敏感。这样编译器才能将其识别为构造函数而非普通方法。

（2）没有返回值类型：构造函数没有返回值类型，因此它前面不需要也不能加上 void 或其他返回类型。

（3）自动调用：构造函数在使用 new 关键字创建对象时自动调用，而不需要显式地调用它。也就是说，一旦创建对象，构造函数就会自动初始化这个对象。

（4）初始化对象：构造函数的代码通常用于将传入的参数赋值给对象的属性，以确保对象在创建时就处于可用状态。

2. 构造函数的基本语法

构造函数的定义代码如下。

```
class 类名 {
    // 构造函数定义
    类名(参数列表) {
        // 构造函数体，用于初始化对象的属性
    }
}
```

3. 示例代码

假设我们要定义一个表示学生信息的类 Student，类的属性为学生的名字和年龄。我们将定义一个构造函数，用于在对象创建时初始化这些信息，示例代码如下。

```
public class Student {
    // 定义两个属性：学生的名字和年龄
    String name; // 学生的名字
    int age;     // 学生的年龄

    /**
     * 构造函数，用于在创建 Student 对象时初始化名字和年龄
     * @param name 学生的名字
     * @param age 学生的年龄
     */
    public Student(String name, int age) {
        // 使用 this 关键字将构造函数参数赋值给当前对象的属性
        this.name = name; // 将传入的 name 参数赋值给对象的 name 属性
        this.age = age;   // 将传入的 age 参数赋值给对象的 age 属性
    }
}
```

在上述示例代码中，详细解释构造函数的定义和作用，具体如下。

- Student 类：包含两个属性 name 和 age，用于存储学生的名字和年龄。
- 构造函数 Student(String name, int age)：该构造函数在创建 Student 对象时自动调用。

在创建对象时传入初始的学生名字和年龄属性。使用 "this.name = name;" 和 "this.age = age;" 语句将传入的参数值赋给对象的 name 和 age 属性。this 关键字用于区分类的属性和构造函数的参数，避免重名导致混淆。

4. 使用构造函数创建对象

定义好构造函数后，可以使用它创建 Student 对象并直接给属性赋予初始值，示例代码如下。

```
public class Main {
    public static void main(String[] args) {
        // 使用构造函数创建 Student 对象，同时设置名字为 "Alice"，年龄为 20
        Student student1 = new Student("Alice", 20);
        // 创建另一个 Student 对象，名字为 "Bob"，年龄为 18
```

```
        Student student2 = new Student("Bob", 18);
        // 输出对象的属性值
        System.out.println("Student 1: " + student1.name + ", Age: " + student1.age);
        System.out.println("Student 2: " + student2.name + ", Age: " + student2.age);
    }
}
```

运行结果如图 3-3 所示。

图 3-3　Student 类的构造函数使用的示例代码运行结果

上述示例代码展示了构造函数的定义和用法，以及如何在创建对象时传入参数以直接初始化其属性值。

- "new Student("Alice", 20);" 语句可以调用构造函数 Student(String name, int age)，并将 "Alice" 赋给 student1 的 name 属性，将 "20" 赋给 age 属性。
- 创建 student1 和 student2 对象时会分别初始化 name 和 age 属性。

3.2.2　构造函数的类型

在 Java 中，构造函数主要有两种类型，分别为默认构造函数和参数化构造函数。

1. 默认构造函数

默认构造函数是一个不带参数的构造函数，它的作用是将对象的成员变量初始化为默认值。对于每个类，如果没有显式的定义构造函数，Java 会自动为其提供一个无参构造函数。这个无参构造函数将对象的成员变量初始化为默认值，具体来说，将数值类型的成员变量初始化为 0，将布尔类型的成员变量初始化为 false，将引用类型的成员变量初始化为 null。

默认构造函数的示例代码如下。

```
public class Car {
    String make;
    String model;
    // 默认构造函数
    public Car() {
        // 初始化成员变量
        make = "Unknown";
        model = "Unknown";
    }
}
```

在上述示例代码中，Car 类有一个无参构造函数，它也是 Car 类的默认构造函数，它将 make 和 model 成员变量的值初始化为 "Unknown"。当我们使用 new Car()函数创建 Car 类的实例时，构造函数会被自动调用，并将成员变量的默认值赋给该对象。

如果类 Car 中没有显式的定义构造函数，则示例代码如下。

```java
public class Car {
    String make;
    String model;
}
```

在上述示例代码中，Java 会自动为 Car 类提供一个无参构造函数，并将 make 和 model 成员变量的值初始化为其默认值 "null"。

2. 参数化构造函数

参数化构造函数允许在创建对象时传入参数，以便根据这些参数初始化对象的状态。通常，参数化构造函数在对象创建时传递具体值，以便类实例能够根据不同的条件拥有不同的初始状态。

参数化构造函数的示例代码如下。

```java
public class Car {
    String make;
    String model;
    // 参数化构造函数
    public Car(String make, String model) {
        this.make = make;
        this.model = model;
    }
}
```

在上述示例代码中，Car 类有一个参数化构造函数，它接受 make 和 model 两个参数，并分别将它们赋值给对象的成员变量。在创建 Car 类的对象时，可以通过参数化构造函数传递这些值，示例代码如下。

```java
public class Main {
    public static void main(String[] args) {
        Car car1 = new Car("Toyota", "Corolla");
        Car car2 = new Car("Honda", "Civic");
        System.out.println("Car 1 Make: " + car1.make + ", Model: " + car1.model);
        System.out.println("Car 2 Make: " + car2.make + ", Model: " + car2.model);
    }
}
```

运行结果如图 3-4 所示。

```
Problems  @ Javadoc  Declaration  Console
<terminated> Main [Java Application] D:\Program Files\jdk\jdk8u422-b05\bin\javaw.exe (2024-12-8 13:06:59 – 13:07:01)
Car 1 Make: Toyota, Model: Corolla
Car 2 Make: Honda, Model: Civic
```

图 3-4　Car 类的参数化构造函数的示例代码运行结果

在上述示例代码中，Car 类的参数化构造函数通过 make 和 model 参数初始化对象的状态，从而使每个 Car 实例都可以有不同的初始值。

3.2.3 构造函数的重载

在 Java 中，构造函数是可以重载的，即在同一个类中可以有多个构造函数，每个构造函数具有不同的参数列表。构造函数的重载（overload）能够让一个类在不同的情境下创建对象，并以不同的方式对对象的状态进行初始化。

1. 构造函数重载的基本规则

（1）构造函数的名称必须与类名相同。

（2）每个重载的构造函数必须具有不同的参数列表，参数的数量、类型或顺序必须不同。

2. 示例代码

构造函数重载的示例代码如下。

```java
public class Car {
    String make;
    String model;
    int year;
    // 默认构造函数
    public Car() {
        make = "Unknown";
        model = "Unknown";
        year = 2024;
    }
    // 参数化构造函数 1
    public Car(String make, String model) {
        this.make = make;
        this.model = model;
        this.year = 2024;
    }
    // 参数化构造函数 2
    public Car(String make, String model, int year) {
        this.make = make;
        this.model = model;
        this.year = year;
    }
}
```

在上述示例代码的 Car 类中，定义了如下三个构造函数。

（1）默认构造函数，初始化所有成员变量为默认值。

（2）带两个参数的构造函数，初始化 make 和 model 参数，将 year 参数初始化为 2024。

（3）带三个参数的构造函数，初始化所有成员变量。

在创建对象时，可以根据参数组合选择不同的构造函数，示例代码如下。

```
public class Main {
    public static void main(String[] args) {
        Car car1 = new Car();    // 使用默认构造函数
        Car car2 = new Car("Toyota", "Corolla");    // 使用带两个参数的构造函数
        Car car3 = new Car("Honda", "Civic", 2020); // 使用带三个参数的构造函数
        System.out.println("Car 1: " + car1.make + " " + car1.model + " " + car1.year);
        System.out.println("Car 2: " + car2.make + " " + car2.model + " " + car2.year);
        System.out.println("Car 3: " + car3.make + " " + car3.model + " " + car3.year);
    }
}
```

运行结果如图 3-5 所示。

图 3-5　Car 类的构造函数重载的示例代码运行结果

在上述示例代码中，使用默认构造函数 car1 对象，使用带两个参数的构造函数创建 car2 对象，使用带三个参数的构造函数创建 car3 对象。

3.2.4　this 关键字

在构造函数中，可以使用 this 关键字引用当前对象，即调用该构造函数的对象实例。this 关键字还可以用于区分成员变量和局部变量，也可以用于调用同一个类中的其他构造函数。

1. this 关键字用于区分成员变量和局部变量

如果构造函数的参数名与类的成员变量名相同，则可以使用 this 关键字明确区分它们，示例代码如下。

```
public class Car {
    String make;
    String model;
    // 使用 this 关键字区分成员变量和局部变量
    public Car(String make, String model) {
        this.make = make;    // this.make 表示成员变量
        this.model = model; // this.model 表示成员变量
    }
}
```

在上述示例代码中，make 和 model 是构造函数的参数，而 this.make 和 this.model 是表示类的成员变量。使用 this 关键字可以清楚地区分它们。

2. this 关键字用于调用其他构造函数

在一个构造函数的内部，可以在构造函数的第一行使用 this 关键字调用同一类中的其他

构造函数，这样可以减少代码重复，示例代码如下。

```java
public class Car {
    String make;
    String model;
    int year;
    // 默认构造函数
    public Car() {
        this("Unknown", "Unknown", 2024);   // 调用其他构造函数
    }
    // 带两个参数的构造函数
    public Car(String make, String model) {
        this(make, model, 2024);   // 调用其他构造函数
    }
    // 带三个参数的构造函数
    public Car(String make, String model, int year) {
        this.make = make;
        this.model = model;
        this.year = year;
    }
}
```

在上述示例代码中，默认构造函数和带两个参数的构造函数都调用了带三个参数的构造函数，从而避免了代码重复。

3.2.5　构造函数的最佳实践

在使用构造函数时，遵循以下一些最佳实践规则有助于保持代码的简洁性和可维护性。

1. 为成员变量提供合理的初始值

构造函数的作用是初始化对象的状态。在构造函数中为成员变量提供合理的初始值是很重要的。例如，可以为字符串类型的成员变量提供空字符串（""），为数值类型提供 0，或者为布尔类型提供 false。

2. 避免使用过多的构造函数

虽然 Java 支持构造函数重载，但过多的构造函数可能导致代码冗余和维护困难。可以考虑使用构建者模式（Builder Pattern）提供更灵活的对象创建方式。

3. 使用构造函数传递不可变参数

如果类的对象是不可变的（一旦创建其状态不能更改），我们就可以通过构造函数传递不可变的参数，并将其赋值给 final 成员变量。这能够确保对象的状态在创建后保持不变。对于不可变对象，建议将所有成员变量声明为 final，并确保它们只在构造函数中进行赋值。

创建一个表示日期的不可变类 Date，示例代码如下。

```java
public class Date {
    private final int day;
```

```java
    private final int month;
    private final int year;
    // 参数化构造函数
    public Date(int day, int month, int year) {
        this.day = day;
        this.month = month;
        this.year = year;
    }
    // 提供 getter()方法以访问这些不可变字段
    public int getDay() {
        return day;
    }
    public int getMonth() {
        return month;
    }
    public int getYear() {
        return year;
    }
}
```

在上述示例代码中，Date 类的成员变量 day、month 和 year 都是 final 类型，并且只能在构造函数中进行初始化。一旦创建了一个 Date 对象，其状态就无法改变。这种方法有助于确保对象的状态在生命周期内的不可变性，是设计不可变对象的常见用法。

3.2.6　实例初始化块

实例初始化块是一种在类加载时自动执行的代码块，用于初始化类的成员变量，或者执行一些只需要进行一次的初始化操作。Java 中可以使用实例初始化块为对象初始化。

实例初始化块的特点如下。

（1）执行顺序：实例初始化块在每个构造函数调用之前执行。

（2）可以访问成员变量：与构造函数类似，实例初始化块可以访问类的成员变量和方法。

（3）只用于实例化过程：实例初始化块仅用于实例化过程，而不是用于静态初始化或静态变量的初始化。

实例初始化块的示例代码如下。

```java
public class Car {
    String make;
    String model;
    // 实例初始化块
    {
        System.out.println("Instance initializer block executed");
        make = "Unknown";
        model = "Unknown";
    }
    // 构造函数
```

```
    public Car(String make, String model) {
        this.make = make;
        this.model = model;
    }
}
```

在上述示例代码中，Car 类有一个实例初始化块，它会在每个构造函数执行之前被调用。无论调用哪个构造函数，实例初始化块总会先执行。

```
public class Main {
    public static void main(String[] args) {
        Car car = new Car("Toyota", "Corolla");
    }
}
```

运行结果如图 3-6 所示。

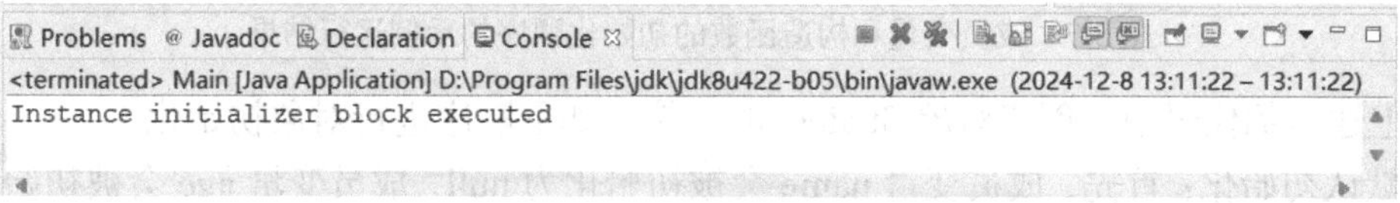

图 3-6　初始化块的示例代码运行结果

3.2.7　对象的构造过程

在 Java 中，对象在构造时会遵循一定的初始化顺序。

（1）成员变量的默认初始化：首先，Java 会自动为所有成员变量赋默认值。例如，整型变量的默认值为 0，浮点型变量的默认值为 0.0，布尔型变量的默认值为 false，字符型变量的默认值为'\u0000'，引用类型的变量默认值为 null。

（2）显式赋值或初始化块：然后，在执行构造函数之前，如果成员变量在定义时有显式赋值，或者使用了初始化块（如{ }），则依次执行这些初始化语句。

（3）构造函数的执行：最后，构造函数的代码体会被执行。此时可以进行额外的初始化操作，或者使用构造函数的参数对成员变量进行进一步的赋值。

以下示例代码展示在构造对象时，成员变量和构造函数的初始化顺序。

```
public class Student {
    // 1. 成员变量的默认初始化
    String name;  // 默认值为 null
    int age = 18; // 显式赋值，age 初始值为 18
    // 2. 初始化块
    {
        System.out.println("初始化块被调用");
        name = "未知"; // 在初始化块中给 name 赋值
    }
    // 3. 构造函数
    public Student(String name) {
        System.out.println("构造函数被调用");
```

```
            this.name = name; // 使用构造函数的参数进一步赋值
        }
        public static void main(String[] args) {
            // 创建 Student 对象，观察输出顺序
            Student student = new Student("Alice");
            System.out.println("姓名: " + student.name + ", 年龄: " + student.age);
        }
    }
```

运行结果如图 3-7 所示。

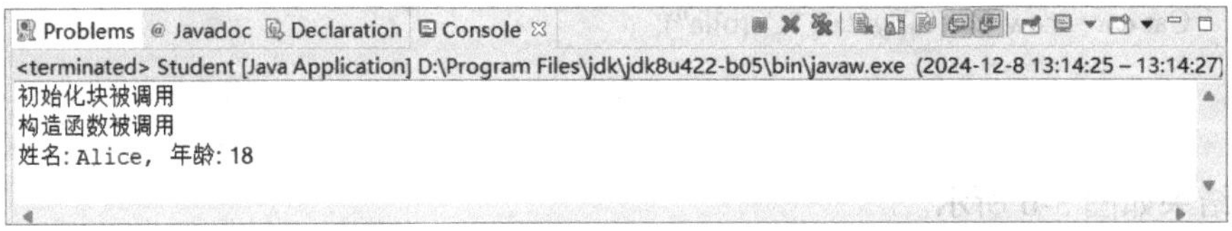

图 3-7　成员变量和构造函数的初始化顺序的示例运行结果

在上述示例代码中，创建对象 Student 时，按照如下顺序进行对象初始化。

- 默认初始化：首先，成员变量 name 会被初始化为 null，成员变量 age 会被初始化为 0。但是由于 Student 类中成员变量 age 显式赋值为 18，因此 age 的值为 18。
- 初始化块：然后，初始化块中的代码执行，将成员变量 name 的值设置为 "未知"。
- 构造函数：最后，构造函数被调用，将成员变量 name 的值改为构造函数传入的值 "Alice"。

这种初始化顺序可以确保在构造函数中所有成员变量都可以被合理地初始化。

3.3　封装、继承与多态

封装、继承与多态是面向对象编程的核心概念。封装指的是将对象的属性和方法封装在一起，并通过访问控制隐藏对象的内部细节，仅提供必要的接口与外部交互，从而保护数据并简化代码使用。继承允许一个类继承另一个类的属性和方法，以便复用代码，同时能够通过继承构建出类与类之间的层次关系。多态是指同一个方法或操作可以对不同类型的对象产生不同的效果，以增强代码的灵活性。多态特性能够让程序在运行时，根据对象的类型调用适当的行为。封装、继承和多态共同构建了面向对象编程的基础。

3.3.1　封装

在面向对象编程中，封装是最基本、最重要的概念。封装是将数据（属性）和操作数据的代码（方法）封装到一个独立的实体——对象中，隐藏对象的内部实现细节，只提供外部能够访问和操作的接口。封装的核心思想是数据保护和访问控制，确保只能通过特定的途径访问或修改对象的状态，从而提高程序的安全性和可维护性。

封装不仅是数据隐藏，还包括对类内部状态进行的控制、约束，以及通过方法隐藏某些

行为，从而对外部暴露统一的访问接口。在实际开发中，封装可以帮助我们避免数据泄露和不合规的操作，同时它还可以提高代码的可重用性和扩展性。

1. 封装的定义与特性

可以把封装理解为将一个类的成员（数据和方法）封装在一起，使外部代码无法直接访问对象的内部状态。外部代码只能通过类暴露的接口与对象交互。例如，自动售货机的外观是一个简单的机器，任何人都可以通过点击按钮选择商品、投币，获取商品。但是，自动售货机的内部是一个复杂的系统，包括商品储存、价格计算、找零等各种机制。这些内部细节是封装起来的，用户无须了解自动售货机内部如何处理商品和计算金额。

封装的基本特性包括如下几点。

（1）数据隐藏。

把类的属性私有化，外部无法直接访问这些数据。

（2）提供接口。

通过公共的访问器 （getter）和修改器（setter）方法，外部可以安全地访问和修改数据。

（3）控制访问。

通过访问控制权限，限制外部访问数据的方式和时机。

封装的核心目标是数据保护和提供接口，具体体现在如下几方面。

（1）数据安全。

通过封装，类的内部数据不会被外部随意修改，减少了程序出错的风险。

（2）控制修改权限。

可以控制外部访问数据的权限。例如，通过 setter()方法限制数据的修改，确保数据的合法性。

（3）增强可维护性。

类的实现细节被封装在类内部，外部只需要关心类提供的接口。类的实现可以随时修改且不会影响到外部代码，增强了代码的可维护性。

（4）提高复用性。

封装使对象具有更清晰的界限，类内部的实现可以被封装成公共方法，便于其他代码进行调用和复用。

2. 封装的实现

在面向对象编程中，封装通过访问控制修饰符来隐藏类的内部实现细节。通过访问控制修饰符 public、private、protected 和 default，可以指定类的成员变量和方法的访问级别，决定哪些代码可以访问它们。

例如，可以将类的成员变量声明为 private，阻止外部直接访问这些变量。为了与外部交互，通常通过公开的 getter()和 setter()方法来控制对成员变量的访问。

```
public class Person {
    // 私有的成员变量，用于存储姓名
    private String name;
    // 私有的成员变量，用于存储年龄
    private int age;
```

```java
        // 公共的 getter()方法，用于获取 name 的值
        public String getName() {
            return name;
        }
        // 公共的 setter()方法，用于设置 name 的值
        public void setName(String name) {
            this.name = name; // 将传入的参数 name 赋值给成员变量 name
        }
        // 公共的 getter()方法，用于获取 age 的值
        public int getAge() {
            return age;
        }
        // 公共的 setter()方法，用于设置 age 的值
        public void setAge(int age) {
            // 验证传入的 age 的值是否大于 0
            if (age > 0) {
                this.age = age; // 如果 age 的值合法，则赋值给成员变量 age
            } else {
                // 如果 age 的值不合法，则打印错误信息
                System.out.println("Invalid age");
            }
        }
    }
```

在上述示例代码中：

- name 和 age 是 private 私有变量，外部无法直接访问。
- 通过 getName()方法和 setName() 方法可以获取和修改变量 name。
- 通过 getAge()方法和 setAge() 方法可以获取和修改变量 age，并且 setAge() 方法对年龄进行了合法性检查。

封装不仅是对数据的封装，还包括对方法的封装。类的内部方法可能涉及复杂的计算或数据处理，但并不一定需要暴露给外部代码。外部代码只需要使用类提供的公共接口进行操作。示例代码如下。

```java
public class Calculator {
    // 私有方法
    private int add(int a, int b) {
        return a + b;
    }
    // 公共方法
    public void performAddition(int a, int b) {
        int result = add(a, b);
        System.out.println("Result: " + result);
    }
}
```

在上述示例代码中，add()方法是私有的，只能在 Calculator 类内部使用，而

performAddition()方法是公共的，外部代码通过它间接使用 add()方法。

3. 封装的优势

（1）数据保护与安全性。

封装最大的优势之一是可以保护类的内部数据不被外部随意修改。在没有封装的情况下，外部代码可以直接访问类的内部数据，这容易导致数据不一致或程序出错。通过封装，数据只能通过特定的途径进行访问和修改，从而保障数据的安全性。例如，银行账户类中的余额数据应当是私有的，外部代码不应当直接修改余额数据，而应该通过存款和取款的方法修改余额数据。

（2）提高代码的可维护性。

封装提高了代码的可维护性。当类的实现细节发生变化时，只要外部接口不变，外部代码不需要进行任何修改。例如，如果需要修改 Person 类中变量 name 和 age 的存储方式，则只需要修改类内部的实现，而不影响外部对变量 name 和 age 的访问。

（3）降低耦合性。

封装使得类的内部实现与外部代码解耦。外部代码只需要关心类提供的接口，而不需要了解类内部的具体实现细节，这种低耦合的设计使类更容易实现维护和扩展。

（4）增强复用性。

通过封装，一个类可以封装一组相关的行为，使这些行为能够被其他类复用，而不需要关注其内部实现。其他类复用的单位是类提供的接口，而不是实现。这样，类的实现可以随时修改，但不会影响到已经使用它的代码。

4. 封装的实际应用

（1）数据验证与合法性检查。

封装可以用来控制数据的合法性。在封装的 setter()方法中，我们可以添加对输入数据的检查，确保数据符合要求。例如，在设置一个年龄字段时，应该确保年龄为正数，示例代码如下。

```java
public class Employee {
    // 私有的成员变量，用于存储员工的姓名
    private String name;
    // 私有的成员变量，用于存储员工的年龄
    private int age;
    // 公共的 getter()方法，用于获取员工的姓名
    public String getName() {
        return name;
    }
    // 公共的 setter()方法，用于设置员工的姓名
    public void setName(String name) {
        // 验证传入的变量 name 的值是否不为空且不只是空白字符
        if (name != null && !name.trim().isEmpty()) {
            this.name = name; // 如果变量 name 的值合法，则将其赋值给成员变量 name
        } else {
            // 如果变量 name 的值不合法，打印错误信息
```

```
                System.out.println("Invalid name");
            }
        }
        // 公共的 getter()方法，用于获取员工的年龄
        public int getAge() {
            return age;
        }
        // 公共的 setter()方法，用于设置员工的年龄
        public void setAge(int age) {
            // 验证变量 age 的值是否为 0 ~ 150
            if (age > 0 && age < 150) {
                this.age = age; // 如果变量 age 的值合法，则将其赋值给成员变量 age
            } else {
                // 如果变量 age 的值不合法，则打印错误信息
                System.out.println("Invalid age");
            }
        }
    }
}
```

（2）控制复杂逻辑。

封装可以帮助我们将复杂的逻辑隐藏在类内部，只暴露简洁的接口。例如，我们可以封装一个"订单支付"的类，外部代码只需要调用 processPayment()方法，而不需要关心内部的支付逻辑实现，示例代码如下。

```
public class PaymentProcessor {
    private String paymentMethod;
    private double amount;
    public PaymentProcessor(String paymentMethod, double amount) {
        this.paymentMethod = paymentMethod;
        this.amount = amount;
    }
    // 公共方法，外部代码使用此方法处理支付
    public void processPayment() {
        if (isValidAmount()) {
            System.out.println("Processing payment of " + amount + " using " + paymentMethod);
            // 假设这里有复杂的支付逻辑，如连接到支付网关、进行支付验证等
        } else {
            System.out.println("Invalid payment amount.");
        }
    }
    // 私有方法，内部用于验证支付金额是否合法
    private boolean isValidAmount() {
        return amount > 0;
    }
    // 提供 setter() 方法，可以根据需要修改支付方式和金额
    public void setPaymentMethod(String paymentMethod) {
```

```
        this.paymentMethod = paymentMethod;
    }
    public void setAmount(double amount) {
        this.amount = amount;
    }
}
```

在上述示例代码中，processPayment()方法向外部暴露了支付处理的接口，外部代码只需要调用该方法就可以触发支付流程。而 isValidAmount()等私有方法则隐藏了复杂的支付逻辑，这样外部代码不需要关心其内部实现细节。

5. 封装在实际项目中的应用场景

在用户账户管理系统中，封装常用于管理用户的个人信息、认证信息等，避免不安全的直接访问。例如，一个用户类可以封装用户名、密码等信息，只有通过专门的 setter()和 getter()方法访问，并且密码通常会被加密存储和处理。

```
public class User {
    private String username;
    private String passwordHash; // 密码经过加密后存储
    // 获取用户名
    public String getUsername() {
        return username;
    }
    // 设置用户名
    public void setUsername(String username) {
        this.username = username;
    }
    // 设置密码时进行加密处理
    public void setPassword(String password) {
        this.passwordHash = hashPassword(password);
    }
    // 获取密码（一般不会提供 getter()方法，除非是特定的认证需求）
    public String getPasswordHash() {
        return passwordHash;
    }
    // 私有方法，密码加密
    private String hashPassword(String password) {
        // 假设这里是实际的加密逻辑
        return "encrypted-" + password;
    }
}
```

在上述示例代码中，passwordHash 是一个私有字段，外部无法直接获取密码的明文，而是通过 setPassword()方法设置加密后的密码。通过这种方式，能够保证密码的安全性和数据的完整性。

6. 封装的最佳实践

为了更好地利用封装，我们可以遵循一些设计原则进行最佳实践。

（1）控制访问权限。

使用访问修饰符（private、protected、public）控制字段和方法的可见性，确保外部代码只能通过公开的接口访问类的功能。

- 通过访问修饰符 private 访问控制字段，保护数据不被直接修改。
- 仅暴露必要的 public()方法给外部使用（如 deposit、withdraw 等）。
- 使用 private()或 protected()方法隐藏内部实现细节，保持接口的简洁和安全。

例如，访问修饰符 private 表示只有类内部代码可以访问，而访问修饰符 public 则表示任何外部代码都可以访问。对于属性，建议将类的属性声明为 private，防止外部代码直接访问或修改。外部代码应通过 getter()和 setter()方法访问及修改属性值。对于方法，仅应对外暴露必要的公共方法，其他方法应声明为 private 或 protected，以避免外部代码直接调用不必要的内部方法。示例代码如下。

```java
public class BankAccount {
    // 将字段声明为 private，避免外部代码直接访问
    private String accountHolderName; // 账户持有者姓名
    private double balance;           // 账户余额
    // 构造函数，用于初始化账户持有者姓名和初始余额
    public BankAccount(String accountHolderName, double initialBalance) {
        this.accountHolderName = accountHolderName;
        // 通过 setter()方法设置初始余额，确保余额有效
        setBalance(initialBalance);
    }
    // public 的 getter()方法，用于获取账户持有者姓名
    public String getAccountHolderName() {
        return accountHolderName;
    }
    // public 的 getter()方法，用于获取账户余额
    public double getBalance() {
        return balance;
    }
    // public 的 setter()方法，用于设置账户余额
    public void setBalance(double balance) {
        if (balance >= 0) {  // 确保余额不能为负
            this.balance = balance;
        } else {
            System.out.println("Invalid balance. Balance cannot be negative.");
        }
    }
    // public()方法，用于存入金额
    public void deposit(double amount) {
        if (amount > 0) {
```

```
        balance += amount;
        System.out.println("Successfully deposited: $" + amount);
    } else {
        System.out.println("Deposit amount must be positive.");
    }
}
// public()方法，用于取出金额
public void withdraw(double amount) {
    if (amount > 0 && amount <= balance) {
        balance -= amount;
        System.out.println("Successfully withdrew: $" + amount);
    } else {
        System.out.println("Insufficient balance or invalid amount.");
    }
}
// private()方法，仅在内部用于日志记录
private void logTransaction(String message) {
    // 此方法不对外公开，仅供内部使用记录交易日志
    System.out.println("Transaction log: " + message);
}
}
```

上述示例代码的解释如下。

- 字段封装：accountHolderName 和 balance 是私有字段（private），外部代码无法直接对
  其访问或修改，以确保数据安全。
- getter()和 setter()方法：提供 getBalance()和 setBalance()方法，通过公开接口控制对私有
  字段的访问和修改，防止非法操作（如负余额）。
- 访问控制：deposit()和 withdraw()方法是公开方法（public），供用户操作账户。
  logTransaction()是私有方法，用于内部记录，不对外公开。

（2）使用不变对象。

不变对象（Immutable Objects）是指一旦创建就不能改变状态的对象。通过将对象的字段
声明为 final，并确保对象在创建时完成初始化。我们可以创建不变对象，这样能够进一步提
高对象的安全性和不可变性。

不可变的 Person 类的示例代码如下。

```
public final class Person {
    private final String name;
    private final int age;
    public Person(String name, int age) {
        this.name = name;
        this.age = age;
    }
    public String getName() {
        return name;
```

```
        }
    public int getAge() {
        return age;
    }
}
```

在上述示例代码中，Person 类是不可变的，因为字段 name 和 age 都被设置为 final，且它们在构造时就已经被初始化，之后便不能再被修改。这种设计可以避免对象状态不一致的问题，特别适用于线程安全的场景。

（3）避免过度封装。

虽然封装是一个重要的设计原则，但也要避免过度封装。例如，所有的字段都被设置为 private，并通过 getter()和 setter()方法访问，虽然可能提高封装性，但如果过度使用这些方法，则可能导致代码冗余和产生不必要的复杂性。

3.3.2　继承

继承是面向对象编程中的一个核心概念。在 Java 中，继承是一种机制，使一个类可以获得另一个类的属性和方法。通过继承，我们可以创建更复杂的类，同时保持代码的复用性和可维护性。在 Java 中继承通过 extends 关键字实现。

1. 继承的基本概念

（1）父类与子类。

- 父类：父类是被继承的类，包含了通用的属性和方法。父类定义了通用的行为，子类可以直接使用或修改这些行为。
- 子类：子类是继承父类的类，子类可以继承父类的属性和方法，并且可以对这些方法进行重写（override），或者新增自己的方法。在 Java 中，子类只能继承唯一父类。

继承的本质是创建一种"is-a"关系，子类是父类的一种类型。例如，Dog 类是 Animal 类的一种，因此 Dog 类可以继承 Animal 类的属性和方法。

（2）Java 继承的语法。

在 Java 中，继承通过 extends 关键字实现。子类继承父类的所有非私有的字段和方法，示例代码如下。

```
// 父类
class Animal {
    String name;
    void eat() {
        System.out.println(name + " is eating.");
    }
}
// 子类
class Dog extends Animal {
    void bark() {
        System.out.println(name + " barks.");
```

```
    }
}
public class Main {
    public static void main(String[] args) {
        Dog dog = new Dog();
        dog.name = "Rex";
        dog.eat();   // 继承自 Animal 类
        dog.bark(); // Dog 类的方法
    }
}
```

运行结果如图 3-8 所示。

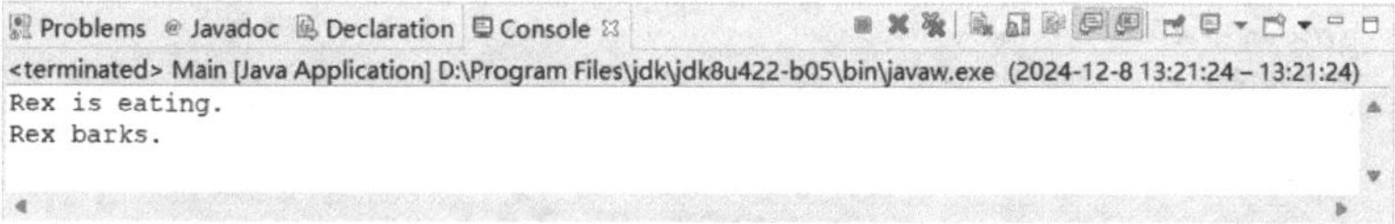

图 3-8　Java 继承的示例代码运行结果

在上述示例代码中，Animal 类是父类，Dog 类是 Animal 类的子类，子类继承了父类的
name 属性和 eat()方法。

2．继承的核心特性

（1）代码重用。

继承的主要目的是实现代码重用。子类可以继承父类的属性和方法，避免了相同的代码
的重复编写。在上述示例代码中，Dog 类继承了 Animal 类的 eat()方法，从而避免了重新实现
相同的功能。

（2）方法重写。

子类可以对父类的方法进行重写（override），从而改变方法的具体实现。方法重写允许子
类根据自己的需求对父类的行为进行定制。

重写的规则如下。

- 子类重写的方法必须与父类的方法签名完全相同（包括方法名、参数列表、返回类型
  等）。
- 如果父类的方法被声明为 final、static 或 private，则不能被子类重写。

方法重写示例代码如下。

```
class Animal {
    void speak() {
        System.out.println("Animal speaks.");
    }
}
class Dog extends Animal {
    // 方法重写
    void speak() {
        System.out.println("Dog barks.");
```

```
        }
    }
public class Main {
    public static void main(String[] args) {
        Animal animal = new Animal();
        animal.speak();        // 打印：Animal speaks.
        Dog dog = new Dog();
        dog.speak();           // 打印：Dog barks.
    }
}
```

运行结果如图 3-9 所示。

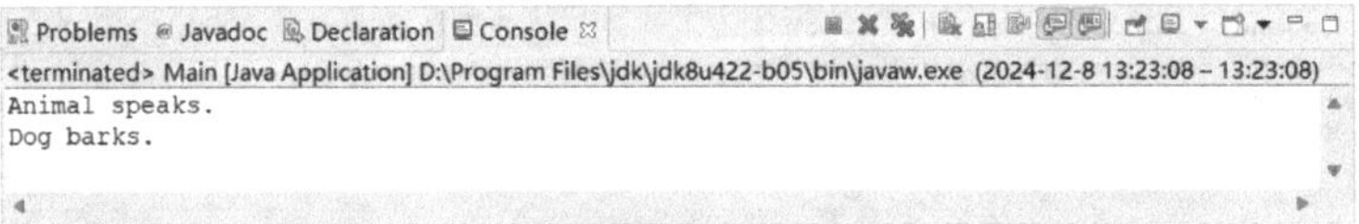

图 3-9　方法重写的示例代码运行结果

方法重写的说明如下。

- 在 Dog 类中，定义了一个与 Animal 类中同名的 speak()方法。
- Dog 类的 speak()方法与 Animal 类的 speak()方法有相同的方法名、参数列表和返回类型。
- 在调用 dog.speak()方法时，即使 Dog 类继承了 Animal 类，程序仍然会执行 Dog 类中重写的 dog.speak()方法，而不是 Animal 类中的原始方法。这种行为被称为方法重写。

3. 继承的控制：super 和 final 关键字的作用

（1）super 关键字。

在 Java 中，可以在子类中使用 super 关键字引用父类的成员（属性和方法），以便访问父类的属性或行为。super 关键字在继承和方法重写中起到关键作用，能够帮助子类与父类建立联系。

- 访问父类的属性：如果子类中的属性名称与父类中的属性名称相同，则使用 super 关键字明确引用父类的属性，避免名称冲突。

```
class Animal {
    String color = "white";
}
class Dog extends Animal {
    String color = "brown";

    void printColor() {
        System.out.println("Dog color: " + color); // 打印子类的 color
        System.out.println("Animal color: " + super.color); // 使用 super 关键字访问父类的 color
    }
}
public class Main {
    public static void main(String[] args) {
```

```
        Dog dog = new Dog();
        dog.printColor();
    }
}
```

运行结果如图 3-10 所示。

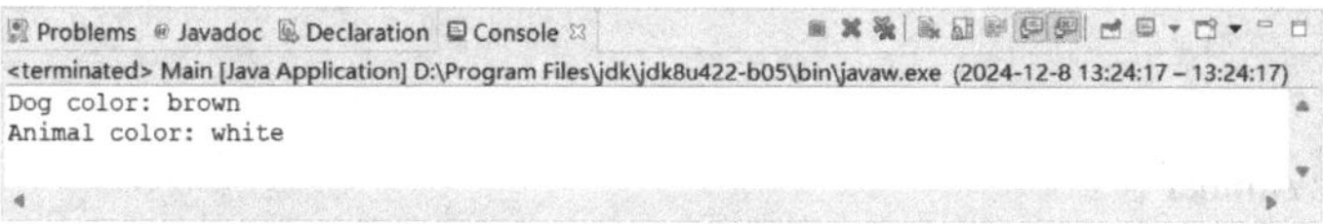

图 3-10　super 关键字访问父类属性的示例代码运行结果

在上述示例代码中，super.color()方法用于访问 Animal 类的 color 属性，以区分子类的同名属性。

- 调用父类的方法：如果子类重写了父类的方法，则可以通过 super 关键字调用父类中的原始方法。

```
class Animal {
    void makeSound() {
        System.out.println("Animal makes a sound");
    }
}
class Dog extends Animal {
    // 重写父类中的方法
    void makeSound() {
        super.makeSound(); // 调用 Animal 类的 makeSound() 方法
        System.out.println("Dog barks");
    }
}
public class Main {
    public static void main(String[] args) {
        Dog dog = new Dog();
        dog.makeSound();
    }
}
```

运行结果如图 3-11 所示。

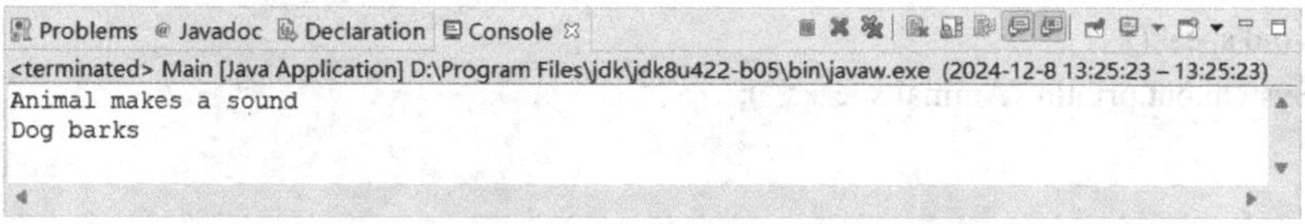

图 3-11　super 关键字调用父类方法的示例代码运行结果

在上述示例代码中，super.makeSound()方法先调用了 Animal 类的 makeSound()方法，再继续执行 Dog 类重写的 makeSound()方法中的代码。

- 调用父类的构造函数：在子类的构造函数中可以使用 super()方法调用父类的构造函数。

如果子类没有定义构造函数，则默认调用父类的无参构造函数。如果存在多级继承关系，则按照继承链的顺序依次调用每个父类的构造函数。

```java
class Animal {
    Animal() {
        System.out.println("Animal constructor called");
    }
}
class Dog extends Animal {
    Dog() {
        super(); // 调用父类的构造函数
        System.out.println("Dog constructor called");
    }
}

public class Main {
    public static void main(String[] args) {
        Dog dog = new Dog();
    }
}
```

运行结果如图 3-12 所示。

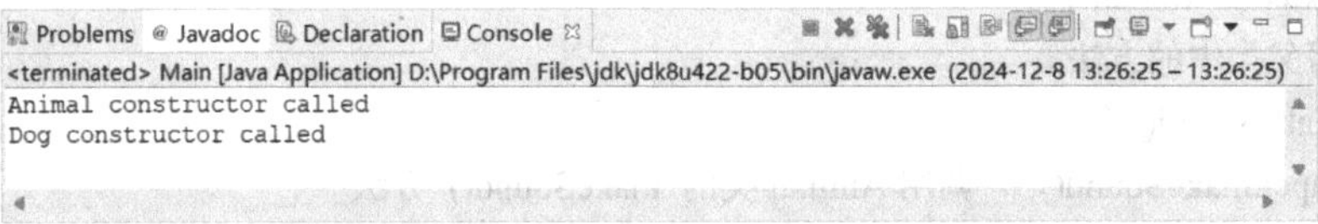

图 3-12 super 关键字调用父类构造函数的示例代码运行结果

在上述示例代码中，super()方法调用了 Animal 类的无参构造函数，确保了父类的构造函数在子类构造函数之前被调用。

（2）final 关键字。

- final()方法：如果父类的方法被声明为 final，则子类不能重写该方法。
- final 类：如果父类被声明为 final，则子类无法继承该类。
- final 字段：如果父类的字段被声明为 final，则子类不能修改该字段的值。

final 关键字示例代码如下。

```java
class Animal {
    final void speak() {
        System.out.println("Animal speaks.");
    }
}

class Dog extends Animal {
    // 下面的代码会导致编译错误，不能重写父类的 final() 方法
    // void speak() {
    //     System.out.println("Dog barks.");
    // }
```

```
}
```

运行结果如图 3-13 所示。

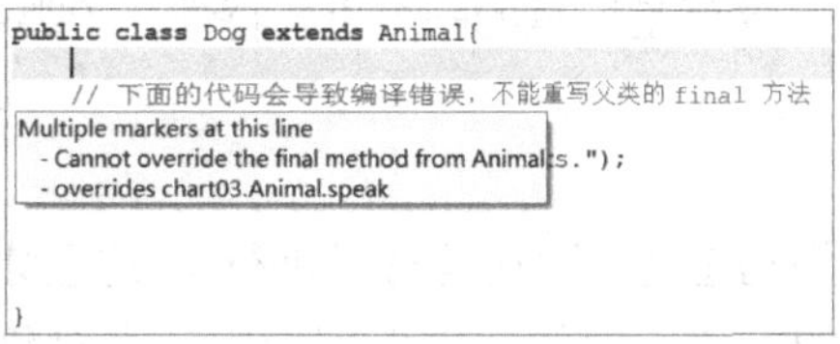

```
public class Dog extends Animal{

    // 下面的代码会导致编译错误, 不能重写父类的 final 方法
Multiple markers at this line
 - Cannot override the final method from Animals.");
 - overrides chart03.Animal.speak


}
```

图 3-13 final 关键字的示例代码运行结果

4. 继承的深度理解

（1）多级继承。

Java 中的继承是单继承，即每个类只能有一个直接父类，但可以通过多级继承形成一个类的继承链。

多级继承示例代码如下。

```java
class Animal {
    void speak() {
        System.out.println("Animal speaks.");
    }
}
class Dog extends Animal {
    void bark() {
        System.out.println("Dog barks.");
    }
}
class Puppy extends Dog {
    void play() {
        System.out.println("Puppy plays.");
    }
}
public class Main {
    public static void main(String[] args) {
        Puppy puppy = new Puppy();
        puppy.speak();    // 从 Animal 类继承
        puppy.bark();     // 从 Dog 类继承
        puppy.play();     // Puppy 类的方法
    }
}
```

运行结果如图 3-14 所示。

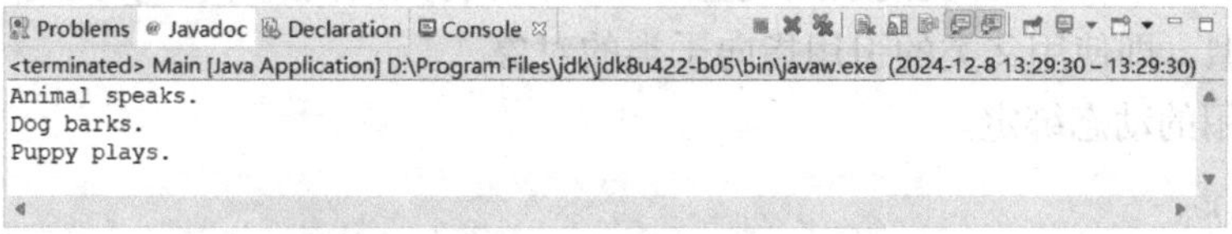

```
🔲 Problems @ Javadoc 🔍 Declaration 📃 Console ☒            ■ ✖ 🔩  🔳 📑 🔗 📁 ▼ 🗂 ▼ ▭
<terminated> Main [Java Application] D:\Program Files\jdk\jdk8u422-b05\bin\javaw.exe (2024-12-8 13:29:30 – 13:29:30)
Animal speaks.
Dog barks.
Puppy plays.
```

图 3-14 多级继承的示例代码运行结果

在上述示例代码中定义了三个类，分别为 Animal 类、Dog 类和 Puppy 类，其中 Puppy 类继承了 Dog 类，而 Dog 类继承了 Animal 类。通过这种多层继承关系，Puppy 类能够直接访问 Dog 类和 Animal 类中的方法。这就是继承的一个重要特性，子类可以继承父类的功能，从而复用代码。

（2）方法的动态绑定。

在 Java 中，方法的绑定是动态的（即在运行时进行），这意味着调用的是对象的实际类型的方法，而不是引用的类型的方法。即使父类引用指向子类对象，依然会调用子类重写后的方法。

动态绑定示例代码如下。

```
class Animal {
    void speak() {
        System.out.println("Animal speaks.");
    }
}
class Dog extends Animal {
    // 重写父类中的方法
    void speak() {
        System.out.println("Dog barks.");
    }
}
public class Main {
    public static void main(String[] args) {
        Animal animal = new Dog();    // 父类引用指向子类对象
        animal.speak();               // 打印：Dog barks.
    }
}
```

运行结果如图 3-15 所示。

图 3-15　动态绑定的示例代码运行结果

动态绑定示例代码中的要点如下。

● 类引用指向子类对象。

```
Animal animal = new Dog();
```

这里使用了一个 Animal 类的引用变量 animal，并将其指向一个 Dog 类的对象。这种方式被称为向上转型，即使用父类的引用指向子类的对象。

● 方法调用的动态绑定。

```
animal.speak();
```

尽管引用变量 animal 的引用类型是 Animal 类，但因为它实际指向的是一个 Dog 类的对象，所以在调用 speak()方法时，程序在运行时动态决定调用的是 Dog 类的 speak()方法，而不是 Animal 类中的版本。因此打印结果为 "Dog barks."。

动态绑定的效果如下。

- 多态性：动态绑定使得代码具有多态性，允许父类引用变量在运行时根据实际对象类型来调用适当的方法。
- 运行时决定：在编译阶段并不能确定调用的是哪个 speak()方法，要在运行时根据 animal 变量实际引用的对象类型（Dog 类）确定。

总结如下。

- 动态绑定确保了子类重写的方法可以在父类引用中被正确调用。
- 即使父类的引用指向子类对象，方法调用仍会根据实际对象的类型来选择实现，这就是动态绑定的核心功能。

5. 继承的最佳实践

过度的继承层级可能导致程序设计变得复杂且难以理解。在某些情况下，深层次的继承层次结构会增加代码的耦合度，使修改和扩展变得困难。为了避免这种情况，可以考虑如下策略。

- 保持继承树简洁：尽量避免过多的继承层级，保持类之间的关系简洁清晰。
- 使用组合而非继承：组合是指一个类包含另一个类的实例作为其成员变量，而不是继承该类。组合允许类在不改变类继承层级的情况下调用，因此有时组合比继承更实用，且具有更多的灵活性。

如果一个 Car 类需要有多个不同的 Engine 类，而不是每种 Engine 类都作为 Car 类的子类，可以通过组合来实现，示例代码如下。

```java
class Engine {
    void start() {
        System.out.println("Engine starts.");
    }
}
class Car {
    private Engine engine;
    // 通过构造函数注入 Engine 类
    Car(Engine engine) {
        this.engine = engine;
    }
    void drive() {
        engine.start();
        System.out.println("Car is driving.");
    }
}
public class Main {
    public static void main(String[] args) {
        Engine engine = new Engine();
```

```
        Car car = new Car(engine);
        car.drive();   // 打印：Engine starts. Car is driving.
    }
}
```

运行结果如图 3-16 所示。

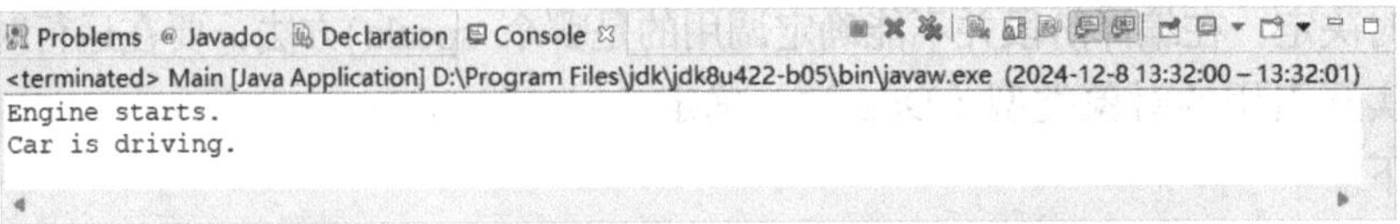

```
Problems  Javadoc  Declaration  Console
<terminated> Main [Java Application] D:\Program Files\jdk\jdk8u422-b05\bin\javaw.exe  (2024-12-8 13:32:00 – 13:32:01)
Engine starts.
Car is driving.
```

图 3-16　Car 类与 Engine 类的示例代码运行结果

相较于继承，组合方式可以更灵活地扩展 Engine 类的种类，而不会改变 Car 类的继承结构。

3.3.3　多态

多态是面向对象编程中最重要的概念之一，它与封装和继承一起构成了面向对象的三大特性。多态使得程序更加灵活，是实现程序可扩展性和可维护性的关键。

1. 多态的定义

多态就是多种形态，在面向对象编程中，指的是同一操作作用于不同的对象时，可以有不同的解释和执行方式。换句话说，多态允许不同的对象以不同的方式响应相同的消息（方法调用），这使代码更加灵活，能够适应未来的变化。例如，你正在餐馆点餐，"点菜"是一个常见的操作，但是你可以选择不同的菜品数量，你可以点 1 份、2 份或 3 份菜。不同的菜品数量代表不同的方法参数。

多态的一个经典示例是方法的重载和方法的重写，以及它们如何配合动态绑定实现运行时的多态。

2. 多态的类型

多态在 Java 中主要可以分为两种类型：编译时多态和运行时多态。这两种类型的多态在实现机制、使用场景和原理上有所不同。

（1）编译时多态（静态多态）。

编译时多态又称静态多态，通常是指方法重载。编译时多态是在程序编译阶段决定的多态类型。方法重载允许在同一个类中定义多个方法，这些方法具有相同的名称，但参数列表不同。编译器会根据方法调用时传递的参数类型或个数选择适合的方法。示例代码如下。

```
class MathOperation {
    // 方法重载：两个整数相加
    public int add(int a, int b) {
        return a + b;
    }
    // 方法重载：三个整数相加
    public int add(int a, int b, int c) {
```

```
            return a + b + c;
        }
        // 方法重载：浮点数相加
        public double add(double a, double b) {
            return a + b;
        }
    }
public class Main {
    public static void main(String[] args) {
        MathOperation operation = new MathOperation();
        System.out.println(operation.add(2, 3));        // 打印：5
        System.out.println(operation.add(2, 3, 4));     // 打印：9
        System.out.println(operation.add(2.5, 3.5));    // 打印：6.0
    }
}
```

运行结果如图 3-17 所示。

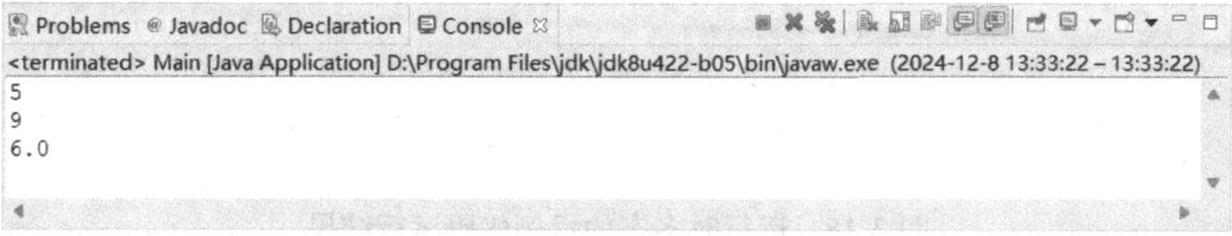

图 3-17　编译时多态的示例代码运行结果

在上述示例代码中，编译器根据传入的参数类型决定调用哪个版本的 add()方法，这就是编译时多态。

（2）运行时多态（动态多态）。

运行时多态是指通过方法重写来实现的多态性，主要发生在继承关系中。运行时多态通过方法重写及动态绑定机制在程序运行时决定具体调用哪个方法。

方法重写是指子类重写父类的同名方法，示例代码如下。

```
class Animal {
    void sound() {
        System.out.println("Animal makes a sound.");
    }
}

class Dog extends Animal {
    @Override
    void sound() {
        System.out.println("Dog barks.");
    }
}
```

```
class Cat extends Animal {
    @Override
    void sound() {
        System.out.println("Cat meows.");
    }
}


public class Main {
    public static void main(String[] args) {
        Animal myDog = new Dog();
        Animal myCat = new Cat();
        myDog.sound();      // 打印：Dog barks.
        myCat.sound();      // 打印：Cat meows.
    }
}
```

运行结果如图 3-18 所示。

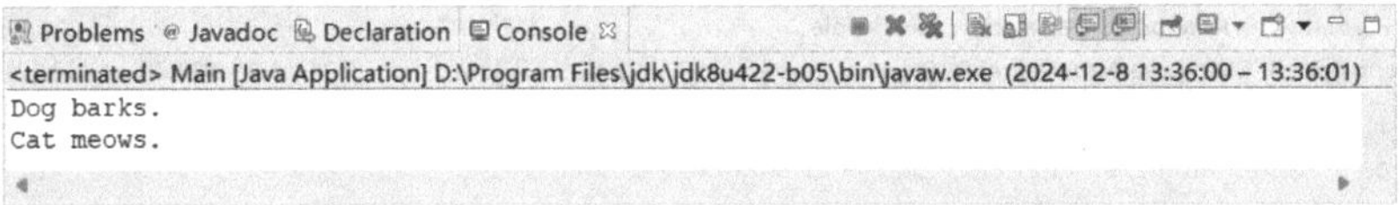

图 3-18　运行时多态的示例代码运行结果

在上述示例代码中，myDog 和 myCat 都是 Animal 类型的引用，但由于它们分别指向 Dog 类和 Cat 类的对象，因此调用的是各自重写后的 sound()方法，这就是典型的运行时多态。

3．多态的优点

多态的使用带来了许多优点，它是面向对象编程的一个核心特性。如下为多态的主要优点。

（1）提高代码的灵活性。

多态允许相同的接口调用不同的对象，这使程序更具灵活性。例如，我们可以通过相同的接口或方法调用不同的对象，而不需要关心它们的具体类型。

（2）减少代码冗余。

通过多态，我们可以将不同类的公共行为提取到父类或接口中，从而减少冗余代码。不同子类只需要专注于实现特定的行为。

（3）易于扩展和维护。

多态使得我们可以轻松地添加新的类或方法，而不需要修改现有的代码。通过添加新的子类并重写父类的方法，程序的行为可以扩展而不会影响其他部分。

（4）实现解耦合。

多态通过允许父类引用指向子类对象，减少了类之间的耦合度，使系统更加灵活。调用者并不需要知道具体的对象类型，只需要依赖接口或父类。

4．多态与封装、继承的关系

在面向对象的编程中，多态、封装和继承三者是紧密相连的，构成了面向对象编程的基本特性。

（1）封装与多态。

封装是将数据（属性）和对数据的操作（方法）结合在一起，通过对外暴露的接口控制访问。封装有助于实现多态，因为通过封装，我们能够定义公共接口，允许不同对象实现各自的行为（如方法重写）。封装使多态的接口更统一和抽象，从而提高代码的灵活性和扩展性。

（2）继承与多态。

继承是面向对象编程的核心特性之一，它允许我们通过创建新类复用现有类的代码。继承为多态提供了一个重要的基础——子类可以继承父类的行为并重写这些行为，这使在不同的子类上调用相同的方法可以表现出不同的行为。多态正是建立在继承的基础之上，通过方法重写（Override）实现不同的对象表现出不同的行为。

多态和继承密切相关。继承提供了对象之间的层次结构，使多态成为可能。通过继承，子类可以覆盖父类的方法；而通过多态，可以在代码运行时动态地调用适当的重写方法。封装确保了代码的灵活性和可维护性，它定义了类的接口，使多态机制能够发挥作用。封装通过限制访问（如使用私有属性和方法）帮助隐藏内部实现，而外部只能通过公开的接口进行交互，从而保持代码的可扩展性和安全性。多态、继承和封装是面向对象编程的三大基本特性，它们相辅相成，构建了强大而灵活的软件设计。通过合理运用这三者，我们可以写出更加模块化、可复用和易于维护的代码。

3.4　抽象类

抽象类是面向对象编程中一个重要的概念。它是用于创建类的一种模板，目的是让其他类继承并实现某些特定的行为。通过抽象类，可以实现对类的抽象化建模，从而增强代码的灵活性、可维护性和可扩展性。

3.4.1　抽象类的定义

抽象类是 Java 中一种特殊的类，用于表示一种抽象的概念或模板，不能直接对其实例化。抽象类中可以包含抽象方法（只有方法声明，没有具体实现）和具体方法（有具体实现）。通常将抽象类作为父类，让子类继承并提供抽象方法的具体实现，从而实现多态的特征。我们可以使用抽象类设计出具有通用行为的类层次结构，强调"是什么"的概念，而非"怎么做"的具体细节。在抽象类中，有如下两种类型的方法。

- 抽象方法：抽象方法是使用 abstract 关键字声明的方法，它只有方法的签名（方法名、参数和返回类型），没有方法体（即没有{}中的具体代码实现）。抽象方法表示一种通用行为，定义了方法的名称和使用方式，但方法的具体实现依赖于子类。子类必须重写父类的所有的抽象方法，否则子类也必须声明为抽象类。

- 非抽象方法：非抽象方法（具体方法）是没有 abstract 关键字的普通方法，它有完整的方法体，包含具体的实现代码。非抽象方法可以被继承并在子类中直接使用，子类可以选择性地重写（覆盖）非抽象方法。

抽象类的定义使用 abstract 关键字实现，示例代码如下。

```java
abstract class Animal {
    // 抽象方法，没有方法体
    abstract void sound();
    // 非抽象方法，默认实现
    void eat() {
        System.out.println("This animal is eating.");
    }
}
```

在上述示例代码中，Animal 类是一个抽象类，它包含一个抽象方法 sound()和一个非抽象方法 eat()。子类必须实现 sound()方法，但可以选择性地覆盖 eat()方法，或者直接使用父类提供的默认方法实现。

3.4.2 抽象类的特性

抽象类的特性如下。

- 不能实例化：抽象类不能直接实例化。例如，在 Java 中，我们不能通过 new 关键字创建抽象类的对象。这样设计的目的是防止抽象类在没有完全实现的情况下被直接使用。
- 可以包含抽象方法和非抽象方法：抽象方法没有具体的实现，仅声明方法的签名，而非抽象方法则可以提供默认实现。子类在继承抽象类时，可以有选择性地重写这些非抽象方法，也可以使用继承自父类的默认实现。
- 可以有构造方法：抽象类可以有构造方法，子类在构造实例时，可以调用父类的构造方法初始化父类的成员变量。
- 可以包含属性：抽象类可以有属性（成员变量）来保存对象的状态，子类会继承这些属性，并可以对其进行操作。
- 可被继承：抽象类通常被用作基类，其他类可以通过继承抽象类来实现具体的行为。如果子类实现了所有抽象方法，子类对象就可以被创建。如果没有实现所有的抽象方法，该子类则仍然是一个抽象类。
- 有各种访问修饰符：抽象类的方法可以有各种访问修饰符（如 public、protected、private 等），这些修饰符用于控制子类和外部类对抽象类方法的访问权限。

3.4.3 抽象类的实现

1. 子类继承抽象类

在子类继承抽象类时，必须实现父类中的所有抽象方法，除非该子类也是一个抽象类，示例代码如下。

```java
abstract class Animal {
    abstract void sound(); // 抽象方法
    void eat() {    // 非抽象方法
        System.out.println("Eating...");
```

```
    }
}
class Dog extends Animal {
    // 实现抽象方法
    void sound() {
        System.out.println("Bark");
    }
}
public class Test {
    public static void main(String[] args) {
        Animal myDog = new Dog();
        myDog.sound();    // 打印: Bark
        myDog.eat();       // 打印: Eating...
    }
}
```

运行结果如图 3-19 所示。

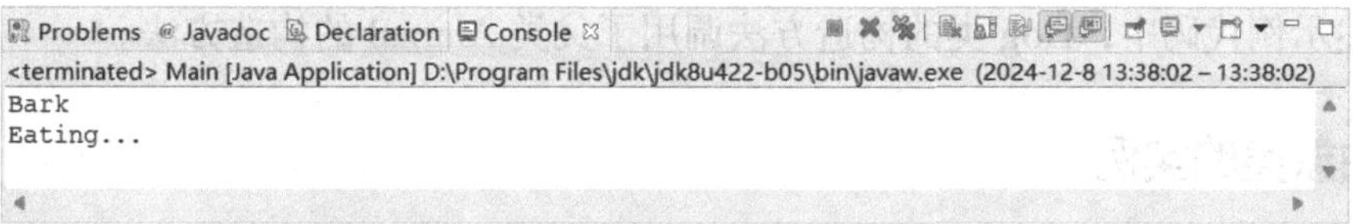

图 3-19　子类继承抽象类的示例代码运行结果

在上述示例代码中，Dog 类继承了抽象类 Animal 类，并实现了 sound()方法。虽然 Animal 类有一个 eat()方法的默认实现，但 Dog 类也可以选择重写该方法。

2. 抽象类的构造方法

抽象类可以有构造方法，虽然我们不能直接创建抽象类的实例，但可以通过子类的构造方法来调用父类的构造方法，示例代码如下。

```
abstract class Animal {
    // 创建一个无参构造方法
    Animal() {
        System.out.println("An animal is created");
    }
    // 创建一个抽象方法
    abstract void sound();
}
class Dog extends Animal {
    // 创建了一个无参构造方法
    Dog() {
        super();   // 调用父类构造方法
        System.out.println("A dog is created");
    }
    // 重写抽象方法
```

```
            void sound() {
                System.out.println("Bark");
            }
        }
public class Test {
    public static void main(String[] args) {
        Dog myDog = new Dog();
    }
}
```

运行结果如图 3-20 所示。

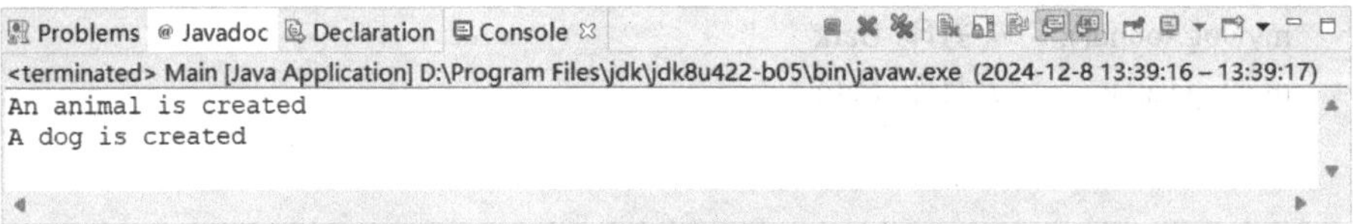

图 3-20　抽象类构造方法的示例代码运行结果

在上述示例代码中，Dog 类的构造方法调用了父类 Animal 的构造方法。

3.4.4　抽象类的实例

动物模拟系统：一个常见的应用场景是模拟一个动物系统。可以首先使用抽象类定义不同动物的共有特征（如 eat() 和 sleep() 方法），然后通过继承和实现具体的行为定义每种动物的特性。

```
// 定义一个抽象类 Animal，包含两个抽象方法和一个普通方法
abstract class Animal {
    // 抽象方法 sound()由子类实现
    abstract void sound();
    // 抽象方法 move()由子类实现
    abstract void move();
    // 普通方法 eat()，所有动物都可以吃
    void eat() {
        System.out.println("This animal is eating.");
    }
}
// Dog 类继承自 Animal 类，并实现了 sound()和 move()方法
class Dog extends Animal {
    // 实现 sound()方法，描述狗的叫声
    @Override
    void sound() {
        System.out.println("Woof");
    }
    // 实现 move()方法，描述狗的运动方式
    @Override
    void move() {
```

```
            System.out.println("Dog is running");
        }
    }
// Bird 类继承自 Animal 类，并实现了 sound()和 move()方法
class Bird extends Animal {
    // 实现 sound() 方法，描述鸟的叫声
    @Override
    void sound() {
        System.out.println("Tweet");
    }
    // 实现 move()方法，描述鸟的运动方式
    @Override
    void move() {
        System.out.println("Bird is flying");
    }
}
// 主类 TestAnimals，测试 Animal 类及其子类的功能
public class TestAnimals {
    public static void main(String[] args) {
        // 创建一个 Dog 对象，并调用 sound()、move()和 eat()方法
        Animal dog = new Dog();
        dog.sound(); // 打印：Woof
        dog.move();  // 打印：Dog is running
        dog.eat();   // 打印：This animal is eating.
        // 创建一个 Bird 对象，并调用 sound()、move()和 eat()方法
        Animal bird = new Bird();
        bird.sound(); // 打印：Tweet
        bird.move();  // 打印：Bird is flying
        bird.eat();   // 打印：This animal is eating.
    }
}
```

运行结果如图 3-21 所示。

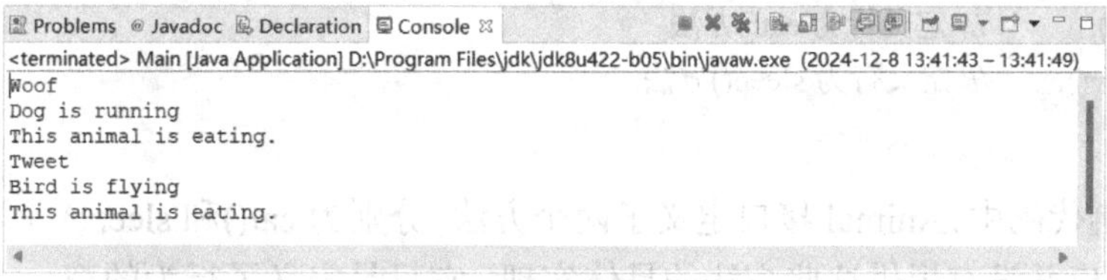

图 3-21　动物模拟系统的示例代码运行结果

在上述示例代码中，Animal 类定义了所有动物的共有行为，并强制要求子类提供具体实现。每个子类如 Dog 类和 Bird 类都实现了 sound()和 move()方法。

抽象类在面向对象编程中起到了至关重要的作用，它帮助我们设计灵活、可扩展和可维护的代码。抽象类可以实现代码复用、封装不变的部分、强制子类遵循一定的规范，并能够保持系统的扩展性。尽管抽象类也有一些限制，如不能多重继承、设计过度可能导致代码复

杂性增加等，但合理使用抽象类，可以大大提高代码的清晰度和效率。总之，抽象类是构建面向对象系统时不可或缺的工具，它帮助我们实现更规范、系统的设计和架构，尤其在复杂系统的开发中，抽象类的设计理念能大大简化和优化开发过程。

3.5　接　　口

接口是 Java 编程语言的一种核心机制，可以使用接口定义类需要实现的行为规范，而在接口中无须关心这些行为规范的具体实现细节。接口提供了一种实现多态的方式，能够让不同的类可以通过实现同一接口表现一致的行为。Java 的接口特性支持多重实现，一个类可以实现多个接口，从而具有多种行为能力。这种灵活性提升了 Java 的扩展性和可维护性，是 Java 接口编程思想的重要基础。

3.5.1　接口的基本概念

接口是 Java 中的一种抽象类型，用于定义一组没有实现的方法规范或行为约定。它规定了类应该具备的行为，但不包含具体的实现，因此接口中的方法默认是抽象的。类可以通过 implements 关键字实现接口，并提供接口中定义的所有方法的具体实现。

接口的主要特点是定义"能做什么"，而不是"怎么做"。一个类可以实现多个接口，这使接口成为 Java 实现多重继承的一种手段。通过接口，不同的类可以遵循相同的行为规范，这样能够实现代码的灵活扩展和多态性。

在 Java 中，接口通过 interface 关键字定义。接口中默认的方法是 public 和 abstract（即不显式声明），也就是说接口只有方法的声明，不能包含具体的代码实现。从 Java 8 开始，接口中可以包含默认方法（default()方法）和静态方法（static()方法），这些方法可以有方法体。简单的接口定义示例代码如下。

```java
// 定义一个 Animal 接口
public interface Animal {
    // 接口中的方法没有方法体，只有方法签名
    void eat();      // 定义行为 eat()方法
    void sleep();    // 定义行为 sleep()方法
}
```

在上述示例代码中，Animal 接口定义了两个方法，分别为 eat()和 sleep()方法。然而，接口并没有提供这些方法的具体实现。它只是定义了行为的契约，任何实现该接口的类都必须提供这两个方法的具体实现。

3.5.2　接口的实现与使用

类通过 implements 关键字来实现接口，除抽象类，任何类都必须实现接口中定义的所有方法。例如，Dog 类实现了 Animal 接口，就必须实现 Animal 接口提供的 eat()和 sleep()方法。接口实现如图 3-22 所示。

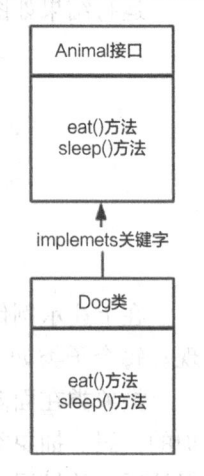

图 3-22　接口实现

示例代码如下。

```java
// 实现 Animal 接口的 Dog 类
public class Dog implements Animal {
    // 必须实现接口中定义的所有方法
    @Override
    public void eat() {
        System.out.println("Dog is eating.");
    }
    @Override
    public void sleep() {
        System.out.println("Dog is sleeping.");
    }
}
public class Test {
    public static void main(String[] args) {
        Animal myDog = new Dog();    // 使用接口类型来引用实现类的对象
        myDog.eat();  // 打印：Dog is eating.
        myDog.sleep(); // 打印：Dog is sleeping.
    }
}
```

运行结果如图 3-23 所示。

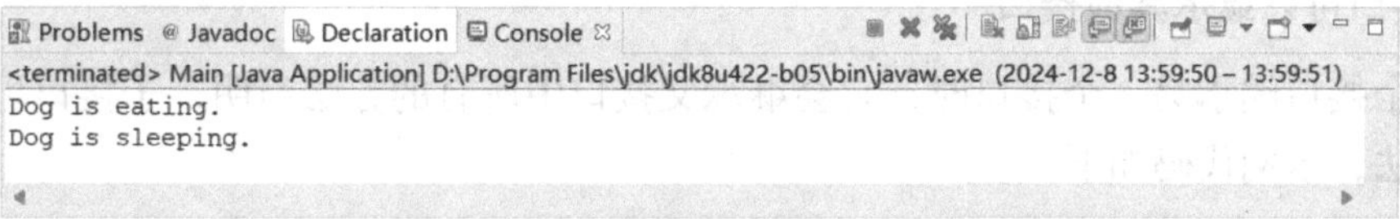

图 3-23　接口的示例代码运行结果

3.5.3　接口的特性

1. 不包含实现

接口不能包含方法的具体实现。它只定义方法的声明，具体实现由类提供。

2. 多重继承

一个类只能继承一个父类，但它可以实现多个接口。Java 是通过接口来实现多重继承的。在 Java 中，一个类可以实现多个接口，允许类从多个不同的接口中获取不同的行为，示例代码如下。

```java
// 定义一个 Animal 接口
public interface Animal {
    void eat();
}
// 定义一个 Swimmable 接口
public interface Swimmable {
```

```
    void swim();
}
// 定义一个 Dog 类实现上面的两个接口
public class Dog implements Animal, Swimmable {
    // 重写两个接口中的方法
    @Override
    public void eat() {
        System.out.println("Dog is eating.");
    }
    @Override
    public void swim() {
        System.out.println("Dog is swimming.");
    }
}
```

在上述示例代码中，Dog 类实现了 Animal 和 Swimmable 两个接口。Dog 类可以同时具备 eat()和 swim()方法的行为。

3. 接口不能实例化

由于接口只包含方法的声明，没有方法的实现，因此不能直接创建接口的实例。接口必须由一个类实现，才能实例化并使用。

4. 接口可以继承其他接口

当一个接口继承另一个接口时，它会继承父接口中所有的方法声明，子接口可以选择性地新增方法，示例代码如下。

```
public interface Animal {
    void eat();
}
public interface Swimmable extends Animal {
    void swim();
}
```

在上述示例代码中，Swimmable 接口继承了 Animal 接口，因此 Swimmable 也具备 eat()方法，并且还定义了一个新的 swim()方法。

5. 接口中的常量

接口可以包含常量，常量默认为 public static final。在接口中定义常量时必须为其赋予初始值，并且这些常量会被实现该接口的类继承，示例代码如下。

```
public interface Animal {
    int MAX_AGE = 100;    // 默认是 public static final
    void eat();
}
```

在上述示例代码中，MAX_AGE 是 Animal 接口中的一个常量。任何实现 Animal 接口的类都可以访问这个常量。

6. 默认方法和静态方法（Java 8 引入）

Java 8 允许接口定义默认方法（default method）和静态方法（static method）。默认方法可以包含方法的实现，而静态方法则是由接口本身调用的，示例代码如下。

```java
public interface Animal {
    default void sleep() {
        System.out.println("This animal is sleeping.");
    }
    static void info() {
        System.out.println("This is an Animal interface.");
    }
}
```

在上述示例代码中，sleep()是一个默认方法，它提供了具体的实现；而 info()是一个静态方法，它不能被类重写，只能通过接口直接调用。

3.5.4　接口与抽象类的区别

接口提供了行为的规范，使得不同的类可以在遵循相同规范的基础上提供不同的实现。通过接口的使用，能够实现更高效、更灵活、易于扩展和维护的系统设计。接口和抽象类在一些方面具有相似性，但它们却有着本质的不同。

1. 定义和目的

- 接口：接口用于定义类应该遵循的行为规范（方法的签名）。接口主要关注类的行为而不涉及实现，任何类只要实现了该接口，意味着它遵循了接口定义的行为契约。
- 抽象类：抽象类是为了让其他类继承并实现其抽象方法，同时提供了部分方法实现的类。抽象类可以有具体的实现，但也可以包含抽象方法，表示其子类需要实现的功能。

2. 方法

- 接口：接口中的方法默认为 public abstract()。如果没有显式声明，则接口中的方法为 abstract()。接口方法不能有方法体，除非是 Java 8 引入的 default()或 static()方法。
- 抽象类：抽象类中的方法可以是抽象的方法（没有方法体），也可以是具体的方法（有方法体）。因此，抽象类可以为子类提供一些已经实现的方法，也可以要求子类实现其抽象方法。

3. 构造方法

- 接口：因为接口不能被实例化，所以接口不能有构造方法。
- 抽象类：抽象类可以有构造方法，虽然抽象类不能直接实例化，但可以被继承，并且子类可以调用父类的构造方法。

4. 字段（成员变量）

- 接口：接口中的字段为 public static final（常量），并且必须在声明时对其初始化。

- 抽象类：抽象类可以有实例变量、静态变量，并且字段可以有不同的访问修饰符（如 private、protected、public），并且不要求初始化。

5. 继承/实现

- 接口：类使用 implements 关键字实现接口，一个类可以实现多个接口，这样可以实现多重继承的效果。
- 抽象类：类使用 extends 关键字继承抽象类，一个类只能继承一个抽象类。

6. 多继承支持

- 接口：接口支持多重继承。一个类可以实现多个接口，允许实现类继承多个接口中的行为。
- 抽象类：抽象类不支持多继承，一个类只能继承一个抽象类。如果一个类继承了抽象类，则不能再继承其他类。

7. 访问修饰符

- 接口：接口中的方法默认为 public()，并且不能有其他的访问修饰符（除非是 Java 9 引入的 private() 方法）。
- 抽象类：抽象类中的方法可以有不同的访问修饰符（如 public、private、protected）。

8. 实例化

- 接口：接口不能被实例化，接口只是行为的声明，必须由实现类提供具体实现。
- 抽象类：抽象类不能被实例化，但它可以通过子类实例化，子类必须实现抽象类中的抽象方法才能被实例化。

9. 适用场景

- 接口：当我们希望定义一组行为规范，而不关心这些行为的具体实现时，可以使用接口。接口是用于解耦合多态的工具，适用于多个类需要遵循相同的行为协议的情况。
- 抽象类：当我们需要为多个子类提供共享的实现时，可以使用抽象类。抽象类适用于拥有共同实现的类，但又希望将某些方法留给子类实现的情况。

接口与抽象类的对比如表 3-1 所示

表 3-1　接口与抽象类的对比

特性	接口	抽象类
目的	定义行为规范和契约，不涉及实现	提供行为规范并包含部分实现
方法	除了 Java 8 引入的 default() 或 static() 方法，默认使用 public abstract() 方法，不能有方法体	可以有抽象方法和具体方法，具体方法有方法体
构造方法	不能有构造方法	可以有构造方法
字段	只能有 public static final 常量字段，不能有实例变量	可以有实例变量、静态变量，且字段可以有不同的访问修饰符
继承/实现	使用 implements 关键字实现，支持多重实现	使用 extends 关键字继承，支持单继承
多继承支持	支持多重继承，一个类可以实现多个接口	不支持多继承，一个类只能继承一个抽象类

续表

访问修饰符	方法默认为 public()，不能有其他访问修饰符	方法可以有不同的访问修饰符，如 public、private、protected
实例化	不能被实例化	不能被实例化，必须通过子类实例化
适用场景	用于定义一组行为规范，多个类可以实现相同的接口	用于共享部分实现和行为，要求子类实现具体的方法

3.5.5　Comparable 接口和 Cloneable 接口

Comparable 和 Cloneable 是两个非常重要的接口，它们分别用于对象的比较和复制。

1. Comparable 接口

Comparable 接口定义了对象的自然顺序比较方法。通过实现该接口，一个类的对象可以根据某种顺序进行比较（如升序或降序），可以将实现该接口的对象按照某种顺序进行排序。

（1）Comparable 接口的定义。

Comparable 接口位于 java.lang 包中，声明了一个方法，示例代码如下。

```java
public interface Comparable<T> {
    int compareTo(T obj);
}
```

compareTo(T obj)方法用于比较当前对象与指定对象的 obj 的大小，该方法返回一个 int 类型值，int 类型值有如下三种。

- 负整数：表示当前对象小于指定对象。
- 零：表示当前对象等于指定对象。
- 正整数：表示当前对象大于指定对象。

（2）实现 Comparable 接口的示例代码。

假设有一个 Person 类，需要根据年龄对 Person 对象进行排序。可以通过实现 Comparable 接口来定义比较规则，示例代码如下。

```java
// 定义一个 Person 类，实现 Comparable 接口，允许按照年龄排序
class Person implements Comparable<Person> {
    String name;
    int age;
    Person(String name, int age) {
        this.name = name;
        this.age = age;
    }
    // 实现 Comparable 接口的 compareTo()方法，根据年龄进行比较
    @Override
    public int compareTo(Person other) {
        return Integer.compare(this.age, other.age); // 根据年龄升序排序
    }
    // 重写 toString()方法，输出对象的字符串表示
```

```
    @Override
    public String toString() {
        return name + ": " + age;
    }
}
```

（3）使用 Comparable 进行排序。

一旦实现了 Comparable 接口，就可以使用 Collections.sort()或 Arrays.sort()方法对该类的对象进行排序，示例代码如下。

```
import java.util.*;
public class TestComparable {
    public static void main(String[] args) {
        // 创建一个包含多个 Person 对象的列表
        List<Person> people = new ArrayList<>();
        people.add(new Person("Alice", 25));
        people.add(new Person("Bob", 20));
        people.add(new Person("Charlie", 30));
        // 使用 Collections.sort()方法对列表中的 Person 对象进行排序
        Collections.sort(people);// 默认按年龄升序排序
        // 遍历排序后的列表并输出每个 Person 对象
        for (Person person : people) {
            System.out.println(person);
        }
    }
}
```

运行结果如图 3-24 所示。

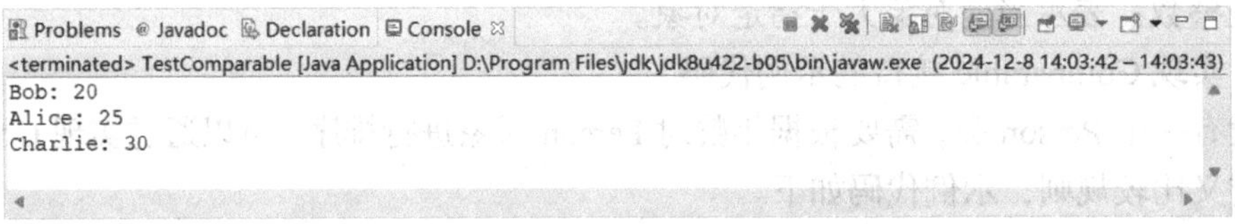

图 3-24　Comparable 接口的示例代码运行结果

在上述示例代码中，Person 类通过 compareTo()方法实现了按年龄升序排序。

2. Cloneable 接口

Cloneable 接口是一个标记接口（没有方法），它表示一个类的对象可以被复制（克隆）。只有实现了 Cloneable 接口的类，才能调用 Object 类中的 clone()方法进行复制，否则会提示 CloneNotSupportedException。

（1）Cloneable 接口的定义。

Cloneable 接口位于 java.lang 包中，是一个空接口，不包含任何方法。它的作用是告诉 JVM 当前对象可以被克隆。

（2）使用 Cloneable 接口的示例代码。

假设有一个 Book 类，我们希望对 Book 对象进行克隆。为了实现这一功能，Book 类必须实现 Cloneable 接口，并且重写 clone()方法，示例代码如下。

```java
// 定义一个 Book 类，实现 Cloneable 接口，允许克隆（复制）Book 对象
    class Book implements Cloneable {
        String title;
        String author;
        Book(String title, String author) {
            this.title = title;
            this.author = author;
        }
    @Override
    // 重写 clone()方法，调用 Object 类的 clone()方法执行浅拷贝
        public Object clone() throws CloneNotSupportedException {
            return super.clone(); // 调用 Object 类的 clone()方法
    }
    // 重写 toString()方法，打印 Book 对象的字符串表示
        @Override
        public String toString() {
            return "Book{title='" + title + "', author='" + author + "'}";
        }
    }
```

（3）克隆对象。

通过实现了 Cloneable 接口的 Book 类，我们可以使用 clone()方法复制对象，示例代码如下。

```java
public class TestCloneable {
    public static void main(String[] args) {
        try {
            // 创建一个 Book 对象
            Book originalBook = new Book("Java Programming", "John Doe");
            // 使用 clone()方法克隆原始的 Book 对象
            Book clonedBook = (Book) originalBook.clone(); // 克隆对象
            // 打印原始和克隆的 Book 对象
            System.out.println("Original: " + originalBook); // 打印原始对象的内容
            System.out.println("Cloned: " + clonedBook); // 打印克隆对象的内容
        } catch (CloneNotSupportedException e) {
            e.printStackTrace();// 如果 clone()方法不支持，打印异常信息
        }
    }
}
```

运行结果如图 3-25 所示。

图 3-25　Cloneable 接口的示例代码运行结果

在上述示例代码中，originalBook 对象通过调用 clone()方法创建了一个新的对象 clonedBook。尽管这两个对象是不同的实例，但它们的内容相同。

（4）深拷贝与浅拷贝。

- 浅拷贝：使用 Object 类的 clone() 方法默认执行浅拷贝，即对于对象的引用类型成员，复制的是引用地址，而不是创建新的对象。
- 深拷贝：如果对象中包含引用类型的成员，并且需要完整复制这些成员的内容，可以手动实现深拷贝。

示例代码如下。

```java
class Person implements Cloneable {
    String name;    // 姓名
    int[] scores;   // 成绩（数组）
    // 构造函数，初始化 name 和 scores
    Person(String name, int[] scores) {
        this.name = name;
        this.scores = scores;
    }
    // 重写 clone()方法，实现深拷贝
    @Override
    public Object clone() throws CloneNotSupportedException {
        // 执行浅拷贝，克隆 Person 对象
        Person clonedPerson = (Person) super.clone();

        // 深拷贝：克隆数组，避免浅拷贝中引用的共享
        clonedPerson.scores = this.scores.clone(); // 使用 clone()方法克隆数组
        return clonedPerson;
    }
    // 重写 toString()方法，打印 Person 对象的字符串表示
    @Override
    public String toString() {
        return name + ": " + Arrays.toString(scores);
    }
}
public class TestDeepCopy {
    public static void main(String[] args) {
        // 创建一个 Person 对象
        int[] scores = {90, 85, 88}; // 传入一个成绩数组
        Person originalPerson = new Person("Alice", scores);
        try {
            // 克隆 Person 对象
            Person clonedPerson = (Person) originalPerson.clone();
            // 打印原始和克隆的 Person 对象
            System.out.println("Original: " + originalPerson);
            System.out.println("Cloned: " + clonedPerson);
```

```
            // 修改原始对象中的数组，验证是否影响克隆对象
            originalPerson.scores[0] = 100;
            // 打印修改后的原始对象和克隆对象，验证深拷贝
            System.out.println("After modifying original:");
            System.out.println("Original: " + originalPerson); // 原始对象的成绩已改变
            System.out.println("Cloned: " + clonedPerson);         // 克隆对象的成绩没有改变
        } catch (CloneNotSupportedException e) {
            e.printStackTrace();
        }
    }
}
```

运行结果如图 3-26 所示。

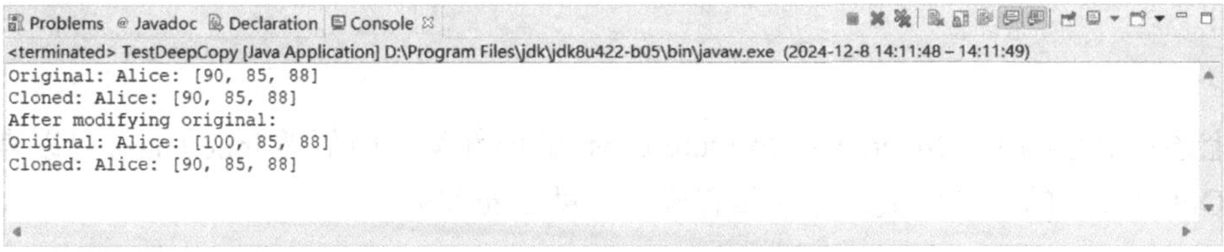

图 3-26　深拷贝与浅拷贝的示例代码运行结果

在 clone() 方法中使用 super.clone()方法进行浅拷贝，需要手动复制 scores 数组以实现深拷贝。在上述示例代码中修改了原始对象的数组后，克隆对象的数组不受影响，这就验证了深拷贝的有效性。

Comparable 接口用于定义对象的自然排序规则，通过实现 compareTo() 方法使对象可以根据某种顺序进行比较，常用于集合的排序。Cloneable 接口是一个标记接口，用于表示对象可以被复制。只有实现了 Cloneable 接口的类才能调用 clone() 方法复制对象。

3.6　内部类

在面向对象编程中，类是构建应用程序的基本单位。在 Java 中，除了我们熟悉的普通类，还有一些特殊的类——内部类（Inner Class）。内部类是指定义在另一个类内部的类，它与定义它的外部类有着紧密的联系。内部类可以为 Java 编程语言提供更大的灵活性，使用内部类能够在封装、继承和实现等方面提供额外的优势。

内部类的设计初衷是为了让类之间的关系更加紧密，以便表达更加复杂的模型。Java 提供了几种不同类型的内部类，它们各自有不同的特性和使用场景。内部类不仅能提高代码的可读性和可维护性，还能使代码的逻辑更加清晰，避免外部类和内部类之间存在的无关方法与字段暴露。

3.6.1　内部类的定义

内部类是定义在另一个类内部的类。它和外部类紧密相关，内部类可以访问外部类的成

员变量，包括私有成员变量。内部类通常用于表示某些逻辑上与外部类紧密相关的功能，或者用于封装实现细节，防止外部代码直接访问的情况。内部类的定义语法示例代码如下。

```java
class OuterClass {
    // 外部类的成员
    private int outerVar = 10;

    class InnerClass {
        // 内部类的成员
        void display() {
            // 可以直接访问外部类的成员
            System.out.println("外部类的变量：" + outerVar);
        }
    }
}
```

在上述示例代码中，InnerClass 是 OuterClass 的内部类。内部类 InnerClass 可以直接访问外部类 OuterClass 的成员变量，包括私有成员变量 outerVar。

3.6.2　内部类的类型

Java 中有多种类型的内部类。不同类型的内部类适用于不同的场景。Java 中的内部类主要可以分为如下几种类型。

- 成员内部类（Member Inner Class）。
- 静态内部类（Static Nested Class）。
- 局部内部类（Local Inner Class）。
- 匿名内部类（Anonymous Inner Class）。

（1）成员内部类。

成员内部类是定义在外部类的成员区域中的类。它没有被声明为静态，因此它属于外部类的一个实例的一部分。成员内部类可以访问外部类的实例变量和方法，而不用管这些变量和方法是否为私有，示例代码如下。

```java
class OuterClass {
    private String outerField = "Outer Class Field";
    // 成员内部类定义
    class MemberInnerClass {
        void display() {
            System.out.println("Accessing outer class field: " + outerField);
        }
    }
    void createInnerClassInstance() {
        // 外部类可以创建成员内部类的实例
        MemberInnerClass inner = new MemberInnerClass();
        inner.display();
```

```
    }
}
public class Test {
    public static void main(String[] args) {
        // 创建外部类实例
        OuterClass outer = new OuterClass();
        // 通过外部类实例创建成员内部类实例
        OuterClass.MemberInnerClass inner = outer.new MemberInnerClass();
        inner.display();
    }
}
```

运行结果如图 3-27 所示。

```
Problems @ Javadoc  Declaration  Console ☒                                           ■ ✕ ✖ |   |  ⌐ ▾ ⌐ ▾ ▭ ▭
<terminated> Test [Java Application] D:\Program Files\jdk\jdk8u422-b05\bin\javaw.exe  (2024-12-8 14:13:50 – 14:13:53)
Accessing outer class field: Outer Class Field
```

图 3-27　成员内部类的示例代码运行结果

在上述示例代码中，成员内部类 MemberInnerClass 可以直接访问 OuterClass 的私有成员变量 outerField，并打印它的值。

在外部类实例化后才能创建成员内部类。因此，如果想要创建成员内部类的对象，则需要创建外部类的对象，示例代码如下。

```
OuterClass outer = new OuterClass();
OuterClass.MemberInnerClass inner = outer.new MemberInnerClass();    // 通过外部类实例创建内部类对象
inner.display();   // 打印：外部类的字段
```

（2）静态内部类。

静态内部类是声明为静态的类，它不依赖于外部类的实例。静态内部类不能直接访问外部类的实例变量和方法，但它可以访问外部类的静态成员（字段和方法）。静态内部类的使用场景一般是在内部类的行为与外部类的实例无关的情况下，如作为工具类或辅助类的实现，示例代码如下。

```
class OuterClass {
    private static String staticOuterField = "Static Outer Field";

    // 静态内部类定义
    static class StaticInnerClass {
        void display() {
            System.out.println("Accessing static field of outer class: " + staticOuterField);
        }
    }
}
public class Test {
    public static void main(String[] args) {
```

```
        // 创建静态内部类实例，不需要外部类实例
        OuterClass.StaticInnerClass staticInner = new OuterClass.StaticInnerClass();
        staticInner.display();
    }
}
```

运行结果如图 3-28 所示。

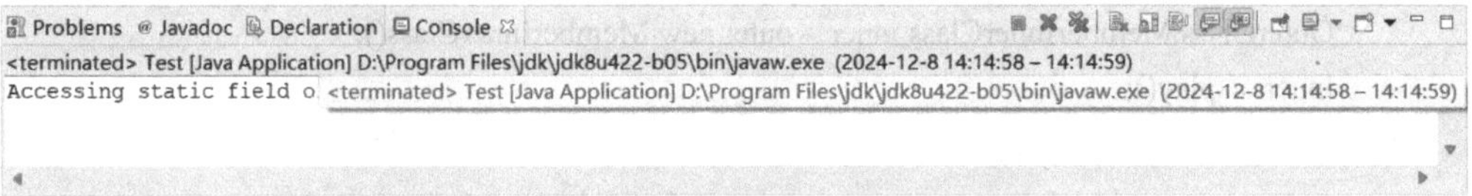

图 3-28　静态内部类的示例代码运行结果

在上述示例代码中，静态内部类 StaticInnerClass 不依赖于外部类的实例，因此可以直接访问 staticOuterField 这个静态成员变量。

（3）局部内部类。

局部内部类是定义在方法、构造函数或代码块内部的类。局部内部类的作用域仅限于定义它们的方法或代码块，无法在方法外部访问。在 Java 中，局部内部类一般用于实现临时性任务，如实现事件处理器或回调方法，示例代码如下。

```
class OuterClass {
    private String outerField = "Outer Field";
    void outerMethod() {
        String localVar = "Local Variable";
        // 局部内部类定义
        class LocalInnerClass {
            void display() {
                System.out.println("Accessing outer class field: " + outerField);
                System.out.println("Accessing local variable: " + localVar);
            }
        }
        // 创建局部内部类实例
        LocalInnerClass localInner = new LocalInnerClass();
        localInner.display();
    }
}
public class Test {
    public static void main(String[] args) {
        OuterClass outer = new OuterClass();
        outer.outerMethod();   // 调用包含局部内部类的方法
    }
}
```

运行结果如图 3-29 所示。

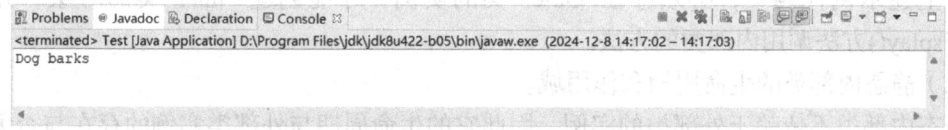

Accessing outer class field: Outer Field
Accessing local variable: Local Variable

图 3-29 局部内部类的示例代码运行结果

在上述示例代码中，LocalInnerClass 是在 outerMethod 中定义的局部类，它可以访问外部类成员 outerField 和 outerMethod 的局部变量 localVar。局部内部类只能在其定义的作用域中访问外部类的成员，因此它不能直接访问外部类的实例变量或静态变量。如果需要访问外部类的成员，则需要将这些成员声明为 final 或有效的局部变量。

（4）匿名内部类。

匿名内部类是一种没有名字的内部类，它通常用于实现接口或继承类的临时实现。匿名内部类是一种快速实现类的方式，特别适用于那些只需要使用一次的类实例，示例代码如下。

```java
interface Animal {
    void sound();
}
public class Test {
    public static void main(String[] args) {
        // 使用匿名内部类实现 Animal 接口
        Animal dog = new Animal() {
            @Override
            public void sound() {
                System.out.println("Dog barks");
            }
        };
        // 调用匿名内部类的 sound() 方法
        dog.sound();
    }
}
```

运行结果如图 3-30 所示。

图 3-30 匿名内部类的示例代码运行结果

在上述示例代码中，使用匿名内部类实现了 Animal 接口，并重写了 sound()方法。实例化后，在调用匿名内部类的 sound()方法时，打印 "Dog barks"。匿名内部类通常用于事件监听、回调等场景，它不需要显式地创建一个类的定义。

3.6.3 内部类的生命周期和作用域

内部类的生命周期和作用域与外部类不同，下面我们详细分析内部类的生命周期和作用域。

（1）成员内部类的生命周期和作用域。

成员内部类的生命周期与外部类的实例密切相关。一个成员内部类的对象必须通过外部类的对象来创建。换句话说，成员内部类需要依赖于外部类的实例。当外部类的对象不存在时，成员内部类也无法存在。因此，成员内部类的生命周期由外部类对象的生命周期决定，示例代码如下。

```java
class Outer {
    class Inner {
        void display() {
            System.out.println("内部类方法");
        }
    }
    void createInner() {
        Inner inner = new Inner();   // 必须通过外部类实例来创建内部类
        inner.display();
    }
}
public class Test {
    public static void main(String[] args) {
        Outer outer = new Outer();   // 创建外部类对象
        outer.createInner();   // 创建并使用内部类
    }
}
```

运行结果如图 3-31 所示。

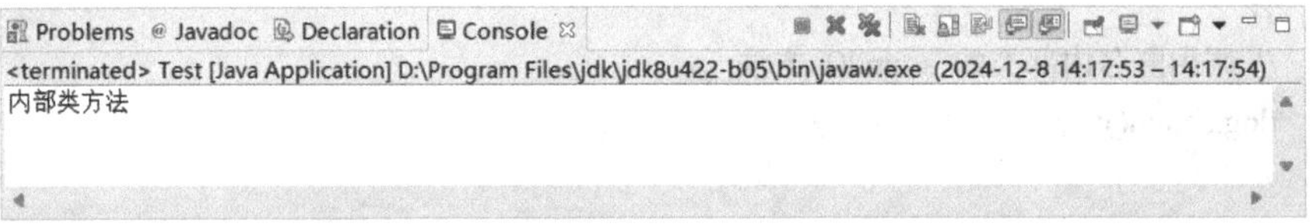

图 3-31　成员内部类生命周期和作用域的示例代码运行结果

在上述示例代码中，必须存在 Outer 类的实例，才能创建 Inner 类的对象，并通过 inner.display()方法调用内部类的方法。

（2）静态内部类的生命周期和作用域。

静态内部类不依赖于外部类的实例，因此它的生命周期与外部类实例的存在与否无关。静态内部类的实例可以在没有外部类实例的情况下创建，也可以通过外部类的实例创建。静态内部类通常用于提供与外部类实例无关的功能，示例代码如下。

```java
class Outer {
    static class StaticInner {
        void display() {
            System.out.println("静态内部类的方法");
        }
    }
}
```

```
    }
public class Test {
    public static void main(String[] args) {
        Outer.StaticInner staticInner = new Outer.StaticInner(); // 静态内部类的实例化不依赖外部类对象
        staticInner.display();   // 调用静态内部类的方法
    }
}
```

运行结果如图 3-32 所示。

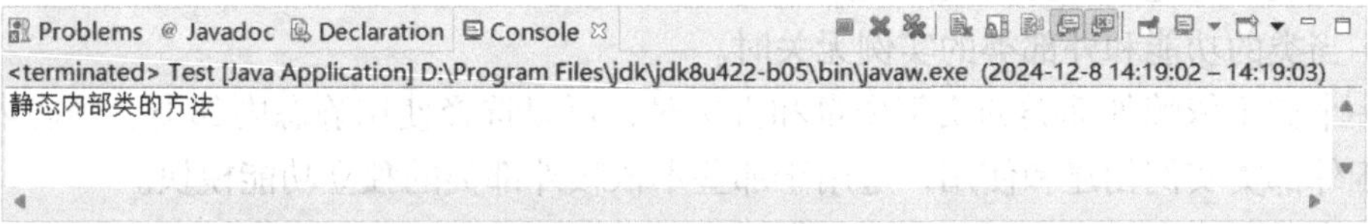

图 3-32　静态内部类生命周期和作用域的示例代码运行结果

在上述示例代码中，静态内部类 StaticInner 的创建和使用不依赖于外部类 Outer 的实例，因此它可以在没有外部类实例的情况下被创建。

（3）局部内部类的生命周期和作用域。

局部内部类的生命周期仅限于它所在的方法、构造器或代码块的作用域内。一旦方法执行完毕，局部内部类对象的生命周期就结束。局部内部类的实例只能在其所在的作用域内使用，示例代码如下。

```
class Outer {
    void outerMethod() {
        class LocalInner {
            void display() {
                System.out.println("局部内部类的方法");
            }
        }
        LocalInner localInner = new LocalInner();   // 局部内部类的实例化
        localInner.display();
    }
}
```

在上述示例代码中，LocalInner 类只能在 outerMethod()方法中使用，方法结束后，局部内部类的对象 localInner 将不再有效。

3.6.4　选择和使用内部类

在实际的开发过程中，需要根据具体的需求和场景来合理选择和使用内部类。如下是一些选择和使用内部类的指南。

（1）当需要封装实现细节时。

如果一个类的某些功能仅在另一个类内部有效，并且我们希望将这些功能封装在外部类中，则可以选择使用成员内部类。成员内部类能够访问外部类的实例变量和方法，这样能够将复杂的逻辑隐藏起来。

（2）当希望类之间有强关联时。

如果一个类的功能完全依赖于另一个类的实现，使用内部类则能够增强类之间的关系。由于内部类通常与外部类有非常强的依赖关系，可以用于表达这种紧密的关联。

（3）当需要处理事件或回调时。

匿名内部类是处理事件监听器或回调机制的理想选择。匿名内部类可以快速实现接口或继承类的功能，避免不必要的代码冗余。

（4）当类的功能和外部类的实例无关时。

当一个类不依赖外部类的实例变量和方法时，可以选择使用静态内部类。静态内部类可以独立于外部类实例创建和使用，适用于那些不依赖外部类的独立功能模块。

（5）当需要在方法内临时创建一个类时。

局部内部类非常适合用于实现方法内的临时任务，特别是不需要暴露给外部，需要一个在方法内部使用的类。

内部类作为 Java 中的一种重要特性，提供了比单纯使用外部类更丰富的功能。内部类的设计能够增加类之间关联的紧密性，增强了封装性，并且能够让代码的组织更清晰。在选择使用内部类时，我们需要根据具体的需求，选择最合适的内部类类型。

- 成员内部类：适用于需要访问外部类成员的场景。
- 静态内部类：适用于不依赖外部类实例的场景。
- 局部内部类：适用于需要在方法或代码块内临时定义类的场景。
- 匿名内部类：适用于需要临时实现接口或继承类的场景。

3.7　Java 中的常用类

3.7.1　Object 类

在 Java 中，Object 类是所有类的根类，所有类都直接或间接继承自 Object 类。Object 类提供了一组通用的方法，每个 Java 对象都拥有 Object 类中定义的基本方法。这些方法包括对象的创建、比较、哈希码生成、字符串表示等操作。

1．Object 类的常用方法

表 3-2 所示为 Object 类的常用方法，并对每种方法进行了简要描述。

表 3-2　Object 类的常用方法

方法名	返回类型	描述
public String toString()	String	返回对象的字符串表示形式
public int hashCode()	int	返回对象的哈希码值，用于哈希表中
public boolean equals(Object obj)	boolean	判断当前对象是否与指定对象相等
public final Class<?> getClass()	Class<?>	返回对象的运行时类

2．Object 类常用方法的使用

（1）toString()方法。

toString()方法用于返回对象的字符串表示形式。默认情况下，Object 类的 toString()方法返回的是类名加上对象的哈希码，但我们通常会在自定义类中重写此方法，以提供更有意义的字符串表示形式，示例代码如下。

```java
// 自定义类 Person
public class Person {
    private String name;
    private int age;
    // 构造函数
    public Person(String name, int age) {
        this.name = name;
        this.age = age;
    }
    // 重写 toString()方法
    @Override
    public String toString() {
        return "Person{name='" + name + "', age=" + age + "}";
    }
    // 主方法测试 toString()方法
    public static void main(String[] args) {
        Person person = new Person("Alice", 30);
        System.out.println(person.toString()); // 打印: Person{name='Alice', age=30}
    }
}
```

运行结果如图 3-33 所示。

```
Problems  Javadoc  Declaration  Console
<terminated> Person [Java Application] D:\Program Files\jdk\jdk8u422-b05\bin\javaw.exe  (2024-12-8 14:22:25 – 14:22:26)
Person{name='Alice', age=30}
```

图 3-33　toString()方法的示例代码运行结果

（2）equals()和 hashCode()方法。

equals()方法用于比较两个对象是否相等，而 hashCode()方法用于返回对象的哈希码值。通常在重写 equals()方法时，也需要重写 hashCode()方法，以确保对象在哈希集合中的一致性，示例代码如下。

```java
import java.util.HashSet;
import java.util.Objects;
// 自定义类 Person
public class Person {
    private String name;
    private int age;
```

```java
    // 构造函数
    public Person(String name, int age) {
        this.name = name;
        this.age = age;
    }
    // 重写 equals() 方法
    @Override
    public boolean equals(Object obj) {
        if (this == obj) return true;
        if (obj == null || getClass() != obj.getClass()) return false;
        Person person = (Person) obj;
        return age == person.age && Objects.equals(name, person.name);
    }
    // 重写 hashCode() 方法
    @Override
    public int hashCode() {
        return Objects.hash(name, age);
    }
    // 主方法测试 equals()和 hashCode() 方法
    public static void main(String[] args) {
        Person person1 = new Person("Bob", 25);
        Person person2 = new Person("Bob", 25);
        Person person3 = new Person("Charlie", 30);
        // 比较 person1 和 person2
        System.out.println(person1.equals(person2)); // 打印: true
        // 比较 person1 和 person3
        System.out.println(person1.equals(person3)); // 打印: false
        // 使用 HashSet 测试 hashCode() 方法
        HashSet<Person> set = new HashSet<>();
        set.add(person1);
        set.add(person2);
        set.add(person3);
        // 集合大小应为 2，因为 person1 和 person2 被认为是相同的
        System.out.println(set.size()); // 打印: 2
    }
}
```

运行结果如图 3-34 所示。

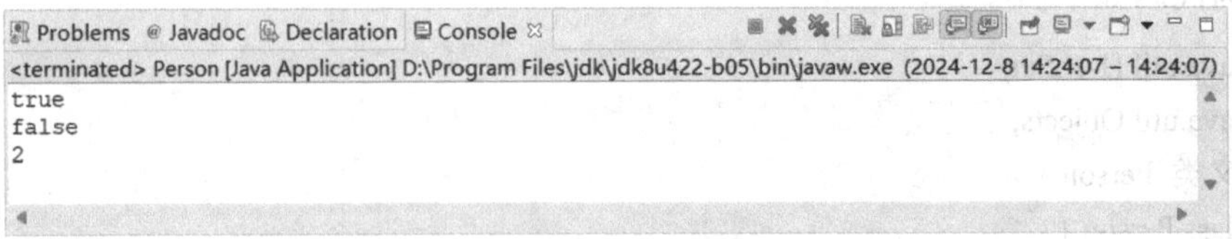

图 3-34　equals()和 hashCode()方法的示例代码运行结果

（3）getClass()方法。

getClass()方法返回对象的运行时类。这个方法在需要获取对象的实际类型时非常有用，示例代码如下。

```
// 自定义类 Animal
public class Animal {
    // 主方法测试 getClass() 方法
    public static void main(String[] args) {
        Animal animal = new Animal();
        System.out.println(animal.getClass().getName()); // 打印: Animal
        Dog dog = new Dog();
        System.out.println(dog.getClass().getName()); // 打印: Dog
    }
}
// 自定义类 Dog 继承自 Animal 类
class Dog extends Animal {
}
```

运行结果如图 3-35 所示。

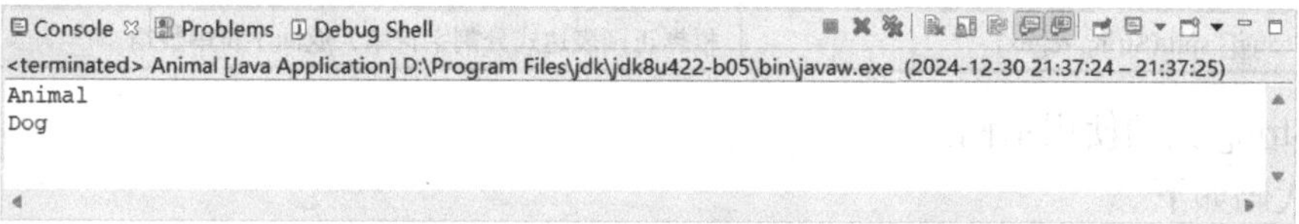

图 3-35　getClass()方法的示例代码运行结果

3.7.2　String 类与 StringBuilder 类

在 Java 中，String 类用于表示不可变的字符串序列，一旦创建了 String 对象，其内容就无法更改，这种不可变性使字符串操作更安全且适用于多线程环境；但在对字符串进行修改时，每次都会生成新的对象，这会导致性能下降。为了解决这个问题，Java 提供了 StringBuilder 类，它是一个可变的字符序列，允许对字符串内容进行高效的修改，如追加、插入和删除等操作，适合在单线程环境下使用。当需要在循环中频繁地修改字符串时，使用 StringBuilder 类可以显著提高程序的性能。

1．String 类

（1）String 类的初始化。

创建 String 对象有两种主要方式，分别是通过字符串字面量创建字符串和通过构造方法创建字符串。

- 通过字符串字面量：这种方式会将字符串放入字符串池中，如果字符串池中已经有相同内容的对象，则会复用已有对象。

例如：

```
String str1 = "Hello";
String str2 = "Hello";    // str1 和 str2 类引用同一对象
```

- 通过构造方法：每次都会创建一个新的 String 对象，即使内容相同。
例如：

```
String str3 = new String("Hello");   // 总会创建新对象
```

（2）String 类的常用方法。

String 类的常用方法如表 3-3 所示。

表 3-3　String 类的常用方法

方法名	描述
int length()	返回字符串长度
char charAt(int index)	获取指定索引处的字符
boolean equals(Object obj)	判断字符串内容是否相等（区分大小写）
boolean equalsIgnoreCase(String s)	判断字符串内容是否相等（忽略大小写）
String substring(int beginIndex)	截取字符串，从指定索引开始
String substring(int beginIndex, int endIndex)	截取字符串，从起始索引到结束索引（不包括结束索引）
String concat(String str)	拼接两个字符串并返回结果
String replace(char oldChar, char newChar)	替换字符串中的字符
String trim()	删除字符串两端的空格
String[] split(String regex)	根据正则表达式分割字符串，返回字符串数组

（3）String 类的使用示例。

示例代码如下。

```java
public class StringExample {
    public static void main(String[] args) {
        String str = " Hello, World! ";
        // 获取字符串长度
        System.out.println("Length: " + str.length());
        // 去除两端空格
        String trimmed = str.trim();
        System.out.println("Trimmed: " + trimmed);
        // 替换字符
        String replaced = trimmed.replace('o', 'a');
        System.out.println("Replaced: " + replaced);
        // 检查是否包含子字符串
        System.out.println("Contains 'World': " + trimmed.contains("World"));
        // 分割字符串
        String[] parts = trimmed.split(", ");
        System.out.println("Split: " + String.join(" | ", parts)); // 打印: Split: Hello | World!
        // 字符串拼接
        String concatenated = trimmed.concat(" Welcome!");
        System.out.println("Concatenated: " + concatenated);
    }
}
```

运行结果如图 3-36 所示。

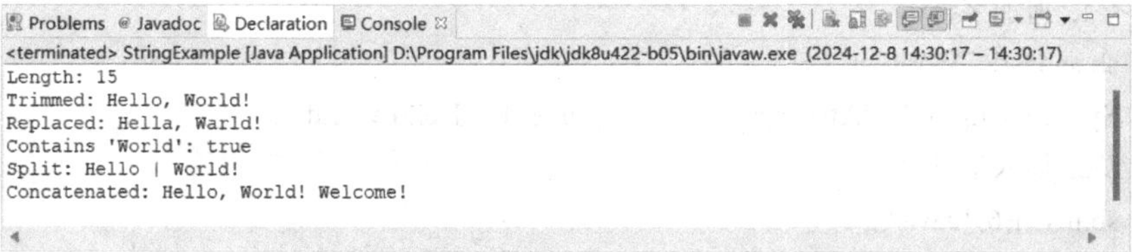

图 3-36　String 类的示例代码运行结果

2. StringBuilder 类

StringBuilder 是 Java 提供的一个可变字符串类，用于创建和操作可修改的字符串序列。与 String 类不同，StringBuilder 类的操作不会生成新的字符串对象，从而提高了执行效率。StringBuilder 类适用于需要频繁修改字符串内容（如追加、插入、删除等）的场景。

（1）StringBuilder 类的初始化。

创建 StringBuilder 对象有多种方式，根据不同的需求可以选择合适的初始化方法。

- 使用空构造器创建一个空的 StringBuilder 对象，示例代码如下。

```
StringBuilder sb = new StringBuilder();
```

- 指定初始容量，为 StringBuilder 对象指定初始容量，以提高性能，示例代码如下。

```
StringBuilder sb = new StringBuilder(50);
```

- 使用字符串初始化，以现有字符串作为内容初始化 StringBuilder 对象，示例代码如下。

```
StringBuilder sb = new StringBuilder("Hello");
```

（2）StringBuilder 类的常用方法。

StringBuilder 类的一些常用方法如表 3-4 所示。

表 3-4　StringBuilder 类的常用方法

方法名	描述
StringBuilder append(String str)	在末尾追加字符串
StringBuilder insert(int offset, String s)	在指定位置插入字符串
StringBuilder replace(int start, int end, String s)	替换指定范围内的字符串
StringBuilder delete(int start, int end)	删除指定范围的字符
StringBuilder reverse()	反转字符序列
int capacity()	返回当前容量
int length()	返回当前字符串的长度
char charAt(int index)	返回指定位置的字符
void setCharAt(int index, char c)	修改指定位置的字符

（3）StringBuilder 类的使用示例。

示例代码如下。

```
public class StringBuilderExample {
    public static void main(String[] args) {
        // 初始化 StringBuilder 类
```

```
StringBuilder sb = new StringBuilder("Hello");
// 1. 追加字符串
sb.append(" World");
System.out.println("After append: " + sb); // 打印: Hello World
// 2. 插入字符串
sb.insert(6, "Java ");
System.out.println("After insert: " + sb); // 打印: Hello Java World
// 3. 替换字符串
sb.replace(6, 10, "Cool");
System.out.println("After replace: " + sb); // 打印: Hello Cool World
// 4. 删除字符
sb.delete(5, 10);
System.out.println("After delete: " + sb); // 打印: HelloWorld
// 5. 反转字符序列
sb.reverse();
System.out.println("After reverse: " + sb); // 打印: dlroWolleH
    }
}
```

运行结果如图 3-37 所示。

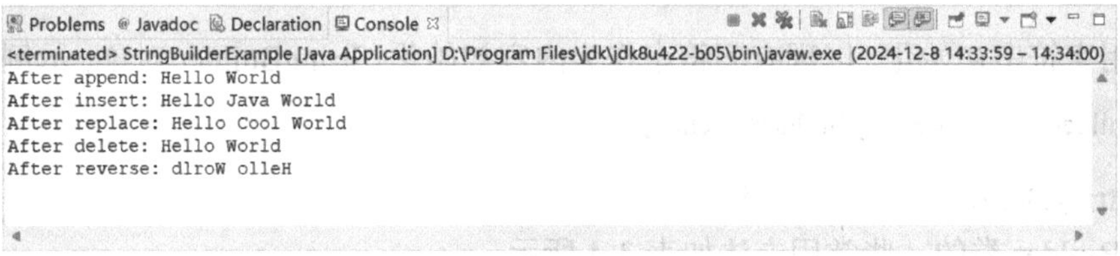

图 3-37　StringBuilder 类的示例代码运行结果

StringBuilder 类是处理可变字符串的高效工具，其方法丰富且操作便捷，适合用于需要频繁修改字符串内容的场景。在开发中，如果不涉及多线程环境，则建议优先使用 StringBuilder 类替代 StringBuffer 类，以提高性能。

3.7.3　Scanner 类

在 Java 中，Scanner 类是 java.util 包中的常用工具类，用于从各种输入源（如键盘、文件或字符串）中读取数据。它是 Java 提供的一种简化输入操作的方法。Scanner 类支持从控制台、文件、字符串等多种输入源读取数据，提供了可以直接解析基本数据类型和字符串的多种方法，也能灵活地设置分隔规则并处理分隔符。

1．Scanner 类的构造方法

Scanner 类提供了多种构造方法，用于使用不同的数据源创建一个 Scanner 对象。Scanner 类的常用构造方法如表 3-5 所示

表 3-5 Scanner 类的常用构造方法

构造方法	说明
Scanner(InputStream source)	从输入流（如 System.in）读取数据
Scanner(File source)	从文件读取数据
Scanner(String source)	从字符串读取数据

2. Scanner 类的常用方法及示例

Scanner 类提供了一系列读取和处理不同类型的输入数据的方法，如整行字符串、单词、整数和双精度浮点数等，Scanner 类的常用方法如表 3-6 所示。

表 3-6 Scanner 类的常用方法

方法名	用途	示例代码
String nextLine()	读取一整行输入作为字符串返回	String line = scanner.nextLine();
String next()	读取下一个以空白字符分隔的单词	String word = scanner.next();
int nextInt()	读取一个整数	int number = scanner.nextInt();
double nextDouble()	读取一个双精度浮点数	double value = scanner.nextDouble();
boolean hasNext()	判断是否还有输入可用	boolean hasInput = scanner.hasNext();
boolean hasNextInt()	判断下一个输入是否为整数类型	boolean isInt = scanner.hasNextInt();
Scanner useDelimiter(String pattern)	设置输入的分隔符模式	scanner.useDelimiter(",");
void close()	关闭扫描器，释放资源	scanner.close();

以下是一些常见的使用场景。

（1）从键盘读取用户输入。

示例代码如下。

```java
import java.util.Scanner;
public class ScannerExample {
    public static void main(String[] args) {
        Scanner scanner = new Scanner(System.in); // 创建 Scanner 对象
        System.out.print("请输入您的名字：");
        String name = scanner.nextLine(); // 读取一行字符串
        System.out.print("请输入您的年龄：");
        int age = scanner.nextInt(); // 读取整数
        System.out.println("欢迎，" + name + "！您的年龄是: " + age);
        scanner.close(); // 关闭 Scanner 类
    }
}
```

运行结果如图 3-38 所示。

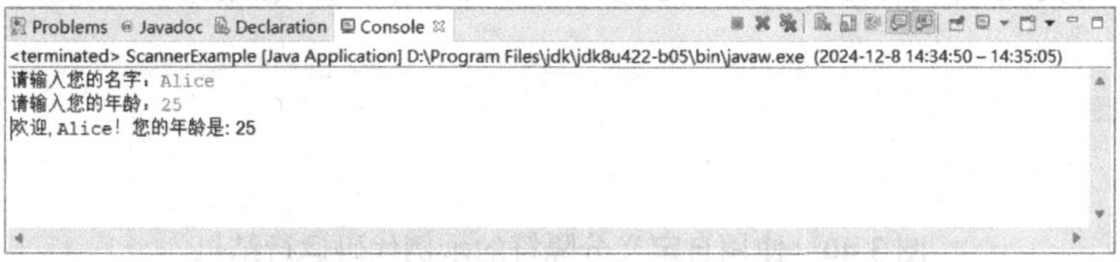

图 3-38 从键盘读取用户输入的示例代码运行结果

（2）从字符串中读取数据。

示例代码如下。

```java
import java.util.Scanner;
public class StringInputExample {
    public static void main(String[] args) {
        String data = "Java 101 99.9";
        Scanner scanner = new Scanner(data);        // 从字符串创建 Scanner 对象
        String language = scanner.next();           // 读取字符串
        int number = scanner.nextInt();             // 读取整数
        double score = scanner.nextDouble();        // 读取双精度浮点数
        System.out.println("语言: " + language + ", 数字: " + number + ", 分数: " + score);
        scanner.close();
    }
}
```

运行结果如图 3-39 所示。

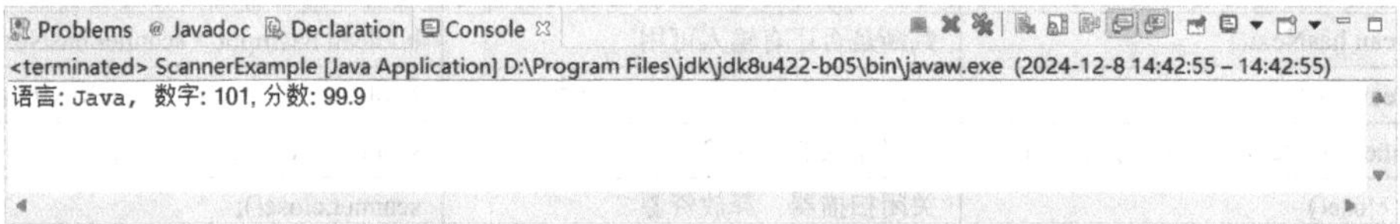

图 3-39　从字符串中读取数据的示例代码运行结果

（3）使用自定义分隔符。

示例代码如下。

```java
import java.util.Scanner;
public class CustomDelimiterExample {
    public static void main(String[] args) {
        String data = "Java,Python,C++,JavaScript";
        Scanner scanner = new Scanner(data).useDelimiter(","); // 使用逗号作为分隔符
        while (scanner.hasNext()) {
            System.out.println("语言: " + scanner.next());
        }
        scanner.close();
    }
}
```

运行结果如图 3-40 所示。

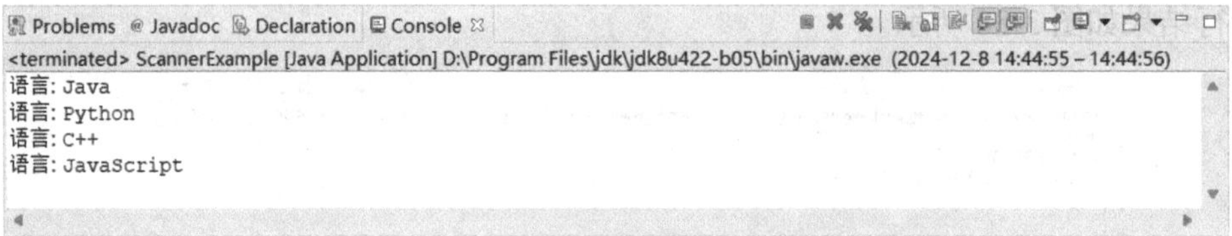

图 3-40　使用自定义分隔符的示例代码运行结果

3. 注意事项

在使用 Scanner 类后需要关闭 close()方法，以释放资源。如果用户输入的数据格式不符合预期（例如，输入非数字时调用 nextInt()方法），则会抛出 InputMismatchException 提示。可以结合 hasNextInt()等方法避免异常。Scanner 类的默认分隔符是空白字符（空格、制表符或换行符），可以通过 useDelimiter()方法自定义分隔符。

3.7.4　模式匹配

模式匹配是 Java 中处理文本的重要功能之一，广泛应用于验证输入格式、提取信息及字符串替换等操作。正则表达式是一种用于搜索、编辑和操作文本的工具，可以通过正则表达式定义一个搜索模式匹配字符串中的特定部分。Java 通过 java.util.regex 包下的 Pattern 类和 Matcher 类实现正则表达式的模式匹配功能。

1. 正则表达式简介

正则表达式是一种模式，用于匹配字符串中的特定字符序列。它可以用于验证数据格式（如邮箱、手机号）、查找特定的字符串模式，以及替换字符串内容。常见的正则表达式符号如下。

- . ：用于匹配任意一个字符。
- * ：用于匹配零个或多个前面的字符。
- + ：用于匹配一个或多个前面的字符。
- ? ：用于匹配零个或一个前面的字符。
- \d：用于匹配任意数字。
- [abc]：用于匹配字符集中的任意一个字符。
- ^ ：用于匹配字符串的开始。
- $ ：用于匹配字符串的结束。

示例如下。

- 正则表达式"\d{3}-\d{3}-\d{4}"用于匹配格式如 123-456-7890 的电话号码。
- 正则表达式"[a-zA-Z]+"用于匹配一个或多个字母组成的单词。

2. Pattern 类

Pattern 类表示一个正则表达式的编译版本。通过它可以将正则表达式编译为一个可以重用的模式对象。Pattern 类没有公共构造方法，如果想要创建一个 Pattern 对象，则必须调用它的静态 compile()方法，该方法接受一个正则表达式作为参数，并返回一个 Pattern 对象。

Pattern 类的常用方法如表 3-7 所示。

表 3-7　Pattern 类的常用方法

方法名	描述	参数
public static Pattern compile(String regex)	将正则表达式编译为一个 Pattern 对象	regex：正则表达式字符串
public Matcher matcher(CharSequence input)	创建一个 Matcher 对象，用于对输入文本进行匹配	input：要匹配的输入序列
public static boolean matches(String regex, CharSequence input)	尝试使用给定的正则表达式匹配输入字符串	regex：正则表达式字符串；input：要匹配的输入序列

方法名	描述	参数
public String[] split(CharSequence input)	根据正则表达式对输入字符串进行分割，返回字符串数组	input：要分割的输入序列
public int flags()	返回当前模式的标志（flags），如忽略大小写、多行模式等	无
public String pattern()	返回当前 Pattern 对象表示的正则表达式的字符串形式	无
public boolean isInstance(CharSequence input)	确定当前模式是否可以在输入字符串上进行匹配	input：要匹配的输入序列
public int pattern().matcher(CharSequence input)	返回一个新的 Matcher 对象，使用当前的模式和给定的输入序列进行匹配	input：要匹配的输入序列

示例代码如下。

```java
import java.util.regex.Pattern;
import java.util.regex.Matcher;
public class PatternExample {
    public static void main(String[] args) {
        // 定义正则表达式
        String regex = "\\d{3}-\\d{3}-\\d{4}";
        // 编译正则表达式
        Pattern pattern = Pattern.compile(regex);
        // 测试输入
        String input = "123-456-7890";
        // 使用 matcher() 方法匹配输入
        Matcher matcher = pattern.matcher(input);
        System.out.println("匹配结果: " + matcher.matches()); // true
        // 使用 split() 方法拆分输入
        String[] parts = pattern.split(input);
        System.out.println("拆分结果:");
        for (String part : parts) {
            System.out.println(part);
        }
        // 使用静态方法 matches() 直接匹配
        boolean result = Pattern.matches(regex, input);
        System.out.println("直接匹配结果: " + result); // true

        // 获取当前正则表达式
        System.out.println("正则表达式: " + pattern.pattern());
    }
}
```

运行结果如图 3-41 所示。

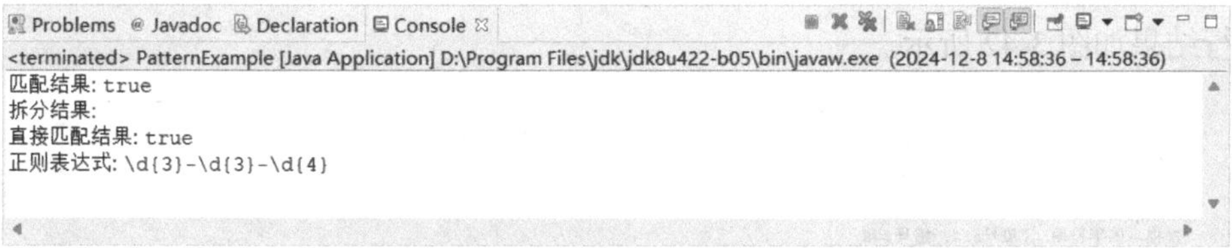

图 3-41　正则表达式匹配与拆分的示例代码运行结果

3. Matcher 类

Matcher 类是执行匹配操作的引擎，依赖于 Pattern 对象。通过 Matcher 类可以检查一个字符串是否为匹配模式，或者从中提取匹配的内容。与 Pattern 类一样，Matcher 类也没有公共构造方法，需要调用 Pattern 对象的 matcher()方法才能获得一个 Matcher 对象。

Matcher 类的常用方法如表 3-8 所示。

表 3-8　Matcher 类的常用方法

方法名	描述	参数
public boolean matches()	判断整个输入字符串是否匹配正则表达式	—
public boolean find()	尝试在输入字符串中查找匹配的子序列	—
public String group()	返回最近一次匹配操作中匹配的子字符串	—
public String replaceAll(String replacement)	将所有匹配的子字符串替换为指定内容	replacement：替换的字符串内容
public int start()	返回最近一次匹配子串的起始位置	—
public int end()	返回最近一次匹配子串的结束位置	—
public StringBuffer appendReplacement (StringBuffer sb, String replacement)	用指定的替换字符串替换匹配的内容，并将结果追加到 sb	sb：要追加内容的 StringBuffer。 replacement：替换的字符串内容

示例代码如下。

```java
import java.util.regex.*;
public class MatcherExample {
    public static void main(String[] args) {
        String regex = "\\d+"; // 匹配一个或多个数字
        String input = "订单号 123，编号 456";
        Pattern pattern = Pattern.compile(regex);
        Matcher matcher = pattern.matcher(input);
        System.out.println("匹配结果:");
        while (matcher.find()) {
            System.out.println("匹配内容: " + matcher.group());
        }
        // 替换匹配的数字为 "###"
        String replaced = matcher.replaceAll("###");
        System.out.println("替换后的字符串: " + replaced);
    }
}
```

运行结果如图 3-42 所示。

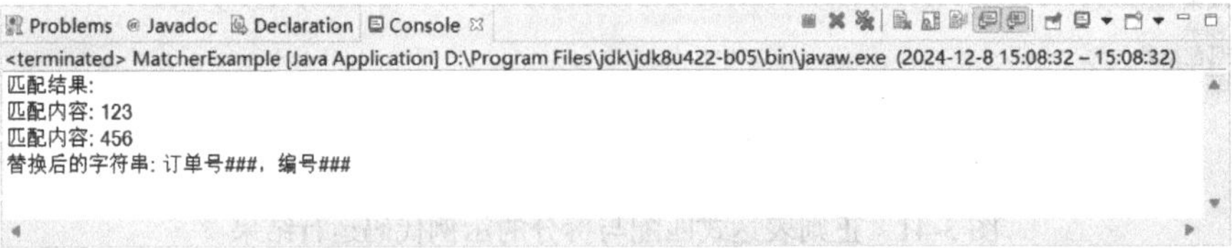

图 3-42　Matcher 类的示例代码运行结果

4. 结合正则表达式的使用场景及示例

（1）示例代码 1：验证电子邮箱格式。

```java
import java.util.regex.*;
public class EmailValidator {
    public static void main(String[] args) {
        String regex = "^[a-zA-Z0-9._%+-]+@[a-zA-Z0-9.-]+\\.[a-zA-Z]{2,}$"; // 电子邮箱正则表达式
        String email = "example@test.com";
        boolean isValid = Pattern.matches(regex, email);
        System.out.println("电子邮箱格式是否有效: " + isValid);
    }
}
```

运行结果如图 3-43 所示。

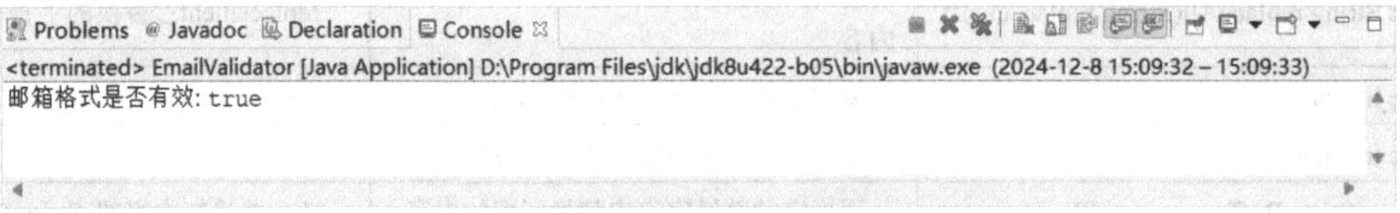

图 3-43　EmailValidator 类的示例代码运行结果

（2）示例代码 2：提取电话号码。

```java
import java.util.regex.*;
public class PhoneNumberExtractor {
    public static void main(String[] args) {
        String input = "联系人: 小明，电话: 123-456-7890";
        String regex = "\\d{3}-\\d{3}-\\d{4}"; // 电话号码正则表达式
        Pattern pattern = Pattern.compile(regex);
        Matcher matcher = pattern.matcher(input);
        if (matcher.find()) {
            System.out.println("找到的电话号码: " + matcher.group());
        } else {
            System.out.println("未找到电话号码");
        }
    }
}
```

运行结果如图 3-44 所示。

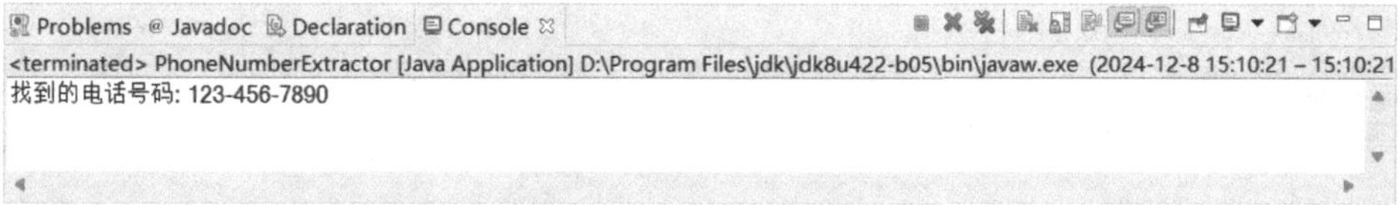

图 3-44　PhoneNumberExtractor 类的示例代码运行结果

5. 注意事项

模式匹配结合正则表达式、Pattern 和 Matcher 类提供了强大的文本处理能力，是 Java 中解析和操作字符串的重要工具。但在使用模式匹配的过程中需要注意如下事项。

（1）正则表达式中的特殊字符需要转义。例如，"\d" 应写作 "\\d"。

（2）Pattern 类和 Matcher 类的对象是线程不安全的，在多线程环境中使用时需小心。

（3）对复杂的正则表达式进行优化，以提升性能。

3.7.5　Date 类

Date 类是 java.util 包中用于表示和操作日期和时间的常用工具类，被广泛应用于表示时间和日期的场景中。

Date 类表示特定的瞬时时间，精确到毫秒（从 1970 年 1 月 1 日 00:00:00 起的时间偏移量）。它可以获取当前时间、格式化时间，以及比较两个日期。

1. Date 类的常用构造方法

Date 类的常用构造方法如表 3-9 所示。

表 3-9　Date 类的常用构造方法

构造方法	说明
Date()	创建一个表示当前系统时间的 Date 对象
Date(long millis)	创建一个表示从 1970 年 1 月 1 日起的指定毫秒数

示例代码如下。

```java
import java.util.Date;
public class DateExample {
    public static void main(String[] args) {
        // 创建当前时间的 Date 对象
        Date currentDate = new Date();
        System.out.println("当前时间: " + currentDate);
        // 创建指定时间的 Date 对象
        long timestamp = 1635678900000L; // 以毫秒为单位
        Date specificDate = new Date(timestamp);
        System.out.println("指定时间: " + specificDate);
    }
}
```

运行结果如图 3-45 所示。

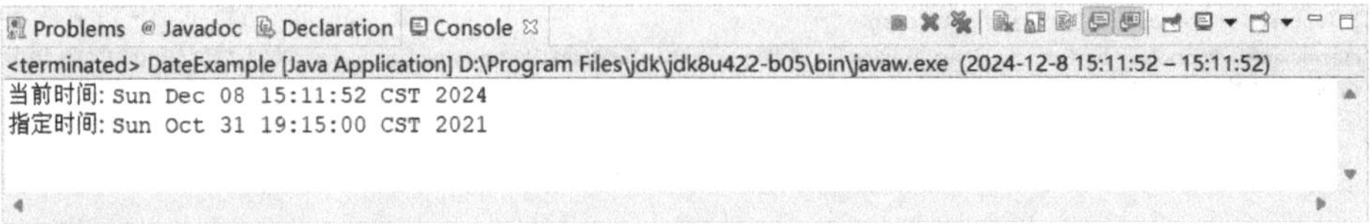

图 3-45　DateExample 类的示例代码运行结果

2. Date 类的常用方法

Date 类提供了多种方法用于处理日期和时间，Date 类的常用方法如表 3-10 所示。

表 3-10　Date 类的常用方法

方法名	描述	示例代码
long getTime()	返回从 1970 年 1 月 1 日 00:00:00 起的毫秒数	long millis = date.getTime();
void setTime(long time)	设置时间为从 1970 年 1 月 1 日 00:00:00 起指定毫秒数	date.setTime(1635678900000L);
boolean before(Date date)	判断此 Date 对象是否在指定日期之前	boolean isBefore = date1.before(date2);
boolean after(Date date)	判断此 Date 对象是否在指定日期之后	boolean isAfter = date1.after(date2);
String toString()	将日期转换为字符串形式（默认格式）	System.out.println(date.toString());

3. Date 类的常见使用场景及示例

（1）示例代码 1：获取当前时间。

```java
import java.util.Date;
public class CurrentDateExample {
    public static void main(String[] args) {
        Date now = new Date(); // 获取当前时间
        System.out.println("当前时间: " + now);
    }
}
```

运行结果如图 3-46 所示。

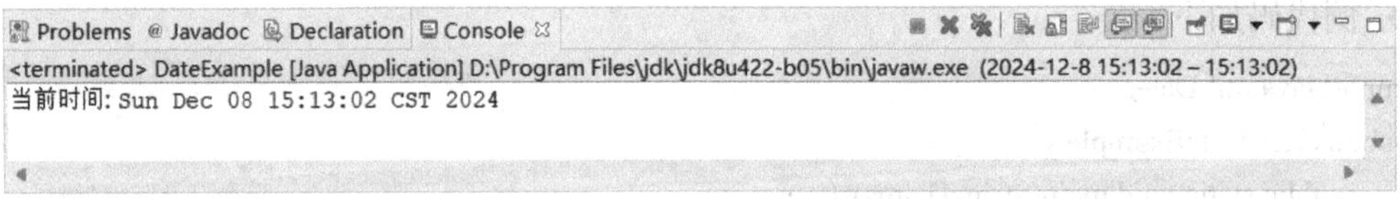

图 3-46　CurrentDateExample 类的示例代码运行结果

（2）示例代码 2：比较两个日期。

```java
import java.util.Date;
public class CompareDatesExample {
    public static void main(String[] args) {
        Date date1 = new Date(); // 当前时间
        Date date2 = new Date(date1.getTime() + 10000); // 当前时间后 10 秒
        System.out.println("date1 是否在 date2 之前: " + date1.before(date2));
        System.out.println("date1 是否在 date2 之后: " + date1.after(date2));
    }
}
```

运行结果如图 3-47 所示。

图 3-47　CompareDatesExample 类的示例代码运行结果

（3）示例代码 3：设置指定时间。

```
import java.util.Date;
public class SetTimeExample {
    public static void main(String[] args) {
        Date date = new Date();
        System.out.println("当前时间: " + date);
        // 设置时间为 1970 年 1 月 1 日之后的 1,000,000 毫秒
        date.setTime(1000000L);
        System.out.println("设置后的时间: " + date);
    }
}
```

运行结果如图 3-48 所示。

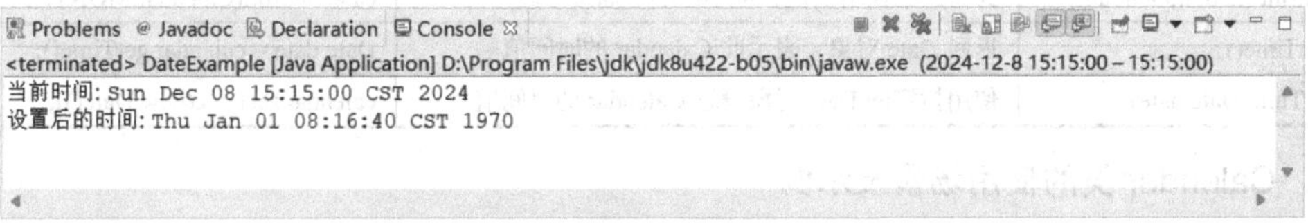

图 3-48　SetTimeExample 类的示例代码运行结果

尽管 Date 类被广泛应用于表示日期和时间的场景中，但其设计存在一定局限性：线程不安全、可变性导致易出错，以及格式化与解析不便。为解决这些问题，Java 8 引入了 java.time包，可以使用其中的 LocalDate、LocalDateTime 和 Instant 等类处理日期和时间问题。

3.7.6　Calendar 类

Calendar 类是 java.util 包中的一个抽象类，用于操作日期和时间。相比 Date 类，Calendar类提供了更强大的功能，可以方便地获取和设置日期的各个部分（如年、月、日等）。Calendar类提供了一种通用的方法来表示时间点，允许通过字段操作日期，如获取年份、设置月份或调整时间。Calendar 类是一个抽象类，它通常通过子类（如 GregorianCalendar）或静态工厂方法创建实例。Calendar 类提供了一个静态方法 getInstance()，该方法可以根据当前系统所在的地区返回一个合适的 Calendar 实现类对象，大部分地区返回的 Calendar 实现类都是GregorianCalendar 类对象。

1. Calendar 类的常用字段

Calendar 类提供了一组用于表示日期和时间的常用字段，具体如表 3-11 所示。

表 3-11   Calendar 类的常用字段

字段常量	描述
Calendar.YEAR	年
Calendar.MONTH	月（从 0 开始，0 表示 1 月）
Calendar.DATE	日
Calendar.HOUR	小时（12 小时制）
Calendar.HOUR_OF_DAY	小时（24 小时制）
Calendar.MINUTE	分钟
Calendar.SECOND	秒
Calendar.DAY_OF_WEEK	一周中的第几天
Calendar.DAY_OF_MONTH	一个月中的第几天

2．Calendar 类的常用方法

Calendar 类提供了一些用于处理日期和时间的常用方法，具体如表 3-12 所示。

表 3-12   Calendar 类的常用方法

返回值类型方法名	说明	示例代码
int get(int field)	获取指定字段的值	int year = calendar.get(Calendar.YEAR);
void set(int field, int value)	设置指定字段的值	calendar.set(Calendar.MONTH, 11);
void add(int field, int amount)	为指定字段增加或减少指定的值	calendar.add(Calendar.DATE, 7);
void roll(int field, int amount)	为指定字段增加值，但不影响更高级字段	calendar.roll(Calendar.MONTH, 1);
Date getTime()	返回 Date 对象，表示此 Calendar 的时间值	Date date = calendar.getTime();
void setTime(Date date)	使用指定的 Date 对象设置 Calendar 的时间值	calendar.setTime(new Date());

3．Calendar 类的使用场景及示例

（1）示例代码 1：获取当前日期和时间。

```
import java.util.Calendar;
public class CalendarExample {
    public static void main(String[] args) {
        Calendar calendar = Calendar.getInstance();
        System.out.println("当前年份: " + calendar.get(Calendar.YEAR));
        System.out.println("当前月份: " + (calendar.get(Calendar.MONTH) + 1)); // 月份从 0 开始
        System.out.println("当前日期: " + calendar.get(Calendar.DATE));
        System.out.println("当前时间: " + calendar.get(Calendar.HOUR_OF_DAY) + ":" + calendar.get
(Calendar.MINUTE));
    }
}
```

运行结果如图 3-49 所示。

```
Problems @ Javadoc Declaration Console
<terminated> DateExample [Java Application] D:\Program Files\jdk\jdk8u422-b05\bin\javaw.exe (2024-12-8 15:16:20 – 15:16:21)
当前年份: 2024
当前月份: 12
当前日期: 8
当前时间: 15:16
```

图 3-49   CalendarExample 类的示例代码运行结果

（2）示例代码 2：设置指定日期。

```java
import java.util.Calendar;
public class SetDateExample {
    public static void main(String[] args) {
        Calendar calendar = Calendar.getInstance();
        calendar.set(Calendar.YEAR, 2025);
        calendar.set(Calendar.MONTH, 10); // 设置为 11 月
        calendar.set(Calendar.DATE, 15);
        System.out.println("设置后的日期: " + calendar.getTime());
    }
}
```

运行结果如图 3-50 所示。

図 Problems @ Javadoc 🔍 Declaration 📟 Console ✕
\<terminated\> DateExample [Java Application] D:\Program Files\jdk\jdk8u422-b05\bin\javaw.exe (2024-12-8 15:17:08 – 15:17:09)
设置后的日期: Sat Nov 15 15:17:09 CST 2025

图 3-50　SetDateExample 类的示例代码运行结果

（3）示例代码 3：日期加减操作。

```java
import java.util.Calendar;
public class AddDateExample {
    public static void main(String[] args) {
        Calendar calendar = Calendar.getInstance();
        // 当前日期
        System.out.println("当前日期: " + calendar.getTime());
        // 加 7 天
        calendar.add(Calendar.DATE, 7);
        System.out.println("7 天后: " + calendar.getTime());
        // 减 1 个月
        calendar.add(Calendar.MONTH, -1);
        System.out.println("1 个月前: " + calendar.getTime());
    }
}
```

运行结果如图 3-51 所示。

図 Problems @ Javadoc 🔍 Declaration 📟 Console ✕
\<terminated\> DateExample [Java Application] D:\Program Files\jdk\jdk8u422-b05\bin\javaw.exe (2024-12-8 15:18:02 – 15:18:03)
当前日期: Sun Dec 08 15:18:03 CST 2024
7 天后: Sun Dec 15 15:18:03 CST 2024
1 个月前: Fri Nov 15 15:18:03 CST 2024

图 3-51　AddDateExample 类的示例代码运行结果

（4）示例代码 4：获取一周的第几天。

```java
import java.util.Calendar;
public class DayOfWeekExample {
```

```
public static void main(String[] args) {
    Calendar calendar = Calendar.getInstance();
    int dayOfWeek = calendar.get(Calendar.DAY_OF_WEEK); // 1 表示星期日，2 表示星期一
    System.out.println("今天是星期: " + dayOfWeek);
    }
}
```

运行结果如图 3-52 所示。

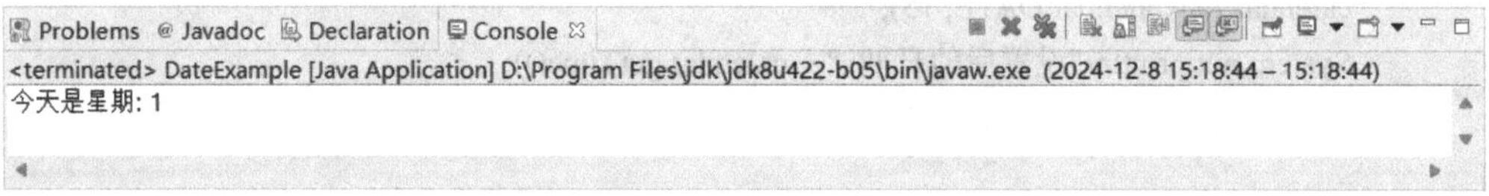

图 3-52　DayOfWeekExample 类的示例代码运行结果

4. Calendar 类和 Date 类的结合

可以使 Calendar 类和 Date 类互相转换，结合使用。

示例代码如下。

```
import java.util.Calendar;
import java.util.Date;
public class CalendarDateExample {
    public static void main(String[] args) {
        // Calendar 类转换为 Date 类
        Calendar calendar = Calendar.getInstance();
        Date date = calendar.getTime();
        System.out.println("Calendar 类转换为 Date 类: " + date);
        // Date 类转换为 Calendar 类
        Date now = new Date();
        calendar.setTime(now);
        System.out.println("Date 类转换为 Calendar 类: " + calendar.getTime());
    }
}
```

运行结果如图 3-53 所示。

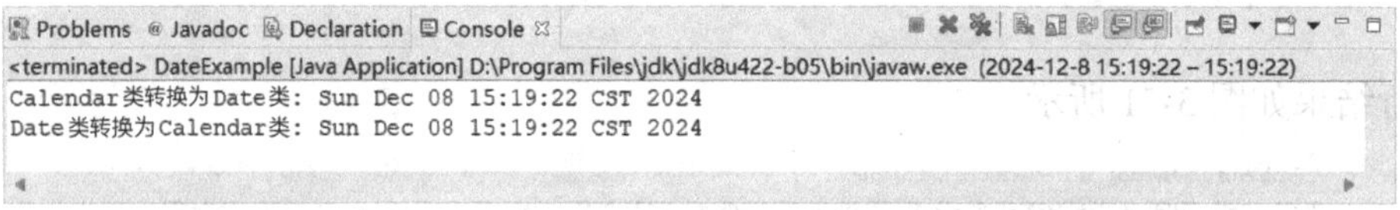

图 3-53　CalendarDateExample 类的示例代码运行结果

Calendar 类提供了比 Date 类更丰富的功能，适合复杂的日期计算和操作。在现代开发中，建议逐步迁移到更简洁和功能强大的 java.time API。

3.7.7　Math 类

Math 类是 java.lang 包中的一个工具类，它提供了一系列用于执行基本数学运算，如算

术、三角函数、指数和对数运算等计算的静态方法。这些静态方法可以直接通过类名调用，而无须创建对象。此外，它还提供了圆周率 Math.PI、自然对数的底数 Math.E 等常用的数学常量。Math 类的设计简洁，使用方便，非常适合处理各种通用的数学计算。

1. Math 类常用的数学常量

Math 类常用的数学常量如表 3-13 所示。

表 3-13　Math 类常用的数学常量

常量名	数学常量	描述
Math.PI	3.141592653589793	圆周率
Math.E	2.718281828459045	自然对数的底数

示例代码如下。

```java
public class MathConstants {
    public static void main(String[] args) {
        System.out.println("圆周率 PI: " + Math.PI);
        System.out.println("自然对数的底数 E: " + Math.E);
    }
}
```

运行结果如图 3-54 所示。

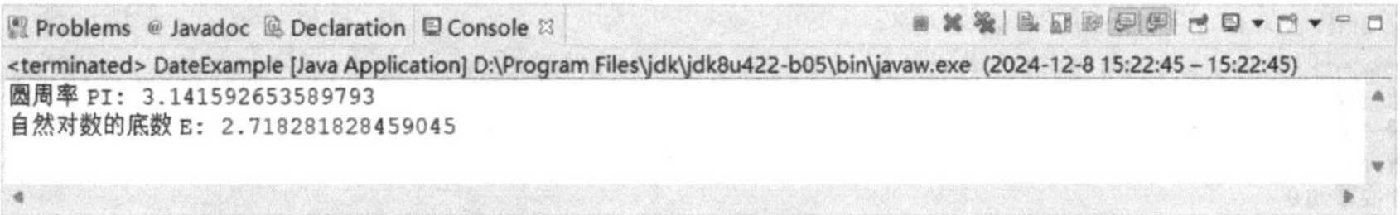

图 3-54　MathConstants 类的示例代码运行结果

2. Math 类的常用方法

Math 类提供了一些用于数学运算的常用方法，具体如表 3-14 所示。

表 3-14　Math 类的常用方法

方法名	描述	示例代码
double abs(double a)	返回参数的绝对值	double absValue = Math.abs(-10.5);
int max(int a, int b)	返回两个参数中的较大值	int maxValue = Math.max(10, 20);
int min(int a, int b)	返回两个参数中的较小值	int minValue = Math.min(10, 20);
double pow(double a, double b)	返回 a 的 b 次幂	double power = Math.pow(2, 3);
double sqrt(double a)	返回参数的平方根	double squareRoot = Math.sqrt(16);
double cbrt(double a)	返回参数的立方根	double cubeRoot = Math.cbrt(27);
long round(double a)	返回参数四舍五入后的值（以 long 类型返回）	long roundedValue = Math.round(10.5);
int floor(double a)	返回小于等于参数的最大整数（向下取整）	double floorValue = Math.floor(10.9);
int ceil(double a)	返回大于等于参数的最小整数（向上取整）	double ceilValue = Math.ceil(10.1);
double random()	返回一个[0, 1)范围的随机数	double randomValue = Math.random();
double log(double a)	返回参数的自然对数（以 e 为底）	double logValue = Math.log(10);
double log10(double a)	返回参数的以 10 为底的对数	double log10Value = Math.log10(100);

方法名	描述	示例代码
double sin(double a)	返回参数的正弦值	double sinValue = Math.sin(Math.PI / 2);
double cos(double a)	返回参数的余弦值	double cosValue = Math.cos(0);
double tan(double a)	返回参数的正切值	double tanValue = Math.tan(Math.PI / 4);
double toRadians(double a)	将角度转换为弧度	double radians = Math.toRadians(90);
double toDegrees(double a)	将弧度转换为角度	double degrees = Math.toDegrees(Math.PI);

3. Math 类的使用场景及示例

（1）示例代码 1：计算基本数学运算。

```java
public class MathExample {
    public static void main(String[] args) {
        double number = -9.7;
        System.out.println("绝对值: " + Math.abs(number));
        System.out.println("平方根: " + Math.sqrt(25));
        System.out.println("立方根: " + Math.cbrt(27));
        System.out.println("2 的 3 次幂: " + Math.pow(2, 3));
    }
}
```

运行结果如图 3-55 所示。

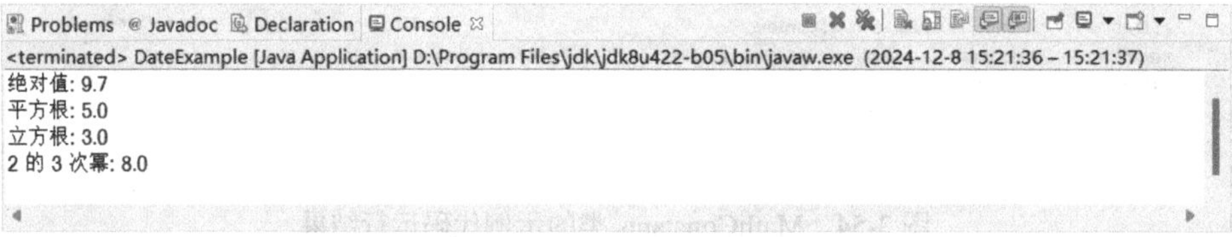

图 3-55　MathExample 类的示例代码运行结果

（2）示例代码 2：四舍五入与取整。

```java
public class RoundingExample {
    public static void main(String[] args) {
        double value = 10.75;
        System.out.println("向上取整: " + Math.ceil(value));
        System.out.println("向下取整: " + Math.floor(value));
        System.out.println("四舍五入: " + Math.round(value));
    }
}
```

运行结果如图 3-56 所示。

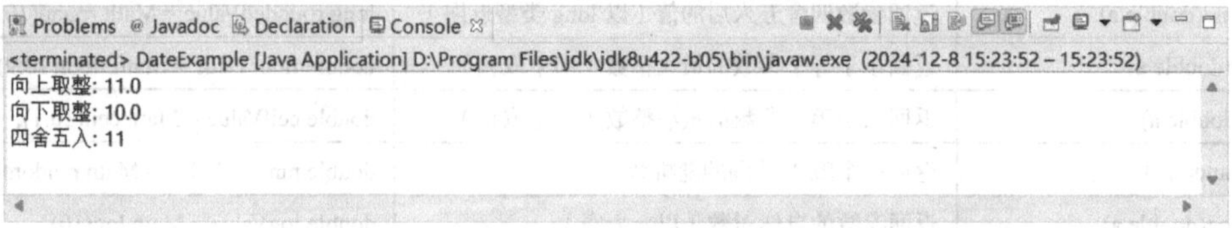

图 3-56　RoundingExample 类的示例代码运行结果

（3）示例代码 3：随机数生成。

```java
public class RandomExample {
    public static void main(String[] args) {
        // 生成 [0, 1) 范围的随机数
        System.out.println("随机数: " + Math.random());

        // 生成 [1, 100] 范围的随机整数
        int randomInt = (int) (Math.random() * 100) + 1;
        System.out.println("随机整数 [1~100]: " + randomInt);
    }
}
```

运行结果如图 3-57 所示。

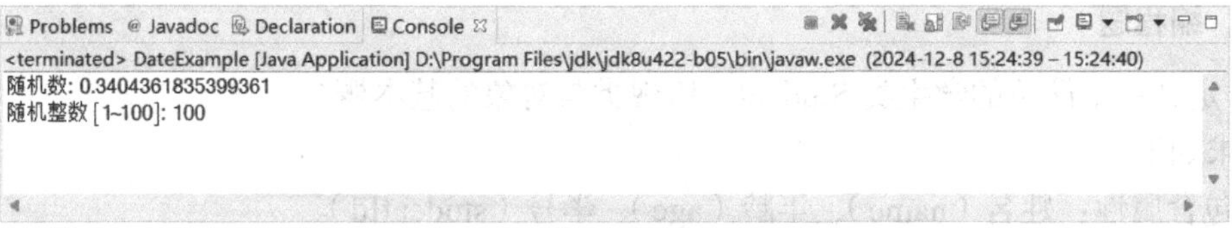

图 3-57　RandomExample 类的示例代码运行结果

（4）示例代码 4：角度与弧度转换。

```java
public class TrigonometryExample {
    public static void main(String[] args) {
        double angle = 90;
        double radians = Math.toRadians(angle);
        System.out.println("90 度对应的弧度: " + radians);
        System.out.println("sin(90°): " + Math.sin(radians));
        System.out.println("cos(90°): " + Math.cos(radians));
    }
}
```

运行结果如图 3-58 所示。

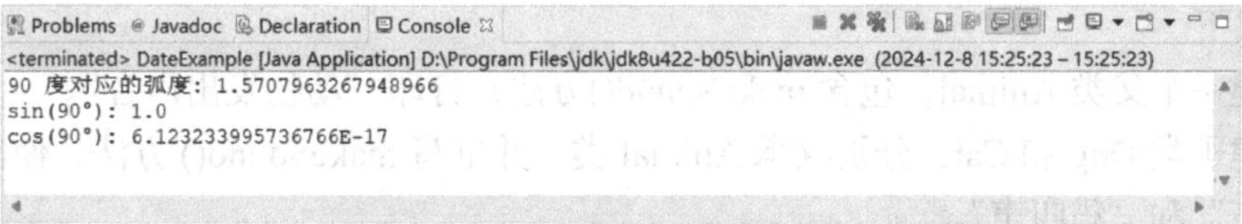

图 3-58　TrigonometryExample 类的示例代码运行结果

3.8　习　　题

一、简答题

1. 什么是类和对象？它们之间有什么关系？

2. 请解释构造函数的作用。一个类是否可以有多个构造函数？如何实现？

3. 什么是封装？如何在 Java 中实现封装？封装对程序设计有什么好处？

4. 请解释继承的概念。Java 中如何实现继承？继承有什么优点和缺点？

5. 什么是多态？

6. 什么是抽象类？抽象类与普通类有何区别？在什么情况下需要使用抽象类？

7. 什么是接口？接口与抽象类有什么区别？

8. 什么是内部类？有哪些类型？

9. 方法重载（Overloading）和方法重写（Overriding）有什么区别？分别在什么情况下使用？

10. 请说明 super 关键字的作用。

11. 简述 Date 类和 Calender 类的区别和联系。

二、编程题

1. 定义一个简单的学生类 Student，体现类与对象的基本概念。
要求如下。

- 包含属性：姓名（name）、年龄（age）、学号（studentId）。
- 提供带参数的构造函数用于初始化属性。
- 封装属性，提供相应的 getter() 和 setter() 方法。
- 编写一个方法 displayInfo()，输出学生的所有信息。
- 在主程序中创建 Student 类的对象，设置属性值，并调用 displayInfo() 方法显示信息。

2. 创建一个银行账户类 BankAccount，演示封装和构造函数的使用。
要求如下。

- 包含私有属性：账户号（accountNumber）、余额（balance）。
- 提供构造函数初始化账户号和初始余额。
- 提供 deposit(double amount) 和 withdraw(double amount) 方法，实现存款和取款功能，取款时需要判断余额是否足够。
- 在主程序中创建账户对象，进行存款和取款操作，并输出账户余额。

3. 设计一个类继承结构，体现继承和多态的概念。
要求如下。

- 创建一个父类 Animal，包含 makeSound() 方法，打印"动物发出声音"。
- 创建子类 Dog 和 Cat，分别继承 Animal 类，并重写 makeSound() 方法，使其打印"狗叫声"和"猫叫声"。
- 在主程序中，创建一个 Animal 类型的数组，包含 Dog 类和 Cat 类对象，循环调用 makeSound() 方法，演示多态性。

4. 编写一个抽象类和其子类，演示抽象类的使用。
要求如下。

- 创建一个抽象类 Shape，包含 area() 抽象方法和 perimeter() 抽象方法，用于计算面积和周长。
- 创建子类 Circle（圆形）和 Rectangle（矩形），实现抽象方法。

- 在主程序中创建 Circle 和 Rectangle 对象，计算并输出它们的面积和周长。

5. 实现一个接口和其实现类，体现接口的应用。

要求如下。

- 定义接口 Movable，包含 move() 方法。
- 创建 Car 类和 Plane 类，实现 Movable 接口，分别实现 move() 方法，打印"汽车在路上行驶"和"飞机在天空飞行"。
- 在主程序中创建 Movable 类的对象数组，包含 Car 和 Plane 对象，调用 move() 方法。
- 点击。

6. 演示方法重载和重写的区别。

要求如下。

- 创建类 Calculator，实现方法重载，包含多个 add() 方法，可以计算整数、浮点数的和，以及三个数的和。
- 创建子类 ScientificCalculator，继承 Calculator 类，重写 add() 方法，增加打印计算过程的功能。
- 在主程序中，分别使用 Calculator 和 ScientificCalculator 对象调用 add() 方法，观察打印结果的不同。

7. 使用 super 关键字调用父类构造函数和方法。

要求如下。

- 创建父类 Person，包含属性姓名和 getInfo() 方法，打印姓名信息。
- 创建子类 Student，继承 Person，增加属性学号，重写 getInfo() 方法，打印姓名和学号信息。
- 在子类的构造函数中，使用 super 关键字调用父类的构造函数。
- 在主程序中，创建 Student 对象，调用 getInfo() 方法。

8. 创建内部类，演示内部类的应用场景。

要求如下。

- 创建一个类 Outer，包含成员变量 outerField，以及 testInnerClass() 方法。
- 在 Outer 类中定义一个成员内部类 Inner，包含 display() 方法，访问外部类的成员变量。
- 在 testInnerClass() 方法中，创建 Inner 对象，调用 display() 方法。
- 在主程序中，创建 Outer 对象，调用 testInnerClass() 方法。

9. 编写一个程序，模拟简单的多态应用场景。

要求如下。

- 定义一个接口 Animal，包含 eat() 方法。
- 创建 Cow 类和 Tiger 类，实现 Animal 接口，分别实现 eat() 方法，打印"牛吃草"和"老虎吃肉"。
- 在主程序中，创建 Animal 类型的对象数组，包含 Cow 和 Tiger 对象，循环调用 eat() 方法，体现多态性。

10. 编写一个程序，要求用户输入一段文本。

要求如下。

- 打印该文本的长度。

- 将该文本中的所有单词逐行打印出来。
- 统计文本中以 a 或 A 开头的单词数量。

11. 编写一个程序，生成 1 到 100 的 10 个随机整数，并计算它们的总和、平均值、最大值和最小值。

12. 编写一个程序，实现字符串大小写的转换并倒序打印。

要求如下。

- 使用 for 循环将字符串 "HelloWorld" 从最后一个字符开始遍历。
- 遍历的当前字符，如果是大写字符，则调用 toLowerCase()方法将其转换为小写字符，反之则调用 toUpperCase()方法将其转换为大写字符。
- 定义一个 StringBuilder 对象，调用 append()方法依次添加遍历的字符，最后调用 StringBuilder 对象的 toString()方法，并将得到的结果打印。

13. 编写一个程序，验证用户输入的电子邮箱地址是否符合如下格式。

- 必须包含 "@" 符号。
- "@" 符号之前至少有一个字符。
- "@" 符号之后有一个域名，如 gmail.com。

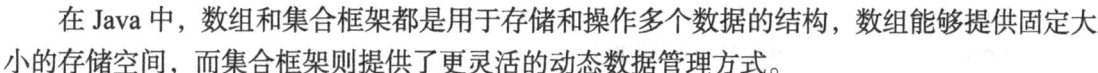

在 Java 中，数组和集合框架都是用于存储和操作多个数据的结构，数组能够提供固定大小的存储空间，而集合框架则提供了更灵活的动态数据管理方式。

4.1 数　　组

数组是编程语言设计中常用的数据结构之一，用于存储多个相同类型的元素。我们能够通过数组对大量数据进行更有效的操作与管理，并且能够基于数组的索引高效地访问每个元素。Java 中的数组与其他编程语言中的数组有很多相似之处，但也有一些独特的实现细节。

4.1.1　数组的基本概念

数组是一种数据结构，能够在一个连续的内存空间中存储多个相同类型的数据元素。每个数据元素都有一个对应的索引，可以通过索引来访问和操作数组中的元素。数组的特点如下。

- 固定大小：数组的大小一旦确定，就无法更改。在 Java 中，创建数组时会指定长度，数组的长度是不可变的。
- 同质性：数组中的所有元素必须是相同类型的，可以是基本数据类型（如 int、double、char 等）或引用类型（如 String、Object 等）。
- 零索引：数组的索引从 0 开始，这意味着第一个元素位于索引 0，第二个元素位于索引 1，以此类推。

在 Java 中，数组不仅是一个集合，它也是一个对象，数组的元素是由 JVM 动态分配内存空间的。

4.1.2　数组的创建与初始化

在 Java 中，对数组进行声明后才能在程序中使用数组。数组的声明语法如下：

```
dataType[] arrayRefVar;    // 推荐的方法
```

或者

```
dataType arrayRefVar[];    // 效果相同，但不是常用方法
```

数组的初始化是为数组中的每个元素指定初始值。数组的初始化可以通过如下几种方式进行。

（1）显式初始化。

在声明时同时指定数组的初始值。例如：

```
int[] arr = {1, 2, 3, 4, 5};   // 声明并初始化一个包含 5 个整数的数组
```

在这种方式中，数组的大小由初始化时提供的元素个数决定。

（2）使用循环初始化。

可以使用 for 循环初始化较大的数组。例如：

```
int[] arr = new int[10];
for (int i = 0; i < arr.length; i++) {
    arr[i] = i * 2;   // 将数组元素初始化为偶数
}
```

这种方式适用于根据计算规则动态初始化数组的情况。

（3）默认初始化。

当创建数组时，如果没有显式地为每个元素指定初始值，Java 会为数组的元素赋予默认值。基本数据类型的默认值如下。

- 整数类型（byte、short、int、long）的默认值是 0。
- 浮点类型（float、double）的默认值是 0.0。
- 字符类型（char）的默认值是 \u0000（空字符）。
- 布尔类型（boolean）的默认值是 false。

引用类型（如 String、Object 等）的默认值是 null。

示例代码如下。

```
int[] arr = new int[5];         // 数组元素的默认值是 0
System.out.println(arr[0]);     // 打印：0
```

4.1.3 数组的基本操作

数组被创建并初始化完成后，我们便可以通过多种操作来访问、修改数组中的元素。数组的基本操作如表 4-1 所示。

表 4-1　数组的基本操作

方法名	功能描述
void sort(array)	对数组中的元素排序
String toString(array)	将数组转换为字符串形式，便于查看数组内容
void fill(array, value)	将数组的所有元素设置为指定的值
T[] copyOf(original, newLength)	复制数组的部分或全部元素，并返回一个新的数组
boolean equals(array1, array2)	比较两个数组的内容是否相同
Stream<T> stream(array)	将数组转换为流，便于进行流式操作（如计算、过滤等）
int binarySearch(array, key)	在已排序的数组中进行二分查找，返回元素的索引位置
List<T> asList(array)	将数组转换为不可修改的 List 集合
String deepToString(array)	深度打印多维数组内容
void parallelSort(array)	使用并行算法对数组进行排序（适用于大数据量的数组）
int hashCode(array)	返回数组的哈希码，适用于比较和存储数组
void setAll(array, i -> expression)	使用指定的函数初始化数组的所有元素
Spliterator<T> spliterator(array)	返回数组的 Spliterator，适用于流式操作或分割处理

1. 访问数组元素

数组中的每个元素都可以通过索引访问。数组的索引是从 0 开始的,因此数组的第一个元素的索引为 0,第二个元素的索引为 1,以此类推。可以通过如下方式访问数组中的元素。

```java
int[] arr = {1, 2, 3, 4, 5};
System.out.println(arr[0]);  // 打印:1
System.out.println(arr[4]);  // 打印:5
```

2. 修改数组元素

可以通过索引来修改数组中的某个元素,示例代码如下。

```java
int[] arr = {1, 2, 3, 4, 5};
arr[2] = 10;  // 将数组的第三个元素修改为 10
System.out.println(arr[2]);  // 打印:10
```

3. 遍历数组

可以通过循环遍历数组中的元素。常见的遍历数组有如下几种。

(1)使用 for 循环遍历数组,示例代码如下。

```java
public class Example {
    public static void main(String[] args) {
        int[] arr = {1, 2, 3, 4, 5};
        for (int i = 0; i < arr.length; i++) {
            System.out.println(arr[i]);
        }
    }
}
```

运行结果如图 4-1 所示。

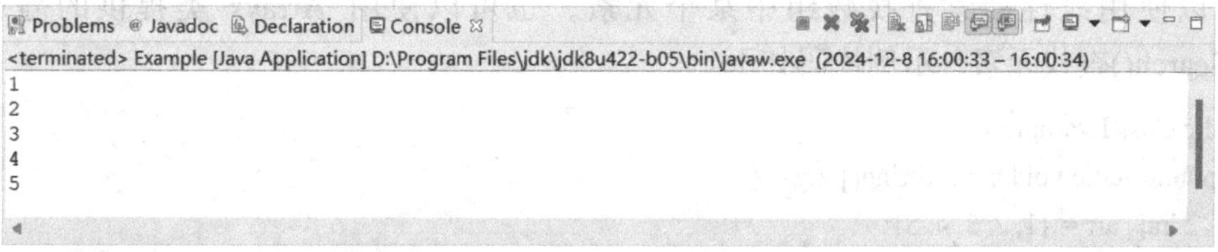

图 4-1　for 循环遍历数组的示例代码运行结果

(2)使用增强 for 循环(foreach)遍历数组,示例代码如下。

```java
public class Example {
    public static void main(String[] args) {
        int[] arr = {1, 2, 3, 4, 5};
        for (int value : arr) {
            System.out.println(value);
        }
    }
}
```

运行结果如图 4-2 所示。

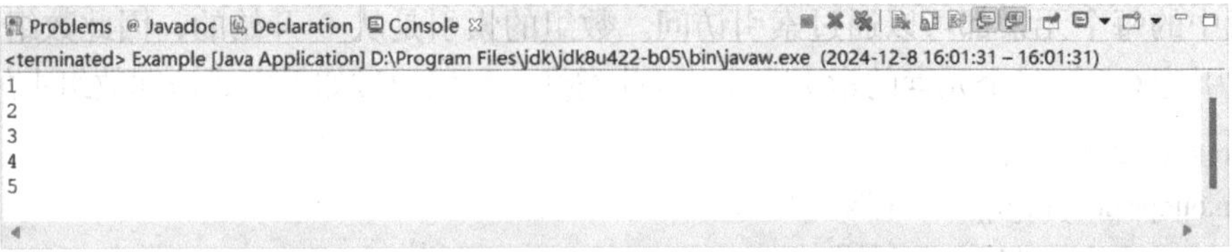

图 4-2　增强 for 循环遍历数组的示例代码运行结果

（3）使用 Arrays.toString()方法输出数组。

如果需要将数组的内容输出，则可以使用 Arrays.toString()方法将数组转换为字符串形式，示例代码如下。

```java
import java.util.Arrays;
public class Example {
    public static void main(String[] args) {
        int[] arr = {1, 2, 3, 4, 5};
        System.out.println(Arrays.toString(arr));    // 打印：[1, 2, 3, 4, 5]
    }
}
```

运行结果如图 4-3 所示。

图 4-3　Arrays.toString()方法输出数组的示例代码运行结果

4. 查找数组中的元素

可以使用线性搜索查找数组中某个元素，也可以使用 Arrays 类提供的静态方法 binarySearch()查找元素，示例代码如下。

```java
public class Example {
    public static void main(String[] args) {
        int[] arr = {1, 2, 3, 4, 5};
        int target = 3;
        for (int i = 0; i < arr.length; i++) {
            if (arr[i] == target) {
                System.out.println("元素 " + target + " 在索引 " + i + " 处");
                break;
            }
        }
    }
}
```

运行结果如图 4-4 所示。

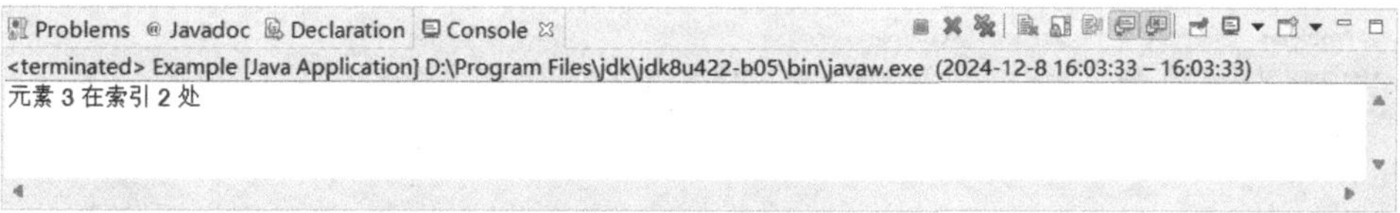

图 4-4　线性搜索的示例代码运行结果

5. 数组的排序与反转

Java 提供了工具类进行数组排序与反转操作。

（1）排序。

Arrays.sort()方法可以对数组进行排序。该方法默认使用的是快速排序（Quick Sort）算法，时间复杂度为 O(n log n)，示例代码如下。

```java
import java.util.*;
public class Example {
    public static void main(String[] args) {
        int[] arr = {5, 2, 8, 3, 1};
        Arrays.sort(arr);   // 对数组进行升序排序
        System.out.println(Arrays.toString(arr));   // 打印：[1, 2, 3, 5, 8]
    }
}
```

运行结果如图 4-5 所示。

图 4-5　数组排序的示例代码运行结果

（2）反转。

在 Java 中，可以编写反转逻辑代码对数组进行反转，还可以使用 Collections.reverse()方法，或者使用自定义方法实现数组的反转，示例代码如下。

```java
import java.util.*;
public class Example {
    public static void main(String[] args) {
        int[] arr = {1, 2, 3, 4, 5};
        for (int i = 0; i < arr.length / 2; i++) {
            int temp = arr[i];
            arr[i] = arr[arr.length - 1 - i];
            arr[arr.length - 1 - i] = temp;
        }
        System.out.println(Arrays.toString(arr));   // 打印：[5, 4, 3, 2, 1]
    }
}
```

运行结果如图 4-6 所示。

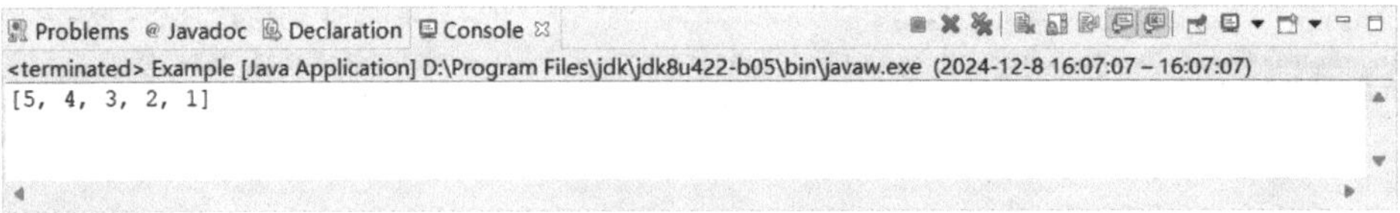

图 4-6　数组反转的示例代码运行结果

6. 数组的拷贝

在 Java 中，可以使用 Arrays.copyOf()或 System.arraycopy()方法拷贝数组。

（1）Arrays.copyOf()方法。

Arrays.copyOf()方法用于拷贝数组并且可以改变数组大小，示例代码如下。

```java
import java.util.*;
public class Example {
    public static void main(String[] args) {
        int[] arr = {1, 2, 3};
        int[] newArr = Arrays.copyOf(arr, 5);    // 新数组的大小为 5，超出部分默认填充 0
        System.out.println(Arrays.toString(newArr));    // 打印：[1, 2, 3, 0, 0]
    }
}
```

运行结果如图 4-7 所示。

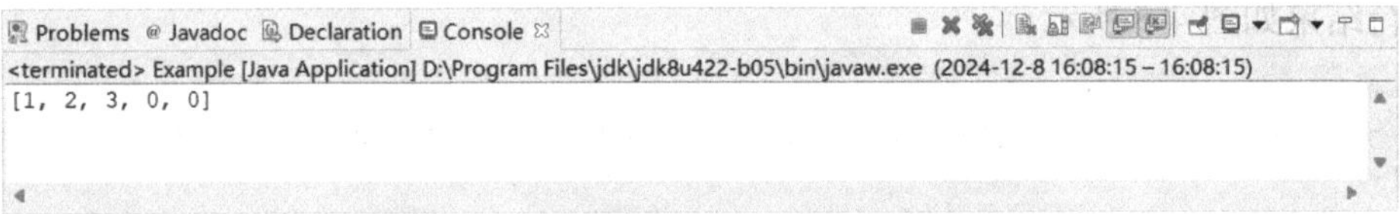

图 4-7　Arrays.copyOf()方法的示例代码运行结果

（2）System.arraycopy()方法。

System.arraycopy()方法用于将数组的一部分复制到另一个数组，示例代码如下。

```java
import java.util.*;
public class Example {
    public static void main(String[] args) {
        int[] arr = {1, 2, 3, 4, 5};
        int[] newArr = new int[5];
        System.arraycopy(arr, 0, newArr, 0, arr.length);
        System.out.println(Arrays.toString(newArr));
    }
}
```

运行结果如图 4-8 所示。

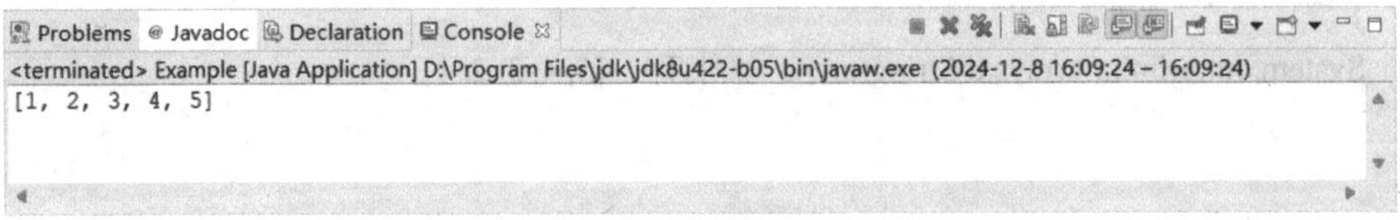

图 4-8　System.arraycopy()方法的示例代码运行结果

7. 数组的高级操作

除了基本的创建、访问、修改和遍历数组，我们还可以对数组进行一些更复杂的操作，如数组的合并、拆分、查找最大值或最小值、计算数组元素的总和或平均值等。如下是一些常见的高级操作。

（1）数组合并。

假设我们有两个数组，想要将它们合并成一个新的数组，则可以使用 System.arraycopy()或 Arrays.copyOf()方法实现数组的合并，示例代码如下。

```java
import java.util.*;
public class Example {
    public static void main(String[] args) {
        int[] arr1 = {1, 2, 3};  // 初始化数组
        int[] arr2 = {4, 5, 6};  // 初始化数组
        // 创建一个新的数组，数组大小为 arr1+arr2，使用.length()方法可以计算出数组的长度
        int[] mergedArray = new int[arr1.length + arr2.length];
        System.arraycopy(arr1, 0, mergedArray, 0, arr1.length);  // 复制第一个数组
        System.arraycopy(arr2, 0, mergedArray, arr1.length, arr2.length);  // 复制第二个数组
        System.out.println(Arrays.toString(mergedArray));  // 打印：[1, 2, 3, 4, 5, 6]
    }
}
```

运行结果如图 4-9 所示。

| Problems | Javadoc | Declaration | Console ⊠
<terminated> Example [Java Application] D:\Program Files\jdk\jdk8u422-b05\bin\javaw.exe (2024-12-8 16:11:29 – 16:11:30)
[1, 2, 3, 4, 5, 6]

图 4-9　数组合并的示例代码运行结果

上述示例代码演示了如何将两个数组合并为一个新数组。首先，定义了两个整数数组 arr1 和 arr2。接着，创建了一个新的数组 mergedArray，其大小为数组 arr1 和 arr2 长度的总和。然后，通过 System.arraycopy()方法，分别将数组 arr1 和 arr2 的元素复制到数组 mergedArray 中。最后，使用 Arrays.toString()方法打印合并后的数组结果[1, 2, 3, 4, 5, 6]。

（2）数组拆分。

数组拆分的过程也可以通过 System.arraycopy()方法完成。假设将一个数组分成两部分，示例代码如下。

```java
import java.util.*;
public class Example {
    public static void main(String[] args) {
        int[] arr = {1, 2, 3, 4, 5, 6};
        int[] part1 = new int[3];
        int[] part2 = new int[3];
        System.arraycopy(arr, 0, part1, 0, 3);  // 复制数组的前半部分
        System.arraycopy(arr, 3, part2, 0, 3);  // 复制数组的后半部分
```

```
        System.out.println(Arrays.toString(part1));    // 打印: [1, 2, 3]
        System.out.println(Arrays.toString(part2));    // 打印: [4, 5, 6]
    }
}
```

运行结果如图 4-10 所示。

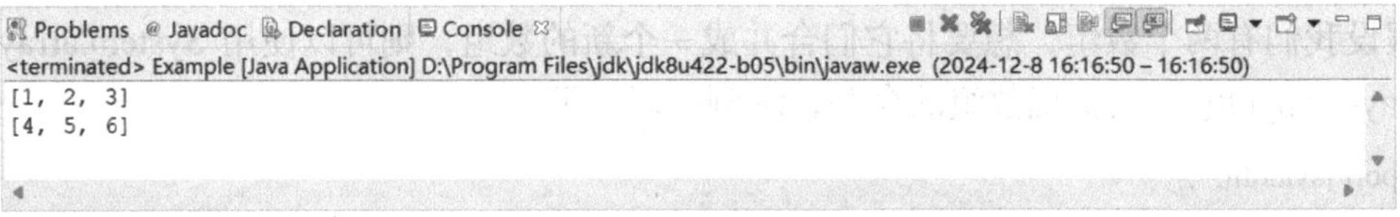

图 4-10　数组拆分的示例代码运行结果

8. 查找数组的最大值、最小值和总和

可以通过循环来实现查询数组最大值、最小值和计算总和的操作。Java 也提供了类似的工具方法实现以上操作，如 Arrays.stream()方法和 IntStream 等。

（1）查找数组最大值。

示例代码如下。

```java
public class Example {
    public static void main(String[] args) {
        int[] arr = {1, 5, 2, 8, 3};
        int max = arr[0];
        for (int i = 1; i < arr.length; i++) {
            if (arr[i] > max) {
                max = arr[i];
            }
        }
        System.out.println("最大值: " + max);
    }
}
```

运行结果如图 4-11 所示。

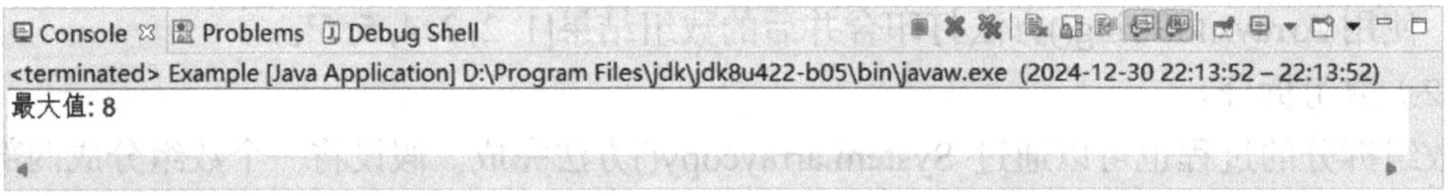

图 4-11　查找数组最大值的示例代码运行结果

（2）查找数组最小值。

示例代码如下。

```java
public class Example {
    public static void main(String[] args) {
        int[] arr = {1, 5, 2, 8, 3};
        int min = arr[0];
        for (int i = 1; i < arr.length; i++) {
```

```
        if (arr[i] < min) {
            min = arr[i];
        }
    }
    System.out.println("最小值: " + min);
    }
}
```

运行结果如图 4-12 所示。

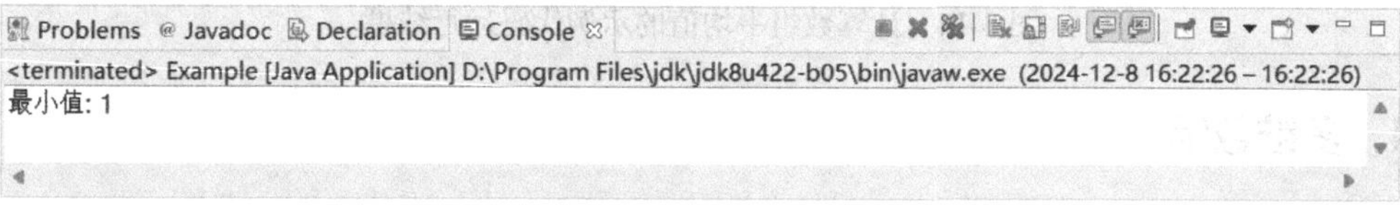

图 4-12 查找数组最小值的示例代码运行结果

（3）计算数组总和。

示例代码如下。

```java
public class Example {
    public static void main(String[] args) {
        int[] arr = {1, 2, 3, 4, 5};
        int sum = 0;
        for (int num : arr) {
            sum += num;
        }
        System.out.println("总和: " + sum);
    }
}
```

运行结果如图 4-13 所示。

图 4-13 计算数组总和的示例代码运行结果

（4）计算数组平均值。

示例代码如下。

```java
public class Example {
    public static void main(String[] args) {
        int[] arr = {1, 2, 3, 4, 5};
        int sum = 0;
        for (int num : arr) {
            sum += num;
        }
        double average = sum / (double) arr.length;
```

```
        System.out.println("平均值: " + average);
    }
}
```

运行结果如图 4-14 所示。

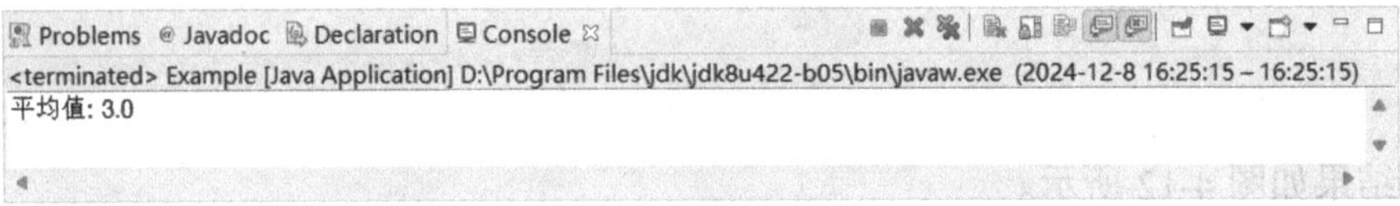

图 4-14　计算数组平均值的示例代码运行结果

4.1.4　多维数组

在实际编程中，我们经常需要处理矩阵或多维数组。Java 提供了二维数组及更高维度的数组的操作方法。

1. 二维数组的创建方式

（1）静态初始化。

静态初始化是指在创建数组的同时就为其赋值。可以在声明二维数组时，直接为数组的每行赋予初始值，示例代码如下。

```
int[][] matrix = {
    {1, 2, 3},
    {4, 5, 6},
    {7, 8, 9}
};
```

在静态初始化数组时，数组的每行都直接定义了初始值。这样可以避免在后续代码中为数组的每个元素逐个赋值的麻烦。上述示例代码创建一个 3×3 的二维数组，具体内容如下。

```
1 2 3
4 5 6
7 8 9
```

（2）动态初始化。

动态初始化是指在声明二维数组时指定数组的大小，但不立即为数组元素赋值。后续可以通过索引单独为每个元素赋值，示例代码如下。

```
int[][] matrix = new int[3][3];   // 创建一个 3×3 的二维数组
matrix[0][0] = 1;
matrix[0][1] = 2;
matrix[0][2] = 3;
matrix[1][0] = 4;
matrix[1][1] = 5;
matrix[1][2] = 6;
matrix[2][0] = 7;
matrix[2][1] = 8;
```

```
matrix[2][2] = 9;
```

在上述示例代码中，首先使用 new 关键字为二维数组分配内存空间，并定义数组的行数和列数。然后，通过数组的索引单独为每个元素赋值。由于二维数组的每个元素都是 int 类型，默认初始值为 0。

2. 不规则（锯齿型）二维数组

在 Java 中，二维数组并不要求每行的列数都相等，这意味着我们可以创建一个不规则的二维数组（"锯齿型"数组），示例代码如下。

```
int[][] matrix = new int[3][];
matrix[0] = new int[2];    // 第一行有 2 列
matrix[1] = new int[3];    // 第二行有 3 列
matrix[2] = new int[4];    // 第三行有 4 列
```

在上述示例代码中，虽然二维数组 matrix 的外部结构是矩阵，但数组每行的长度是不同的。不规则二位数组适用于需要动态改变行内元素数目的情况。

3. 二维数组的特点

（1）数组元素的访问方式。

二维数组的每个元素由两个索引访问：第一个索引表示行，第二个索引表示列，语法如下。

```
matrix[row][column]
```

例如，要访问上面例子中二维数组 matrix 的第 1 行第 2 列的元素，示例代码如下。

```
public class Example {
    public static void main(String[] args) {
        int[][] matrix = {
                {1, 2, 3},
                {4, 5, 6},
                {7, 8, 9}
            };
        System.out.println(matrix[0][1]); // 打印：2
    }
}
```

运行结果如图 4-15 所示。

图 4-15　二维数组元素的访问方式的示例代码运行结果

上述示例代码中 matrix[0][1] 访问的是第一行第二列的元素。

（2）数组的行和列。

二维数组是由多个一维数组组成的。每行本质上是一个一维数组，因此可以通过

matrix.length 获取二维数组的行数，通过 matrix[i].length 获取第 i 行的列数，示例代码如下。

```java
public class Example {
    public static void main(String[] args) {
        int[][] matrix = {
                {1, 2, 3},
                {4, 5, 6},
                {7, 8, 9}
        };
        System.out.println(matrix.length);  // 打印行数，这里打印：3
        System.out.println(matrix[0].length);
    }
}
```

运行结果如图 4-16 所示。

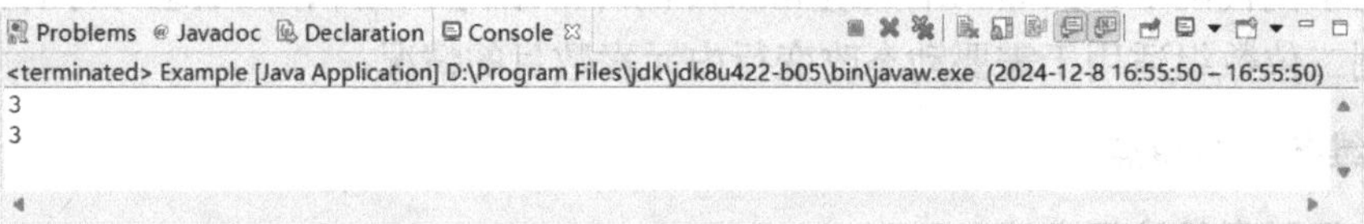

图 4-16　获取二维数组行数和列数的示例代码运行结果

（3）遍历二维数组。

遍历二维数组通常需要两个嵌套的 for 循环：外层循环遍历行，内层循环遍历列。通过这种方式，可以访问和处理数组中的每个元素，示例代码如下。

```java
public class Example {
    public static void main(String[] args) {
        int[][] matrix = { {1, 2, 3}, {4, 5, 6}, {7, 8, 9} };
        for (int i = 0; i < matrix.length; i++) {  // 遍历每行
            for (int j = 0; j < matrix[i].length; j++) {  // 遍历每列
                System.out.print(matrix[i][j] + " ");  // 打印当前元素
            }
            System.out.println();  // 每行打印完成后换行
        }
    }
}
```

运行结果如图 4-17 所示。

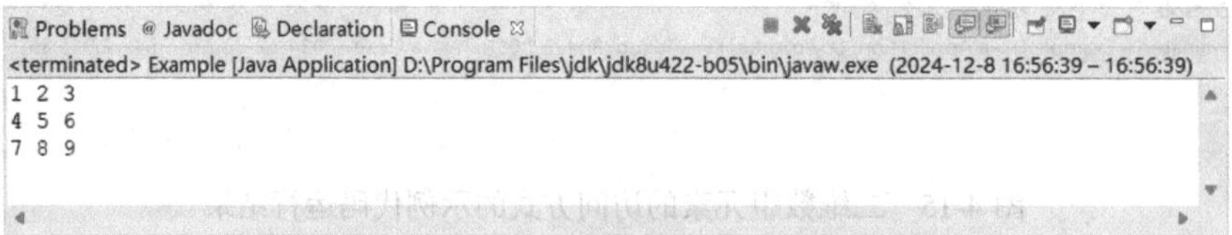

图 4-17　遍历二维数组的示例代码运行结果

这种方法是最常见的二维数组遍历方法。

4. 内存布局

二维数组在内存中是以连续的方式存储的。数组的元素按行优先顺序存储，即先存储第一行元素，再存储第二行元素，以此类推。这意味着访问二维数组的行会比列更高效，因为数据在内存中的布局顺序是连续的。

4.2 集合框架

在 Java 中，集合框架（Collections Framework）是一个统一的体系，它提供了对一组对象进行操作的标准方式。集合框架提供了多种数据结构和算法，可以方便地处理对象的存储、检索、排序、查询、插入、删除等操作。

4.2.1 集合框架的主要接口与实现类

集合框架的核心接口包括如下几种。

- Collection 接口是集合框架的根接口，表示一组元素的集合，所有的集合类（如 List、Set 等）都直接或间接实现了 Collection 接口。
- List、Set 和 Queue 接口是 Collection 接口的子接口，分别定义了有序集合、无序集合和队列集合的行为。
- 虽然 Map 接口不继承自 Collection 接口，但它是集合框架的一部分，表示存储键值对的集合。常用的实现类有 HashMap、TreeMap 等。

集合框架如图 4-18 所示。

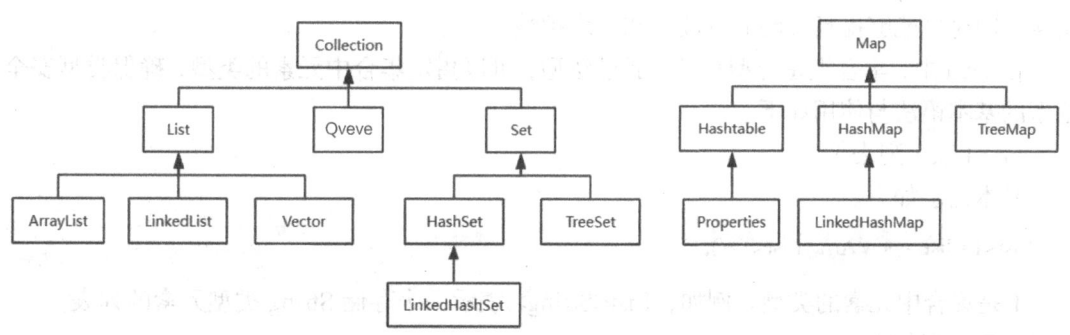

图 4-18 集合框架

1. Collection 接口及其常见实现类

（1）List：有序集合，允许重复元素，元素按插入顺序排列。常见实现类有如下几种。

- ArrayList：基于动态数组实现，查找元素的速度快，插入、删除的速度慢。
- LinkedList：基于双向链表实现，插入、删除的速度快，查找的速度慢。

（2）Set：无序集合，不允许重复元素。常见实现类有如下几种。

- HashSet：基于哈希表实现，元素无序，查找元素的速度快。
- TreeSet：基于红黑树实现，元素有序（根据自然顺序或自定义顺序）。

（3）Queue：队列接口，表示一个先进先出（FIFO）的数据结构。常见实现类有如下几种。

- LinkedList：可以实现 Queue 接口。
- PriorityQueue：基于优先级堆实现，元素按照优先级排序。

2. Map 接口及其常见实现类

（1）HashMap：基于哈希表实现，键值对无序，查找速度快。

（2）TreeMap：基于红黑树实现，键值对有序。

（3）LinkedHashMap：继承自 HashMap 接口，保持元素插入顺序。

集合框架的核心特点如下。

- 统一性：所有集合类都实现了一个共同的接口（如 Collection、Map），它们在使用时具有一致的行为和操作方式。
- 灵活性：集合框架通过不同的实现类为我们提供了多种选择性，以适应不同的使用场景。例如，ArrayList 和 LinkedList 实现类都实现了 List 接口，但 ArrayList 实现类是基于数组的实现，LinkedList 实现类是基于链表的实现，可以适用于不同的性能需求。
- 可扩展性：集合框架可以通过实现相关接口或继承集合类扩展框架，设计自定义的数据结构。

4.2.2　泛型与集合框架

集合框架是 Java 编程中不可或缺的一部分，为我们提供了多种常用的数据结构，能够高效地管理和操作数据。接口和实现类的分层设计为集合框架提供了灵活的选择和良好的扩展性。

泛型（Generics）允许在定义集合时指定元素的类型，它可以让集合框架更加灵活且安全。通过泛型技术能够确保集合类的类型安全，可以避免在使用原始类型集合时产生的类型转换错误，同时也能够提高代码的可读性和可维护性。

在 Java 中，集合类是泛型化的。通过泛型，可以指定集合中元素的类型，确保类型安全。泛型的基本语法与使用如下。

（1）List（列表）。

基本语法如下。

```
List<T> list = new ArrayList<T>();
```

T 是集合中元素的类型。例如，List<String> 表示一个存储 String 类型元素的列表。

示例代码如下。

```
List<String> names = new ArrayList<>();
names.add("Alice");
names.add("Bob");
String name = names.get(0);   // 获取第一个元素
```

（2）Set（集合）。

基本语法如下。

```
Set<T> set = new HashSet<T>();
```

T 是集合中元素的类型。例如，Set<Integer> 表示一个存储 Integer 类型元素的集合。

示例代码如下。

```
Set<Integer> numbers = new HashSet<>();
numbers.add(1);
numbers.add(2);
numbers.add(3);
```

（3）Map（映射）。

基本语法如下。

```
Map<K, V> map = new HashMap<K, V>();
```

K 是键的类型，V 是值的类型。例如，Map<String, Integer> 表示一个键为 String 类型，值为 Integer 类型的映射。

示例代码如下。

```
Map<String, Integer> ageMap = new HashMap<>();
ageMap.put("Alice", 25);
ageMap.put("Bob", 30);
int age = ageMap.get("Alice");   // 获取 Alice 的年龄
```

（4）集合中的泛型通配符 "?"。

基本语法如下。

```
CollectionType<?> variableName = new ConcreteCollection <ActualType>();
```

集合中的泛型也可以使用通配符 "?"，表示集合的元素类型未知。例如，List<?> 表示一个元素类型未知的列表。

示例代码如下。

```
List<?> list = new ArrayList<String>();
```

4.3　List 接口及其实现

在 Java 编程语言中，List 接口是集合框架的一部分，它定义了一个有序、可以包含重复元素的集合。通过 List 接口，我们可以对集合中的元素进行按顺序访问、插入、删除等常见操作。在实际开发中，ArrayList 和 LinkedList 实现类是实现 List 接口的两种常用的类，它们的内部实现不同，在性能、内存管理、使用场景等方面也各有特点。

4.3.1　List 接口的定义

List 接口是集合框架的一部分，它继承自 Collection 接口，用于表示一个元素有序，且允许重复的集合。与其他集合类型（如 Set）不同，List 接口保证元素的顺序与插入顺序一致，能够提供对集合中元素的精确控制。List 接口常见的实现类包括 ArrayList、LinkedList 和 Vector。List 接口的主要特点如下。

● 有序性：List 接口中的元素是有序的，元素的位置按照其插入顺序排列，可以通过索引访问每个元素。

- 允许重复元素：List 接口可以包含重复的元素，相同的元素可以多次出现在 List 接口中。
- 索引访问：List 接口提供了基于索引的访问方式，允许通过下标直接访问元素。
- 支持插入、删除操作：与其他 Collection 接口类型一样，List 接口也支持插入、删除、修改等常见操作，可以在任意位置添加或删除元素。

4.3.2　List 接口的主要方法

List 接口定义了很多方法用于操作集合中的元素，这些方法使 List 接口不仅能提供简单的插入和删除功能，还能进行高效的元素查找和更新操作。List 接口的主要方法如表 4-2 所示。

表 4-2　List 接口的主要方法

方法名	用途
boolean add(E e)	将元素 e 添加到列表的末尾
void add(int index, E element)	将元素 element 插入列表的指定位置 index
Object get(int index)	返回指定位置 index 的元素
Object set(int index, E element)	用指定元素 element 替换指定位置 index 的元素，并返回被替换的元素
Object remove(int index)	删除指定位置 index 的元素，并返回被删除的元素
boolean remove(Object o)	删除列表中第一次出现的指定元素 o，如果成功删除则返回 true
boolean contains(Object o)	判断列表中是否包含指定元素 o
int size()	返回列表中的元素个数
boolean isEmpty()	判断列表是否为空，如果为空则返回 true
void clear()	删除列表中的所有元素
int indexOf(Object o)	返回元素 o 在列表中第一次出现的索引，如果未找到则返回-1
int lastIndexOf(Object o)	返回元素 o 在列表中最后一次出现的索引，如果未找到则返回-1

示例代码如下。

```java
import java.util.List;
import java.util.ArrayList;
public class ListExample {
    public static void main(String[] args) {
        // 创建一个 ArrayList 实例
        List<String> list = new ArrayList<>();
        // add(E e)：将元素 Apple 添加到列表的末尾
        list.add("Apple");
        list.add("Banana");
        list.add("Orange");
        // add(int index, E element)：将元素 Grapes 插入索引 1 位置
        list.add(1, "Grapes");
        // get(int index)：获取索引 0 位置的元素，并打印
        System.out.println("First element: " + list.get(0));  // 打印 First element: Apple
        // set(int index, E element)：将索引 1 位置的元素修改为 "Mango"
```

```
        list.set(1, "Mango");
        // remove(int index)：删除索引 2 位置的元素（"Orange"）
        list.remove(2);
        // remove(Object o)：删除元素 Apple
        list.remove("Apple");
        // contains(Object o)：判断列表中是否包含元素 Mango
        System.out.println("Contains Mango: " + list.contains("Mango"));   // 打印 Contains Mango: true
        // size()：打印列表的元素个数
        System.out.println("List size: " + list.size());   // 打印 List size：2
        // isEmpty()：判断列表是否为空
        System.out.println("Is list empty? " + list.isEmpty());   // 打印 Is list empty?  false
        // clear()：清空列表中的所有元素
        list.clear();
        System.out.println("List size after clear: " + list.size());   // 打印 List size after clear：0
        // indexOf(Object o)：获取元素 Apple 在列表中的首次出现位置
        list.add("Banana");
        list.add("Apple");
        System.out.println("Index of Apple: " + list.indexOf("Apple"));   // 打印：Index of Apple：1
        // lastIndexOf(Object o)：获取元素 Banana 在列表中的最后一次出现位置
        list.add("Banana");
        System.out.println("Last index of Banana: " + list.lastIndexOf ("Banana"));   // 打印 Last index of
Banana：2
    }
}
```

运行结果如图 4-19 所示。

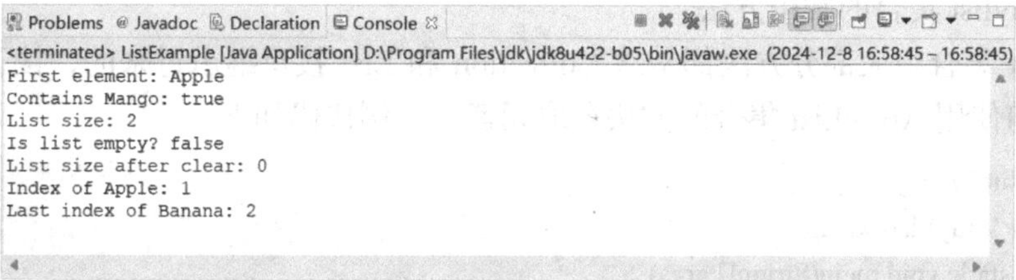

图 4-19　ListExample 类的示例代码运行结果

4.3.3　List 接口的实现类

常用的 List 接口的实现类是 ArrayList 和 LinkedList，二者在底层实现、性能特点及应用场景上有很大的区别。

1. ArrayList 实现详解

（1）ArrayList 的实现原理。

ArrayList 是基于动态数组实现的，它通过数组存储元素。每当数组容量满时，ArrayList会创建一个新的、更大的数组，并将原数组中的元素复制过去，这使得 ArrayList 能够通过索引直接访问元素，提供 $O(1)$ 的随机访问效率。当容量达到上限时，ArrayList 会按照比例（通常为 1.5 倍）进行扩容。这种扩容策略提高了内存使用效率，但扩容过程需要重新分配和复制数组，导致时间复杂度为 $O(n)$。在插入和删除元素时，特别是在中间位置进行相关操作时，ArrayList 需要移动数组中部分元素。在插入元素时，插入位置之后的元素向后移动；在删除元素时，后面元素需要向前移动，这些操作的时间复杂度为 $O(n)$，因此 ArrayList 在插入和删除操作上相对较慢。

（2）ArrayList 的构造方法。

ArrayList 是基于动态数组实现的集合类，它实现了 List 接口。当我们创建一个 ArrayList 时，Java 会为其分配一个初始的容量。如果插入元素时容量不够，ArrayList 则自动扩展容量。常见的构造方法有如下几种。

- 默认构造方法：ArrayList 的默认容量为 10，当插入元素超过容量时，会自动扩展容量，示例代码如下。

```
// 默认构造方法，初始化容量为 10
ArrayList<E> list = new ArrayList<>();
```

- 指定初始容量：如果我们知道 ArrayList 中的元素数量的大致范围，则可以通过指定初始容量避免扩容带来的性能开销，示例代码如下。

```
// 指定初始容量
ArrayList<E> list = new ArrayList<>(int initialCapacity);
```

- 通过现有集合构造：可以通过将另一个集合（如 Set、List）的元素添加到 ArrayList 中，从而初始化一个新的 ArrayList，示例代码如下。

```
// 通过现有集合构造
ArrayList<E> list = new ArrayList<>(Collection<? extends E> c);
```

（3）Arraylist 集合的常用方法。

ArrayList 集合中大部分方法都是从 Collection 和 List 接口继承过来的，接下来通过一个案例学习如何使用 ArrayList 集合的方法存取元素，示例代码如下。

```java
import java.util.ArrayList;
public class ArrayListExample {
    public static void main(String[] args) {
        // 创建一个 ArrayList 集合
        ArrayList<String> fruits = new ArrayList<>();
        // 添加元素
        fruits.add("Apple");
        fruits.add("Banana");
        fruits.add("Cherry");
        // 获取元素
        System.out.println("First fruit: " + fruits.get(0)); // 打印 First fruit：Apple
        // 替换元素
        fruits.set(1, "Blueberry");
        System.out.println("Updated List: " + fruits);
        // 删除元素
        fruits.remove("Cherry");
```

```
        System.out.println("After Removal: " + fruits);
        // 检查是否包含某元素
        System.out.println("Contains Banana? " + fruits.contains("Banana"));
        // 转换为数组
        String[] fruitArray = fruits.toArray(new String[0]);
        System.out.println("Array: " + java.util.Arrays.toString(fruitArray));
        // 清空列表
        fruits.clear();
        System.out.println("Is list empty? " + fruits.isEmpty());
    }
}
```

运行结果如图 4-20 所示。

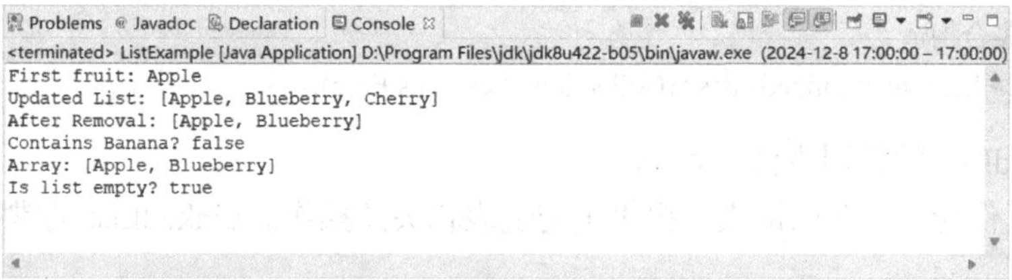

图 4-20　ArrayListExample 类的示例代码运行结果

（4）ArrayList 的优缺点。

优点如下。

- 快速随机访问：由于底层是数组结构，ArrayList 支持元素的随机访问，能够快速获取指定位置的元素。
- 内存紧凑：ArrayList 使用数组存储元素，能够避免链表中节点的额外开销，内存利用效率较高。
- 动态扩容：ArrayList 会自动扩容，无须手动调整容量。

缺点如下。

- 插入和删除性能差：ArrayList 在插入和删除操作时，尤其是在列表中间进行操作时，需要移动大量元素，插入和删除性能较差。
- 扩容开销：扩容操作可能需要重新分配内存并复制元素，虽然扩容次数是相对较少的，但扩容时的性能开销也是不容忽视的。
- 内存浪费：由于 ArrayList 内部数组的大小可能超过实际元素个数，当元素较少时会浪费内存。

（5）ArrayList 的使用场景。

ArrayList 适用于如下场景。

- 需要频繁随机访问元素：ArrayList 可以通过索引实现元素的随机访问，且其访问时间为 $O(1)$，它非常适用于需要频繁随机访问元素的应用场景。
- 插入和删除操作较少：当集合中的插入和删除操作较少时，ArrayList 可以提供良好的性能。
- 空间利用效率要求较高：ArrayList 的连续内存存储方式有助于节省存储空间，适用于对于内存利用效率要求较高的场景。

2. LinkedList 实现详解

（1）LinkedList 的实现原理。

LinkedList 使用双向链表存储数据。链表中的每个节点包含数据、指向前一个节点的前驱指针和指向下一个节点的后继指针。与数组相比，链表元素在内存中的存储是随机的，因此其元素在内存中并不一定连续存储。通过修改前驱指针和后继指针，LinkedList 可以快速实现插入、删除操作。

（2）LinkedList 的构造方法。

LinkedList 是 List 接口的另一个重要实现类，其底层使用双向链表存储元素。LinkedList 没有指定初始容量，它的大小是动态的，链表节点的分配是按需进行的。常见的构造方法如下。

```java
// 默认构造方法，初始化一个空链表
LinkedList<E> list = new LinkedList<>();
// 通过现有集合构造
LinkedList<E> list = new LinkedList<>(Collection<? extends E> c);
```

（3）LinkedList 的常用方法与示例。

LinkedList 作为一个双向链表，提供了与链表相关的操作。LinkedList 的常用方法如表 4-3 所示。

表 4-3　LinkedList 的常用方法

方法名	用途
void addFirst(E e)	在链表的开头添加一个元素
void addLast(E e)	在链表的末尾添加一个元素
Object getFirst()	返回链表的第一个元素，但不删除。如果链表为空，则抛出 NoSuchElementException
Object getLast()	返回链表的最后一个元素，但不删除。如果链表为空，则抛出 NoSuchElementException
Object removeFirst()	删除并返回链表的第一个元素。如果链表为空，则抛出 NoSuchElementException
Object removeLast()	删除并返回链表的最后一个元素。如果链表为空，则抛出 NoSuchElementException
Object pollFirst()	返回并删除链表的第一个元素，如果链表为空，则返回 null
Object pollLast()	返回并删除链表的最后一个元素，如果链表为空，则返回 null
Object peekFirst()	返回链表的第一个元素，但不删除，如果链表为空，则返回 null
Object peekLast()	返回链表的最后一个元素，但不删除，如果链表为空，则返回 null
void push(E e)	将元素插入链表的开头（等价于 addFirst）
Object pop()	删除并返回链表的第一个元素（等价于 removeFirst）
boolean offerFirst(E e)	将元素插入链表的开头，如果成功，则返回 true
boolean offerLast(E e)	将元素插入链表的末尾，如果成功，则返回 true
int lastIndexOf(Object o)	返回指定元素在链表中最后一次出现的位置索引

使用 LinkedList 集合的方法存取元素，示例代码如下。

```java
import java.util.LinkedList;
public class LinkedListExample {
    public static void main(String[] args) {
        LinkedList<String> fruits = new LinkedList<>();
        // 添加元素
```

```
        fruits.add("Apple");
        fruits.addLast("Banana");
        fruits.addFirst("Cherry");
        System.out.println("Fruits: " + fruits);
        // 获取元素
        System.out.println("First: " + fruits.getFirst());
        System.out.println("Last: " + fruits.getLast());
        // 删除元素
        System.out.println("Removed First: " + fruits.removeFirst());
        System.out.println("Removed Last: " + fruits.removeLast());
        // 栈操作
        fruits.push("Orange");
        System.out.println("After Push: " + fruits);
        String popped = fruits.pop();
        System.out.println("Popped Element: " + popped);
        System.out.println("Final List: " + fruits);
    }
}
```

运行结果如图 4-21 所示。

```
 Problems  @ Javadoc  Declaration  Console
<terminated> ListExample [Java Application] D:\Program Files\jdk\jdk8u422-b05\bin\javaw.exe  (2024-12-8 17:02:11 – 17:02:11)
Fruits: [Cherry, Apple, Banana]
First: Cherry
Last: Banana
Removed First: Cherry
Removed Last: Banana
After Push: [Orange, Apple]
Popped Element: Orange
Final List: [Apple]
```

图 4-21　LinkedListExample 类的示例代码运行结果

（4）LinkedList 的操作特点。

① 插入与删除。

LinkedList 的插入和删除操作非常高效，当插入或删除元素时，LinkedList 只需要调整相关节点的前驱和后继指针，因此时间复杂度为 $O(1)$。这一点与 ArrayList 在插入和删除时需要移动数组元素的操作有很大不同。

- 在头部插入或删除元素：直接调整头节点的前驱和后继指针，无须遍历或移动大量元素。
- 在中间插入或删除元素：找到插入或删除位置的节点，调整相邻节点的指针即可。

然而，LinkedList 的查找操作速度相对较慢，因此在 LinkedList 中无法通过索引直接访问元素。查找操作需要从头节点（或尾节点，取决于索引位置）开始，遍历链表中的节点，直至找到目标元素。这个操作的时间复杂度为 $O(n)$，其中 n 是链表中的元素个数。

② 访问元素。

由于 LinkedList 采用链表结构，无法直接通过索引访问元素。因此，访问元素的时间复杂度为 $O(n)$，在最坏的情况下，可能需要遍历整个链表才能找到目标元素。这使得 LinkedList 在随机访问操作上性能较差，尤其当链表长度较大时，其访问效率远不如 ArrayList 访问效率高。

③ 双向链表。

LinkedList 使用的是双向链表结构，这使得它可以从头部和尾部都能进行有效的操作。当进行尾部插入或删除时，LinkedList 只需修改尾节点的指针，无须像单向链表要从头开始遍历，提供了 $O(1)$ 的操作效率。

（5）LinkedList 的优缺点。

优点如下。

- 插入和删除性能好，特别是在列表的头部和中间位置，插入和删除操作非常高效，时间复杂度为 $O(1)$。
- 双向链表结构可以高效地从头部或尾部进行操作，提供了更多灵活性。
- 与数组不同，LinkedList 的元素是动态分配的，内存分配较为灵活，不需要一次性地为所有元素分配连续的内存空间。

缺点如下。

- 随机访问性能差，由于采用链表结构，访问一个特定位置的元素需要遍历链表，时间复杂度为 $O(n)$。因此，对于频繁需要随机访问的场景，LinkedList 并不是一个理想选择。
- 每个节点不仅存储数据，还需要额外的指针（前驱和后继指针）。因此，LinkedList 的内存消耗较高。
- 链表节点在内存中不连续分布，这使 LinkedList 的元素访问不利于缓存（例如 CPU 缓存），在大量遍历操作中可能会带来性能问题。

（6）LinkedList 的使用场景。

- 需要频繁插入或删除操作：当应用场景需要频繁在列表的中间或头部插入或删除元素时，LinkedList 提供了很高的效率。
- 需要频繁进行头尾操作：当需要频繁进行头尾插入和删除时，LinkedList 比 ArrayList 更加合适。
- 空间不是主要问题：如果内存开销较小，且可以接受额外的指针开销，LinkedList 则可以提供更灵活的数据结构。

3. ArrayList 与 LinkedList 对比

（1）操作性能。

ArrayList 与 LinkedList 的操作性能对比如表 4-4 所示。

表 4-4　ArrayList 与 LinkedList 的操作性能对比

操作	ArrayList 时间复杂度	LinkedList 时间复杂度
访问元素	$O(1)$	$O(n)$
查找元素	$O(n)$	$O(n)$
插入元素	$O(n)$（在中间插入）	$O(1)$（在头尾插入）
删除元素	$O(n)$（在中间删除）	$O(1)$（在头尾删除）
追加元素	$O(1)$	$O(1)$
扩容	$O(n)$（需要重新分配内存）	无扩容操作

- 访问和查找：ArrayList 提供 $O(1)$ 的随机访问能力，因此在进行随机访问时，ArrayList

的性能优越。而 LinkedList 需要遍历链表节点，因此查找效率较低。

- 插入和删除：LinkedList 在插入和删除操作中表现更好，尤其是插入和删除操作发生在列表的头部或中间时。ArrayList 的插入和删除通常需要移动元素，因此其性能较差。
- 扩容操作：ArrayList 在容量不足时会进行扩容，扩容的时间复杂度为 $O(n)$，但扩容是偶发的，因此总的时间复杂度为 $O(1)$（摊销复杂度）。LinkedList 不存在类似的扩容问题，因为它是动态分配内存的。

（2）内存占用。

- ArrayList：内存消耗相对较低，元素是按顺序存储在一个连续的数组中。每个元素只需要存储数据本身，因此内存占用较少。
- LinkedList：由于每个元素需要额外存储前后指针，LinkedList 的内存消耗较高。对于每个节点来说，它需要存储三个部分：数据、前驱指针和后继指针。

（3）使用场景总结。

- ArrayList 更适合如下使用场景。
  - ➢ 需要频繁随机访问的场景（例如，通过索引快速获取元素）。
  - ➢ 不太需要频繁进行插入和删除操作的场景，尤其是列表末尾的插入和删除。
  - ➢ 内存要求较低且对性能有较高要求的情况。
- LinkedList 更适合如下使用场景。
  - ➢ 需要频繁插入和删除的场景，特别是在中间、头部和尾部操作。
  - ➢ 不需要频繁进行随机访问的场景。
  - ➢ 对内存使用没有过高要求且需要更灵活的数据结构的情况。

4.4　Set 接口及其实现

在 Java 集合框架中，Set 接口是 Collection 接口的一个子接口，它定义了不允许重复元素的集合。因此，Set 集合中的元素具有唯一性，它提供了不同于 List 的数据结构。常见的 Set 接口实现有 HashSet 和 TreeSet，这两者具有各自的特点和使用场景。

4.4.1　Set 接口的定义

Set 是一个继承自 Collection 接口的集合接口，它的主要特性如下。

- 不允许重复元素：Set 集合中的元素是唯一的。如果向集合中添加重复元素，则该元素添加失败。
- 无序性：大多数 Set 集合实现（如 HashSet 和 TreeSet）不保证元素的顺序，元素的插入顺序和遍历顺序可能不一致。
- 不允许索引操作：Set 集合不允许通过索引访问元素，因此它不能够像 List 那样支持随机访问。

Set 接口扩展了 Collection 接口，因此它也继承了 add()、remove()、contains()、size() 等方法。此外，它还提供了 clear()、isEmpty() 等常用方法。Set 接口是用来表示不包含重复元素的集合，适用于对元素唯一性有要求的场景。Set 接口的常用方法如表 4-5 所示，这些方法能够帮助我们在不允许重复元素的情况下有效管理数据集。

表 4-5　Set 接口的常用方法

方法名	用途
boolean add(E e)	将元素 e 添加到集合中，如果元素已存在，则不会添加
boolean addAll(Collection<? extends E> c)	将指定集合 c 中的所有元素添加到当前集合中
void clear()	移除集合中的所有元素，使集合变为空
boolean contains(Object o)	判断集合中是否包含指定元素 o
boolean containsAll(Collection<?> c)	判断当前集合是否包含指定集合 c 中的所有元素
boolean isEmpty()	判断集合是否为空（即不含任何元素）
Iterator<E> iterator()	返回一个迭代器，用于遍历集合中的元素
boolean remove(Object o)	从集合中移除指定元素 o，如果该元素存在于集合中
boolean removeAll(Collection<?> c)	从集合中移除指定集合 c 中的所有元素
boolean retainAll(Collection<?> c)	保留集合中指定集合 c 中也包含的元素，移除其他不在集合 c 中的元素
int size()	返回集合中的元素数量
Object[] toArray()	将集合中的元素转换为一个数组并返回
T[] toArray(T[] a)	将集合中的元素存储到指定类型的数组 a 中并返回

4.4.2　HashSet 类的实现

HashSet 是常用的 Set 接口实现类之一，它是基于哈希表实现的，并且不能够保证集合的元素顺序。

1. HashSet 类的工作原理

HashSet 类通过哈希表（HashMap）实现元素的存储。每个元素都会首先计算一个哈希值，然后根据哈希值确定元素的位置。如果该位置已经存在元素，HashSet 类则会通过 equals()方法判断元素是否相同。如果相同，则认为该元素已经存在；如果不同，则将新元素存储到该位置。HashSet 类有如下特点。

- 哈希冲突：由于哈希函数可能会产生相同的哈希值，因此可能发生哈希冲突。HashSet 类使用链表或红黑树解决哈希冲突。
- 负载因子和扩容：HashSet 类默认的初始容量为 16，负载因子为 0.75，这意味着当 HashSet 类中的元素个数超过容量的 75%时，哈希表会进行扩容（一般扩展到原容量的两倍）。
- 无序性：HashSet 类中的元素并不按插入顺序进行排序，因此遍历 HashSet 类时元素的顺序是不可预测的。这意味着，HashSet 类不能保证按任何特定顺序返回元素。
- 性能特点：由于哈希表的高效查找特性，HashSet 类提供了常数时间复杂度的 add()、remove() 和 contains() 等方法，平均时间复杂度为 $O(1)$，但在哈希冲突严重的情况下，性能可能下降。

2. HashSet 类的优缺点

优点如下。

- 高效性：HashSet 类在 add()、remove()、contains() 等方法中的平均时间复杂度为 $O(1)$，

因此具有较高的性能。
- 元素唯一性：通过哈希值保证集合中元素的唯一性，适用于需要存储唯一元素的场景。

缺点如下。

- 无序性：HashSet 类中的元素顺序是不可预测的，遍历时无法保证元素的顺序。
- 高内存消耗：哈希表需要额外的空间来存储哈希值和链表等信息，因此 HashSet 类的内存开销较大。
- 哈希冲突问题：虽然 HashSet 类采用了冲突解决机制，但在哈希冲突严重时，HashSet 类的性能可能下降。

3. HashSet 类的使用场景

HashSet 类的使用场景有如下几种。

- 去重操作：当我们需要存储唯一的元素时，HashSet 类是最适合的选择。例如，使用 HashSet 类存储一组不重复的 ID、电话号码等内容。
- 查找和删除操作频繁的场景：如果应用中需要频繁进行查找、添加和删除元素等操作，则使用 HashSet 类能够提供高效的操作性能。

4. HashSet 类的使用示例

示例代码如下。

```java
import java.util.HashSet;
public class HashSetExample {
    public static void main(String[] args) {
        HashSet<String> set = new HashSet<>();
        // 添加元素
        set.add("Apple");
        set.add("Banana");
        set.add("Orange");
        set.add("Apple");   // 重复元素不会添加
        // 打印集合
        System.out.println("Set elements: " + set);
        // 检查是否包含元素
        System.out.println("Contains 'Banana': " + set.contains("Banana"));
        // 移除元素
        set.remove("Orange");
        // 打印更新后的集合
        System.out.println("Set elements after removal: " + set);
    }
}
```

运行结果如图 4-22 所示。

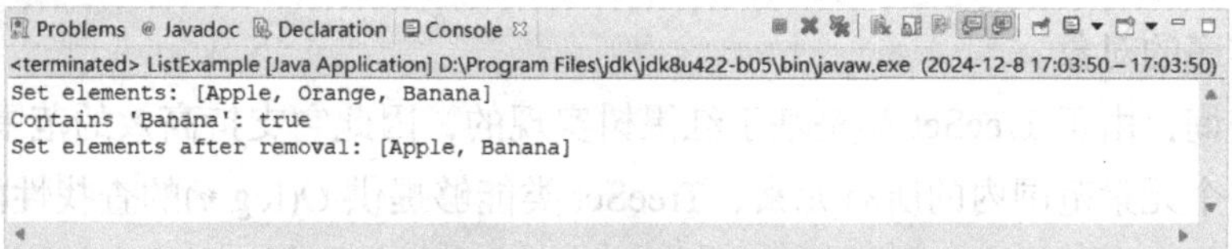

图 4-22　HashSetExample 类的示例代码运行结果

4.4.3 TreeSet 类的实现

TreeSet 是另一个常用的 Set 接口实现类，它基于红黑树实现，能够提供元素排序的功能。TreeSet 类中的元素是有序的，可以根据元素的自然顺序（或者通过 Comparator 提供的顺序）进行排序。

1. TreeSet 类的特点

- 元素排序：TreeSet 类中的元素会按照自然顺序或提供的比较器进行排序，默认情况下，TreeSet 类按照元素的自然顺序进行排序。为了实现这特点，TreeSet 类中的元素必须实现 Comparable 接口，或者在创建 TreeSet 类时提供一个 Comparator 对象进行定制排序。
- 无重复元素：与 HashSet 类类似，TreeSet 类不允许重复元素。如果尝试添加重复元素，则操作会失败。
- 性能特点：由于 TreeSet 类基于红黑树实现，它的主要操作（如 add()、remove()及 contains()方法）的时间复杂度为 $O(\log n)$，因此在元素数量较大时，其性能略逊于 HashSet 类。

2. TreeSet 类的优缺点

优点如下。

- 排序功能：TreeSet 类可以按照自然顺序或提供的比较器对元素进行排序，适用于需要排序的场景。
- 查找效率较高：虽然 TreeSet 类的查找操作复杂度为 $O(\log n)$，但它在大量数据中仍然能够提供较好的性能。同时，TreeSet 类支持高效的范围查询操作，如使用 subSet()、headSet() 和 tailSet()等方法。

缺点如下。

- 性能较低：由于 TreeSet 类基于红黑树实现，使用 add()、remove()和 contains()方法的时间复杂度为 $O(\log n)$，而 HashSet 类的时间复杂度为 $O(1)$。因此，在需要频繁查找、插入和删除操作的场景中，TreeSet 类的性能会比 HashSet 类稍差。
- 内存开销较大：红黑树的实现需要额外的内存空间来存储树的结构信息，如每个节点的颜色和指向父节点、左右子节点的指针。因此，相比于 HashSet 类，TreeSet 类可能在内存消耗上较大。

3. TreeSet 类的使用场景

TreeSet 类的有序特性使得它适合用于如下场景。

- 需要自动排序的集合：当我们需要对集合中的元素进行排序时，TreeSet 类是一个很好的选择。例如，使用 TreeSet 类存储一组按升序或降序排列的整数，或者按照自定义的顺序排序的对象。
- 范围查询：由于 TreeSet 类是基于红黑树实现的，因此它支持高效的范围查询。例如，查询某个元素范围内的所有元素，TreeSet 类能够提供 $O(\log n)$的查找性能。
- 避免重复且需要排序：如果需要创建一个去重的有序集合，则可以使用 TreeSet 类。

4. TreeSet 类的使用示例

示例代码如下。

```java
import java.util.TreeSet;
public class TreeSetExample {
    public static void main(String[] args) {
        // 创建一个 TreeSet 类，默认按自然顺序排序
        TreeSet<Integer> set = new TreeSet<>();
        // 添加元素
        set.add(10);
        set.add(5);
        set.add(20);
        set.add(15);
        set.add(5);   // 重复元素不会添加
        // 打印集合
        System.out.println("TreeSet elements: " + set);
        // 通过范围查询获取元素
        System.out.println("Elements less than 15: " + set.headSet(15)); // 小于 15 的元素
        System.out.println("Elements greater than or equal to 10: " + set.tailSet(10)); // 大于或等于 10 的元素
    }
}
```

运行结果如图 4-23 所示。

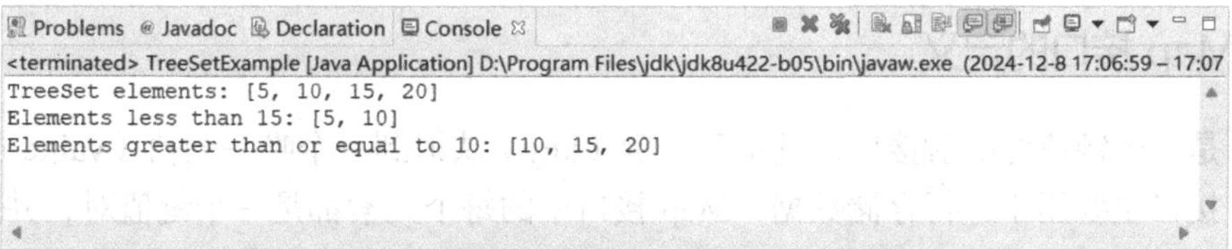

图 4-23　TreeSetExample 类的示例代码运行结果

4.4.4　HashSet 类和 TreeSet 类的对比

开发者需要根据具体的需求和性能要求选择使用 HashSet 类或 TreeSet 类。HashSet 类与 TreeSet 类的比较如表 4-6 所示。

表 4-6　HashSet 类与 TreeSet 类的比较

特性	HashSet 类	TreeSet 类
实现原理	基于哈希表实现（HashMap）	基于红黑树实现（自平衡的二叉搜索树）
排序	无序	元素按自然顺序或自定义的比较器排序
元素唯一性	保证唯一性	保证唯一性
时间复杂度	查找、添加、删除：$O(1)$（平均）	查找、添加、删除：$O(\log n)$
内存开销	较小	较大（红黑树需要额外的存储空间）
性能	高效（尤其在查找、添加时）	稍低，适用于排序需求较强的场景
应用场景	需要高效的查找和去重	适用于元素排序和范围查询的场景

- HashSet 类是基于哈希表实现的 Set 类，它的主要优点是能进行高效的查找、添加和删除操作，平均时间复杂度为 $O(1)$，适合需要去重且对顺序无要求的场景。
- TreeSet 类是基于红黑树实现的 Set 类，它的主要优点是能够自动对元素进行排序，并支持高效的范围查询，适合需要排序和范围查询的场景，但在性能上稍逊色于 HashSet 类。
在选择这两者时，开发者应该根据具体的需求做出选择。
- 如果应用主要涉及查找、删除和添加等操作，对元素顺序没有要求，HashSet 类则是最佳的选择。
- 如果需要一个有序的集合，并且经常需要对元素进行排序、范围查询或按特定顺序遍历，TreeSet 类则是最佳的选择。

通过合理地选择 HashSet 类或 TreeSet 类，在性能和功能之间找到一个平衡点，从而更好地满足应用程序的需求。

4.5　Map 接口及其实现

Map 是一种用于存储键值对（key value）的数据结构，它是 java.util 包中的一个接口。Map 接口并不继承自 Collection 接口，但它同样提供了用于操作键值对集合的方法。在实际应用中，Map 接口常用于需要根据某个唯一标识符（键）快速查找对应值的场景。Java 提供了多个 Map 接口的实现类，其中常用的包括 HashMap 和 TreeMap。

4.5.1　Map 接口的定义

Map 是一个键值对映射接口，其中每个键（key）映射到一个唯一的值（value）。在 Java 中，Map 接口主要用于进行存储数据，Map 接口中的每个元素都是一个键值对，并且键是唯一的。Map 接口提供了插入、删除、查找、更新等常用操作，其基本方法如表 4-7 所示。

表 4-7　Map 接口的基本方法

方法名	用途
Object put(Object key, Object value)	将键值对中的键和值存入映射中，如果键已经存在则替换旧值，返回被替换的值或 null
Object putIfAbsent(Object key, Object value)	如果键不存在于映射中，则将其与值添加到映射中，返回原值或 null
Object get(Object key)	根据键获取对应的值，如果没有该值，则返回 null
Object getOrDefault(Object key, Object defaultValue)	如果键存在，返回对应的值；否则返回默认值 defaultValue
Object remove(Object key)	根据键移除对应的键值对，并返回被移除的值；如果没有该值，则返回 null
boolean remove(Object key, Object value)	如果键存在且与对应的值匹配，则移除键值对并返回 true，否则返回 false
Object replace(Object key, Object value)	如果键存在，则替换它的值为 value，并返回原值，否则返回 null
boolean replace(Object key, Object oldValue, newValue)	如果键存在且其当前值为 oldValue，则使用 newValue 替换并返回 true，否则返回 false
boolean containsKey(Object key)	判断映射中是否包含指定的键
boolean containsValue(Object value)	判断映射中是否包含指定的值

方法名	用途
Set<K> keySet()	返回映射中所有键的集合
Collection<V> values()	返回映射中所有值的集合
Set<Map.Entry<K, V>> entrySet()	返回映射中所有键值对的集合
int size()	返回映射中键值对的数量
boolean isEmpty()	判断映射是否为空
void clear()	清空映射中的所有键值对

Map 接口有多个常见的实现类，主要包括如下几种。

（1）HashMap 类：HashMap 类是基于哈希表实现的，它将键值对存储在数组中，通过键的 hashCode 值计算其存储位置。HashMap 类采用链表或红黑树（自 Java 8 起，链表过长会转换为红黑树）处理哈希冲突。HashMap 类允许一个 null 键和多个 null 值，它的存储是无序的，元素的插入顺序也是不固定的。HashMap 类的插入、删除和查找的平均时间复杂度为 $O(1)$，适用于对性能要求高、不要求元素顺序的场景，如缓存、计数器等快速存取的场景。

（2）TreeMap 类：TreeMap 类是基于红黑树实现的，它的键值对按键的自然顺序或自定义顺序（通过 Comparator）排列。TreeMap 类能够保证元素的有序性，支持按键的范围操作（如 subMap、headMap 和 tailMap），它不允许 null 键，一旦插入 null 键会抛出异常，它的基本操作时间复杂度为 $O(\log n)$。TreeMap 类适用于需要按顺序存储数据或需要查询范围的场景，如按字典顺序存储数据。

（3）LinkedHashMap 类：LinkedHashMap 类结合了哈希表和双向链表的特性，哈希表的特性为其提供了快速存取能力，双向链表的特征则能够维护插入顺序或访问顺序。LinkedHashMap 类默认按照插入顺序存储元素，可以将设置 accessOrder 值为 true 以实现按访问顺序存储。LinkedHashMap 类允许 null 键和 null 值，其性能稍逊于 HashMap 类。LinkedHashMap 类适用于需要保持插入顺序或访问顺序的场景，如实现 LRU 缓存等。

（4）Hashtable 类：Hashtable 类是早期的线程安全 Map 实现的，基于数组和链表存储数据，通过 synchronized 保证线程安全。Hashtable 类的主要特点是保证所有方法的同步性，以保证线程安全。Hashtable 类不允许 null 键和 null 值，其性能较低，现在 Hashtable 类已被 ConcurrentHashMap 类替代。可以在多线程环境下使用 Hashtable 类，但通常推荐使用性能更高的 ConcurrentHashMap 类。

（5）ConcurrentHashMap 类：ConcurrentHashMap 类通过分段锁（Segment）实现线程安全，其每段独立存储数据，可以同时对不同段进行并发操作。从 Java 8 起，为了进一步减少锁粒度，采用 CAS 操作提升 ConcurrentHashMap 类的性能。ConcurrentHashMap 类的主要特点是支持高并发性，读操作无锁，写操作使用局部锁或 CAS，不允许 null 键和 null 值。ConcurrentHashMap 类的性能显著高于 Hashtable 类和 Collections.synchronizedMap 类，适用于高并发的多线程环境，如统计访问频率、处理共享数据等。

4.5.2　HashMap 类

HashMap 类是 Java 中常用的 Map 实现类之一。HashMap 类通过哈希算法将键映射到哈希表的索引位置，能够为数据提供高效的插入、删除和查找操作，它的平均时间复杂度为 $O(1)$。

然而，HashMap 类并不能够保证元素的顺序，因此不能按插入顺序或任何特定顺序遍历元素。

1. HashMap 类的工作原理

HashMap 类的核心数据结构是哈希表，哈希表可以将键的哈希值映射到桶（bucket）中，每个桶可以存储多个键值对。HashMap 类使用链表或红黑树处理哈希冲突。

HashMap 类的性能受到哈希冲突和负载因子两个因素的影响。

（1）哈希冲突：哈希冲突会导致元素在桶中按链式存储，HashMap 类的查找时间会退化为 $O(n)$。为避免哈希冲突，HashMap 类应尽量将元素均匀分布到桶中，这就需要合适的哈希函数和合理的负载因子（load factor）。

（2）负载因子：HashMap 类默认的负载因子为 0.75，表示当哈希表中的元素个数达到桶总数的 75%时，哈希表会进行扩容。扩容操作的时间复杂度为 $O(n)$，因此当插入大量元素时，扩容会对性能造成一定影响。

2. HashMap 类的使用示例

示例代码如下。

```java
import java.util.HashMap;
import java.util.Map;
public class HashMapExample {
    public static void main(String[] args) {
        // 创建 HashMap
        Map<String, Integer> map = new HashMap<>();
        // 插入键值对
        map.put("apple", 10);
        map.put("banana", 5);
        map.put("orange", 8);
        // 获取值
        System.out.println("apple: " + map.get("apple"));
        // 删除键值对
        map.remove("banana");
        // 检查是否包含某个键
        System.out.println("Contains key 'orange': " + map.containsKey ("orange"));
        // 检查是否包含某个值
        System.out.println("Contains value 10: " + map.containsValue(10));
        // 打印整个 Map
        System.out.println("Map: " + map);
    }
}
```

运行结果如图 4-24 所示。

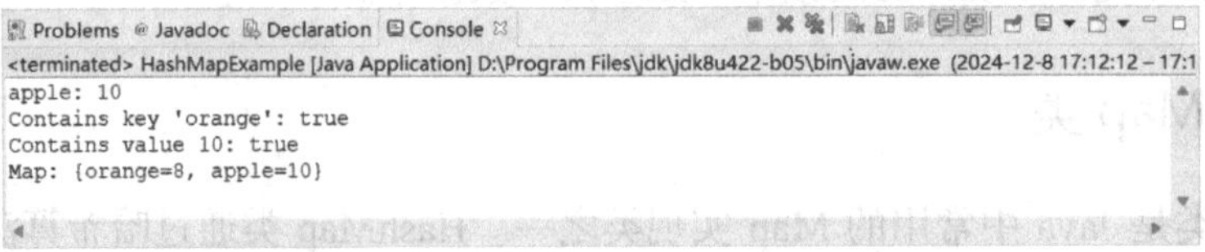

图 4-24　HashMap 类的示例代码运行结果

4.5.3　TreeMap 类

TreeMap 是 Map 接口的一个实现类，它的数据结构是基于红黑树实现的。TreeMap 类保证了键的顺序，可以根据键的自然顺序（键实现了 Comparable 接口）或指定的比较器进行排序。与 HashMap 类不同，TreeMap 类是有序的，因此它能够提供按顺序遍历元素的能力。

1. TreeMap 类的工作原理

TreeMap 类使用红黑树存储键值对。红黑树是一种自平衡的二叉搜索树，它通过确保树的平衡性保持高效的查找、插入和删除操作。TreeMap 类在插入、删除和查找时的时间复杂度是 $O(\log n)$。由于红黑树的操作涉及更多的节点，需要重新平衡，TreeMap 类的性能比 HashMap 类的性能略差。

2. TreeMap 的使用示例

示例代码如下。

```java
import java.util.Map;
import java.util.TreeMap;
public class TreeMapExample {
    public static void main(String[] args) {
        // 创建 TreeMap 类
        Map<String, Integer> map = new TreeMap<>();
        // 插入键值对
        map.put("apple", 10);
        map.put("banana", 5);
        map.put("orange", 8);
        // 获取值
        System.out.println("apple: " + map.get("apple"));
        // 删除键值对
        map.remove("banana");
        // 检查是否包含某个键
        System.out.println("Contains key 'orange': " + map.containsKey ("orange"));
        // 检查是否包含某个值
        System.out.println("Contains value 10: " + map.containsValue(10));
        // 打印整个 Map
        System.out.println("Map: " + map);
        // 输出按顺序排列的键
        System.out.println("Keys in order: " + map.keySet());
    }
}
```

运行结果如图 4-25 所示。

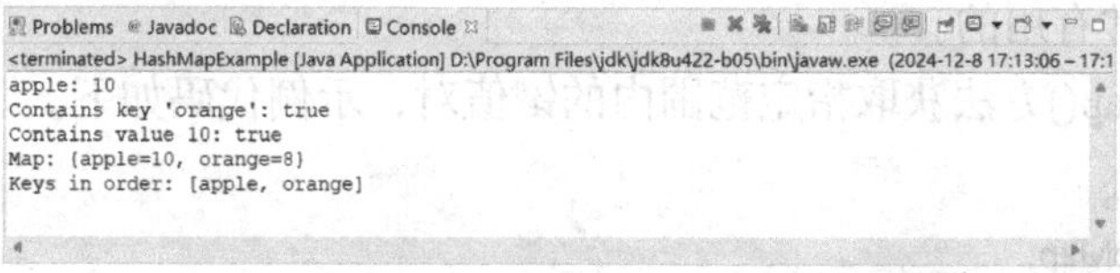

图 4-25　TreeMap 类的示例代码运行结果

3. TreeMap 类的排序功能

TreeMap 类提供了按顺序遍历键值对的能力。默认情况下，TreeMap 类会按照键的自然顺序进行排序。如果需要使用自定义的排序规则，可以在创建 TreeMap 类时传入一个 Comparator 对象，示例代码如下。

```java
import java.util.Map;
import java.util.TreeMap;
import java.util.Comparator;
public class CustomComparatorTreeMap {
    public static void main(String[] args) {
        // 自定义比较器，使键按字符串的长度排序
        Comparator<String> comparator = (s1, s2) -> Integer.compare (s1.length(), s2.length());
        // 创建 TreeMap 并传入自定义比较器
        Map<String, Integer> map = new TreeMap<>(comparator);
        // 插入键值对
        map.put("apple", 10);
        map.put("banana", 5);
        map.put("orange", 8);
        // 打印 Map，按键的长度排序
        System.out.println("Map with custom order: " + map);
    }
}
```

运行结果如图 4-26 所示。

```
Problems  @ Javadoc  Declaration  Console ✕                       ■ ✕ ✖ | ▯ ▯ ▯ ▯ | ▭ ▭ ▾ ▭ ▾ ▭
<terminated> CustomComparatorTreeMap [Java Application] D:\Program Files\jdk\jdk8u422-b05\bin\javaw.exe (2024-12-8 17:1
Map with custom order: {apple=10, banana=8}
```

图 4-26　CustomComparatorTreeMap 类的示例代码运行结果

在上述示例代码中，自定义了一个比较器 Comparator，它能够按字符串的长度对键进行排序，结果是将字符串长度较小的键（如 "apple"）排在前面。

4. TreeMap 类的使用场景

TreeMap 类适用于需要保持元素顺序的场景中。

- 按顺序打印元素：TreeMap 类能够保证元素遍历时按键的顺序进行打印。
- 范围查询：由于 TreeMap 类是有序的，它可以高效地执行范围查询，如查询某个范围内的键值对。
- 自定义排序：可以通过自定义比较器实现自定义排序，这对于根据特定规则排列键值对来说是非常有用的。

可以使用 subMap()方法获取指定范围内的键值对，示例代码如下。

```java
import java.util.Map;
import java.util.TreeMap;
public class TreeMapRangeExample {
```

```java
public static void main(String[] args) {
    Map<String, Integer> map = new TreeMap<>();
    map.put("apple", 10);
    map.put("banana", 5);
    map.put("orange", 8);
    map.put("grape", 6);
    // 获取在键 "banana" 和 "orange" 之间的子映射
    Map<String, Integer> subMap = ((TreeMap<String, Integer>) map).subMap ("banana", "orange");
    System.out.println("Submap: " + subMap);
}
}
```

运行结果如图 4-27 所示。

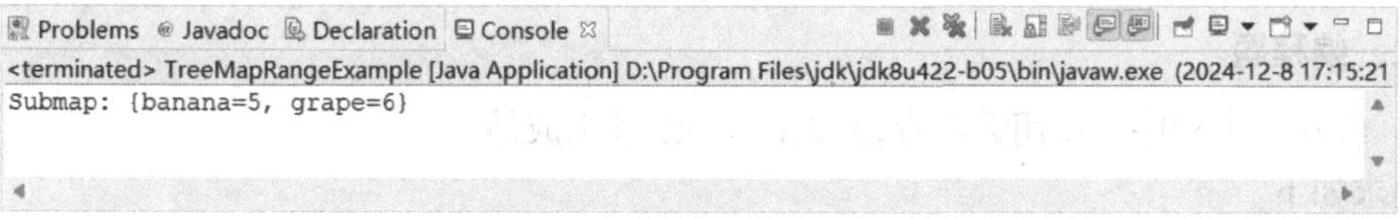

图 4-27　TreeMapRangeExample 类的示例代码运行结果

在上述示例代码中，通过 subMap()方法获取了一个新的映射，该映射包含了从键 "banana"
到 "orange" 之间的所有键值对。

4.5.4　HashMap 类和 TreeMap 类的对比

HashMap 类和 TreeMap 类是 Java 中常用的两个 Map 实现类，各自拥有不同的优势和应
用场景，根据需求选择合适的 Map 实现类是优化性能和代码可读性的关键。HashMap 类和
TreeMap 类的对比如表 4-8 所示。

表 4-8　HashMap 类和 TreeMap 类的对比

特性	HashMap 类	TreeMap 类
数据结构	哈希表	红黑树
键的顺序	无顺序保证	键按照自然顺序或自定义比较器排序
插入/删除/查找	$O(1)$平均时间复杂度	$O(\log n)$时间复杂度
是否允许 null 键/值	允许一个 null 键和多个 null 值	不允许 null 键
线程安全性	不是线程安全的	不是线程安全的
使用场景	快速查找、不关心顺序的应用	需要按顺序遍历、范围查询的应用

- 如果需要一个高效的、无顺序要求的键值对存储结构，并且需要快速的查找、插入和
  删除操作，HashMap 类则是更合适的选择。例如，在实现一个缓存系统时，如果主要
  关注元素的查询速度，且元素的插入顺序不是特别重要，HashMap 类则是更好的选择。
- 如果需要对键进行排序，或者需要按顺序遍历键值对，又或者需要按执行范围查询等
  操作，TreeMap 类则是更适合的选择。例如，在实现一个有序的日志系统或排行榜时，
  TreeMap 类提供的有序特性就显得非常重要。

4.6 习　　题

一、简答题

1. 什么是数组？数组有哪些特点？

2. 什么是泛型？为什么要使用泛型？

3. 详细说明 List 接口的特点。ArrayList 类和 LinkedList 类有何区别？分别适用于哪些场景？

4. Set 接口的特点是什么？HashSet 类和 TreeSet 类有何区别？如何选择使用它们？

5. 请解释 Map 接口的作用。HashMap 类和 TreeMap 类在实现和使用上有什么区别？

6. 什么是迭代器？相比于普通的 for 循环，迭代器有哪些优势？

二、编程题

1. 编写一个程序，使用数组存储和操作一组学生成绩。

要求如下。

（1）从控制台输入 5 个学生的姓名和对应的成绩，存储在两个数组中。

（2）计算并输出所有学生的平均成绩。

（3）查找并输出成绩最高的学生姓名和成绩。

2. 编写一个电话簿程序，使用 HashMap 类存储姓名和电话号码。

要求如下。

（1）实现添加联系人、删除联系人、查找联系人功能。

（2）提供菜单供用户选择操作。

（3）在查找联系人时，输入姓名即可输出对应的电话号码。

3. 实现一个自定义的 Comparator 比较器，对 TreeMap 类中的键按自定义规则排序。

要求如下。

（1）创建一个 Person 类，包含姓名和年龄属性。

（2）将多个 Person 对象作为键存入 TreeMap 类，对应的值可以是地址等信息。

（3）自定义排序规则，将 TreeMap 类按照年龄从小到大排序。

（4）输出排序后的结果。

4. 构建存储和管理图书信息框架。

要求如下。

（1）创建一个 Book 类，包含书名、作者、ISBN 等属性。

（2）使用 ArrayList 类存储所有图书。

（3）实现添加新书、删除图书、按 ISBN 查找图书、列出所有图书的功能。

（4）提供用户交互的菜单界面。

5. 在 HashSet 集合中添加三个 Person 对象，把姓名相同的人当作同一个人，禁止重复添加。

要求如下。

（1）Person 类中定义 name 和 age 属性，重写 hashCode() 和 equals() 方法。

（2）针对 Person 类的 name 属性进行比较，如果 name 属性相同，则 hashCode() 方法的返回值相同，equals() 方法返回 true。

第 5 章　异常处理

异常（Exception）是指程序在执行过程中遇到的、与正常流程不符的情况，通常是由于错误输入、资源不可用、程序逻辑不当等。在程序运行时，可能遇到一些不可预见的情况，这些情况会导致程序无法按预期继续执行。例如，用户输入了错误的数据、访问的文件不存在、网络连接失败等情况。Java 异常处理为开发者提供了一种管理程序运行过程中可能出现的错误和异常情况的机制。当发生这些情况时，程序会中断正常流程，抛出一个"异常"。例如，在访问数组时使用了非法索引，可能抛出 ArrayIndexOutOfBoundsException，或者尝试使用一个未初始化的对象，可能抛出 NullPointerException。异常可以看作是程序运行时的一个特殊事件，它中断了程序的正常执行流程。开发者通常会编写代码捕获和处理这些异常，从而使程序能够以一种预期的方式恢复或给出合理的错误信息，以避免错误导致的程序不稳定性或崩溃。

5.1　异常类与异常对象

在 Java 中，异常的处理机制依赖于类与对象的概念。在处理异常时，异常类和异常对象扮演着至关重要的角色。理解异常类的定义、创建方式及其与异常对象的关系，对于开发者来说编写健壮、可维护的代码是至关重要的。

5.1.1　异常类

在 Java 中，所有的异常类都继承自 Throwable 类，它是所有错误和异常的根类。Throwable 类有两个主要的子类：Error 和 Exception。其中，Error 类用于表示 JVM 层面的错误，通常不能被应用程序处理。Exception 类表示程序中出现的问题或异常情况，这些异常可以被程序捕获和处理。

1. 异常类的层次结构

异常类的层次结构继承自 Throwable 类，整个结构可以分为两大类：Error 和 Exception，而 Exception 类又可以进一步分为已检查异常（Checked Exception）和未检查异常（Unchecked Exception）。异常类的层次结构如图 5-1 所示。

Throwable 类是 Java 异常体系的根类，所有的异常类都继承自这个类。Throwable 类有两个直接的子类：Error 和 Exception。Throwable 类包含了许多重要的方法，如 getMessage()方法和 printStackTrace()方法，这些方法在处理异常时是非常有用的。

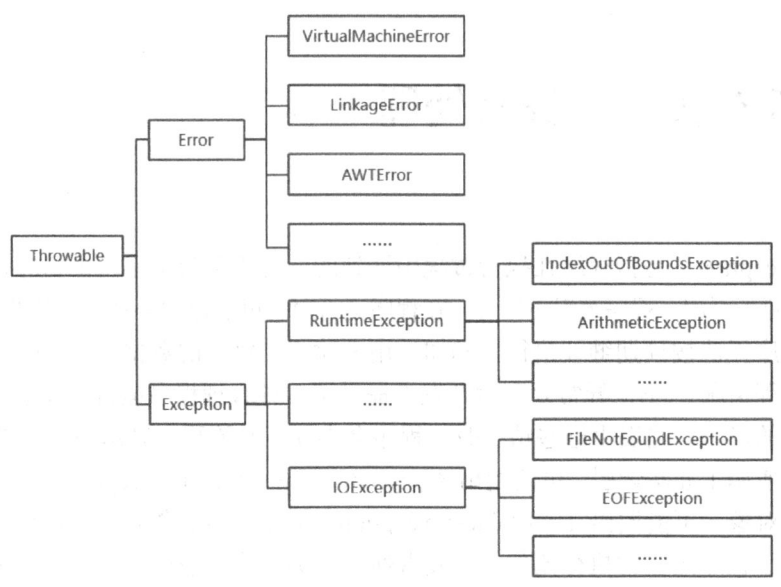

图 5-1 异常类的层次结构

1）Error 类

Error 类表示程序运行时可能遇到的一些严重的系统级错误，通常这些错误是由 JVM 或操作系统引发的，并且这些错误往往无法被程序本身有效地进行处理或恢复。错误通常表示程序本身无法控制的极端情况，如内存溢出或虚拟机错误，而异常则是程序运行中的预期内的问题，通常可以通过编程手段解决。Error 类的实例表示程序遇到的系统级的错误，通常不应该进行捕获和处理。常见的 Error 类包括如下几种。

- OutOfMemoryError：表示 JVM 无法分配更多的内存。
- StackOverflowError：表示栈空间不足，通常是由于递归调用过深引起的。
- InternalError：表示 JVM 内部错误。

这些错误通常是致命的，程序无法恢复。开发者不应该捕获 Error 类的异常，而应该关注如何避免这些错误发生。

示例代码如下。

```java
public class ErrorExample {
    public static void main(String[] args) {
        recurse();  // 引发 StackOverflowError 异常
    }
    public static void recurse() {
        recurse();  // 无限递归
    }
}
```

2）Exception 类

Exception 类用于表示程序中出现的异常情况，这些异常是需要由开发者处理的。Exception 类的子类可以分为两种：已检查异常和未检查异常。

（1）已检查异常（Checked Exceptions）。

已检查异常是指那些在程序编译时必须进行处理的异常。如果代码中存在可能抛出已检查异常的地方，编译器则会强制要求开发者通过 try-catch 语句块捕获异常，通过 throws 关键字抛出异常声明。已检查异常通常用于表示程序中的某些预料到的错误，这些错误是程序外部环境或输入条件问题引起的，需要开发者主动处理。

常见的已检查异常如下。

- IOException：表示输入/输出异常，发生在文件操作、网络通信等输入/输出操作时。
- SQLException：表示与数据库交互时发生的错误。
- ClassNotFoundException：表示在 Java 中无法找到指定类时抛出的异常。
- FileNotFoundException：表示文件不存在时抛出的异常。

（2）未检查异常（Unchecked Exceptions）。

未检查异常也被称为运行时异常，是指在编译时不强制要求处理的异常。它是由程序的逻辑错误引起的，表示程序运行时的意外错误。未检查异常是 RuntimeException 类的子类，因此不需要显式地捕获或声明抛出。

常见的未检查异常如下。

- NullPointerException：表示在对 null 引用进行操作时引发的异常。例如，调用 null 对象的方法或访问 null 数组的元素。
- ArrayIndexOutOfBoundsException：表示数组索引越界时引发的异常。
- ArithmeticException：表示数学运算错误，如除以零。
- ClassCastException：表示类型转换错误。例如，试图将一个对象强制转换为不兼容的类型。
- IllegalArgumentException：表示方法传入的参数不合法。

这些异常通常是程序的逻辑错误，一旦发生，程序就会中断。虽然它们不要求被显式捕获，但仍然可以被捕获并处理。

2. 异常处理

异常处理是为了防止程序因错误或异常而崩溃。当发生异常时，如果不做任何处理，则程序将终止。用户可能看到程序的错误信息，影响用户体验。通过异常处理机制，程序可以"优雅地"处理这些异常情况，避免程序崩溃，并且给出相应的异常提示，或者执行补救措施。

例如，当我们正在编写一个文件操作的程序时，如果文件不存在或文件路径错误，程序则应该"优雅"地捕获这个异常，而不是让程序直接崩溃。

```
try {
    // 可能发生异常的代码
    FileReader file = new FileReader("somefile.txt");
} catch (FileNotFoundException e) {
    // 异常处理代码：给用户提示文件未找到
    System.out.println("文件未找到，请检查文件路径。");
}
```

同时，Java 中的异常具有传播机制，当一个方法中的异常没有被该方法处理时，它会被传递给调用该方法的上一层方法继续处理，直到该异常被最终捕获或程序终止。

例如，方法 A 调用了方法 B，而方法 B 抛出了异常，但没有捕获该异常，异常会传递到方法 A 中，方法 A 如果不处理这个异常，则会继续向上传播。

```
public void methodA() {
    methodB();  // 调用 methodB，如果抛出异常，则向上抛到 methodA
}
public void methodB() {
    throw new RuntimeException("发生异常");
}
```

5.1.2 异常对象

异常对象是 Java 异常类的实例。当程序遇到某种异常情况时，JVM 会创建一个异常对象并将其抛出。异常对象不仅包含有关异常类型的信息，还包含有关异常发生时的所有详细信息，如异常的消息、堆栈跟踪等。异常对象可以通过构造方法传递参数以提供详细的错误信息。

1. 异常对象的创建

当发生异常时，JVM 会根据异常类创建一个异常对象，这个对象包含了异常的相关信息。异常对象的创建通常是通过 new 关键字完成的。

创建异常对象，示例代码如下。

```
try {
    throw new ArithmeticException("除以零错误");
} catch (ArithmeticException e) {
    System.out.println(e.getMessage()); // 打印异常消息：除以零错误
}
```

在这个示例代码中，我们手动抛出了一个 ArithmeticException，并通过 getMessage()方法输出了异常消息"除以零错误"。

2. 异常对象的属性

异常对象通常包含如下几种信息。

- 异常消息（Message）：异常对象通常会包含一条描述异常发生原因的消息。这条消息可以通过异常类的构造方法进行传递，也可以通过 getMessage() 方法获取消息内容。
- 堆栈跟踪（Stack Trace）：异常对象还包含一个堆栈跟踪，它记录了异常发生时程序执行的调用栈。通过堆栈跟踪，开发者可以追踪到异常发生的确切位置，从而帮助我们排查问题。可以通过 printStackTrace() 方法打印堆栈跟踪信息。
- 异常类型（Exception Type）：异常对象的类型表示它的类名，如 NullPointerException、IOException 等。

Java 提供了丰富的 API 供开发者获取异常对象的信息。常用方法包括如下几种。

- getMessage()：返回异常的简短描述。
- toString()：返回异常的详细描述，包括异常类型和消息。
- printStackTrace()：打印异常的堆栈跟踪信息，帮助开发者定位问题。
- getCause()：返回导致当前异常的原因（即触发异常的原始异常）。

获取异常对象的信息，示例代码如下。

```
try {
```

```
    throw new IllegalArgumentException("参数非法");
} catch (IllegalArgumentException e) {
    System.out.println("异常消息: " + e.getMessage());     // 输出: 参数非法
    e.printStackTrace();     // 打印堆栈跟踪
}
```

在上述示例代码中，我们创建了一个 IllegalArgumentException 对象并手动抛出，捕获后打印了异常的消息和堆栈跟踪。

5.1.3 throw 关键字和 throws 关键字

在 Java 中，throw 和 throws 是用于异常处理的重要关键字。虽然它们看似相似，但功能和使用场景不同。throw 关键字用于手动抛出一个异常，而 throws 关键字用于声明一个方法可能抛出的异常类型。通过合理使用这两个关键字，可以更清晰地控制和处理异常。

1. throw 关键字

throw 关键字用于手动抛出一个异常对象，通常用于在方法内部检查参数、条件或处理异常情况。被抛出的异常可以是系统自带的异常类或自定义的异常类。

使用方式如下。

- 在 throw 关键字后面添加一个异常对象。
- throw 关键字适用于在任何主动创建并抛出一个特定的异常情境中。

示例代码如下。

```
public class Example {
    public void setAge(int age) {
        if (age < 0) {
            // 使用 throw 手动抛出 IllegalArgumentException
            throw new IllegalArgumentException("Age cannot be negative");
        }
        System.out.println("Age set to: " + age);
    }
    public static void main(String[] args) {
        Example example = new Example();
        example.setAge(-1);     // 会抛出 IllegalArgumentException
    }
}
```

运行结果如图 5-2 所示。

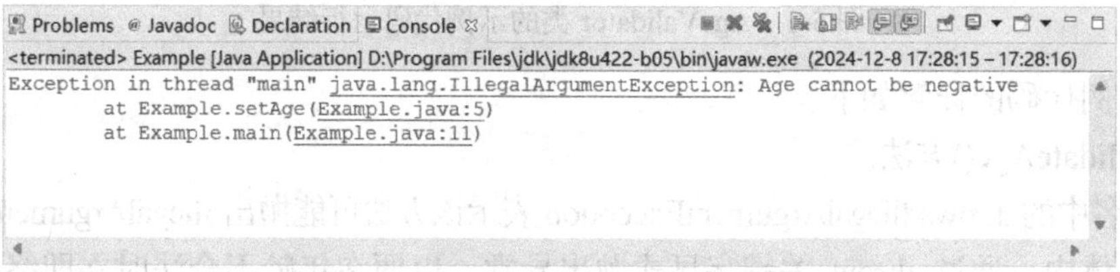

图 5-2　throw 关键字的示例代码运行结果

在上述示例代码中，setAge()方法在接收到负数的年龄参数时，通过 throw 关键字手动抛出 IllegalArgumentException，提示调用者参数无效。

2. throws 关键字

throws 关键字用于声明一个方法可能抛出的异常类型。throws 关键字在方法声明中，用于提示调用者该方法可能抛出指定的异常，因此需要调用者自行处理或继续声明。

使用方式如下。

- throws 关键字后面可以添加一个或多个异常类，多个异常类之间用逗号分隔。
- throws 关键字通常用于已检查异常的声明。

示例代码如下。

```java
public class AgeValidator {
    // 定义一个方法，用于验证年龄是否合法
    public void validateAge(int age) throws IllegalArgumentException {
        if (age < 0 || age > 150) {
            // 如果年龄不在合理范围内，则使用 throw 关键字显式抛出异常
            throw new IllegalArgumentException("Invalid age: " + age);
        }
        System.out.println("Age is valid: " + age);
    }
    public static void main(String[] args) {
        AgeValidator validator = new AgeValidator();
        try {
            // 尝试验证一个年龄，如果年龄不合法则抛出异常
            validator.validateAge(-5);
        } catch (IllegalArgumentException e) {
            // 捕获异常并处理，输出错误信息
            System.out.println("An error occurred: " + e.getMessage());
        }
    }
}
```

运行结果如图 5-3 所示。

```
Problems  @ Javadoc  Declaration  Console
<terminated> AgeValidator [Java Application] D:\Program Files\jdk\jdk8u422-b05\bin\javaw.exe (2024-12-8 17:29:14 – 17:29:15)
An error occurred: Invalid age: -5
```

图 5-3　AgeValidator 类的示例代码运行结果

上述示例代码的详解如下。

（1）validateAge()方法。

方法签名中的 throws IllegalArgumentException 表示该方法可能抛出 IllegalArgumentException。

在方法体内，通过 throw 关键字显式抛出异常，以便在年龄不合法时立即终止该方法的执行。

（2）main()方法。

调用 validateAge()方法并传入不合法的年龄值。

通过 try-catch 语句捕获 IllegalArgumentException，确保程序即使发生异常也能继续执行。

5.2　try-catch-finally 语句

try-catch-finally 语句是 Java 异常处理机制的核心部分，它能够让开发者指定可能抛出异常的代码块，程序员可以捕获并处理异常，并且定义在异常发生或不发生时执行的清理工作。通过合理地使用 try-catch-finally 语句，程序在异常发生时能够正确地处理和恢复程序，增强代码的健壮性，提高程序的可靠性。

5.2.1　语法结构

1. try-catch-finally 语句

try 块用于放置可能抛出异常的代码，catch 块用于捕获 try 块中抛出的异常。catch 块后的参数用于接收抛出的异常对象。当 try 块中抛出异常时，Java 会检查抛出的异常类型，如果代码块中的异常无法被当前方法捕获并处理，就会被抛到调用者的上下文中，直到找到一个适当的 catch 块或程序终止。try 块必须与 catch 块或 finally 块配合使用。finally 块是一个可选的部分，用于包含无论是否发生异常都必须执行的代码。try-catch-finally 语句的语法规则如下所示。

```
try {
    // 可能抛出异常的代码
} catch (ExceptionType e) {
    // 异常处理逻辑
} finally {
    // 清理工作
}
```

示例代码如下。

```
public class Example{
    public static void main(String[] args) {
        try {
            int result = 10 / 0;   // 可能抛出 ArithmeticException
        } catch (ArithmeticException e) {
            System.out.println("除零错误：" + e.getMessage());
        } finally {
            System.out.println("无论如何都会执行的代码");
        }

    }
}
```

运行结果如图 5-4 所示。

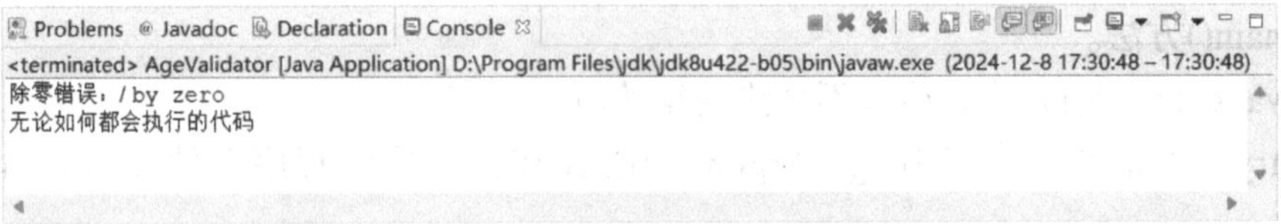

图 5-4　try-catch-finally 语句的示例代码运行结果

在上述示例代码中，try 块包含了一段可能抛出异常的代码 "除以零操作"。由于除以零会抛出 ArithmeticException，因此，catch 块会捕获到该异常并输出异常信息。无论是否抛出异常 finally 块中的代码都会被执行。

当 try 块中抛出异常时，Java 会检查异常类型，并根据异常类型将其传递给适当的 catch 块。catch 块的参数用于表示能够接收到的异常对象的类型。可以根据需要使用多个 catch 块捕获不同类型的异常，这种情况被称为多重捕获。

在如下示例代码中，try 块可能抛出 IOException 和 SQLException 两种不同的异常类型，可以在同一个 try 块后使用多个 catch 块为其分别指定不同的处理方式。

```java
try {
    // 可能抛出 IOException 或 SQLException 的代码
} catch (IOException e) {
    System.out.println("IO 异常：" + e.getMessage());
} catch (SQLException e) {
    System.out.println("SQL 异常：" + e.getMessage());
}
```

finally 块中包含无论是否发生异常必须执行的代码。通常，finally 块用于释放资源，如关闭文件流、数据库连接等。在如下示例代码中，finally 块确保了不论是否发生异常，file 文件流都会被关闭，这对于防止资源泄露来说是至关重要的。

```java
FileInputStream file = null;
try {
    file = new FileInputStream("example.txt");
    // 其他操作
} catch (IOException e) {
    System.out.println("读取文件出错：" + e.getMessage());
} finally {
    if (file != null) {
        try {
            file.close();  // 关闭文件流
        } catch (IOException e) {
            System.out.println("关闭文件流出错：" + e.getMessage());
        }
    }
}
```

2. try-with-resources 语句

从 Java 7 开始引入了 try-with-resources 语句，它是对 try-catch-finally 语句的一种扩展，

它能够实现管理资源的自动关闭。try-with-resources 语句要求在 try 块中使用的对象实现了 AutoCloseable 接口（如 InputStream、OutputStream、Connection 等），当 try 块结束时，JVM 就会自动关闭这些资源。Java 异常处理流程如图 5-5 所示。try-with-resources 语句的语法规则如下。

```java
try (ResourceType resource = new ResourceType()) {
    // 使用资源
} catch (Exception e) {
    // 异常处理
} finally {
    // 可选的清理工作
}
```

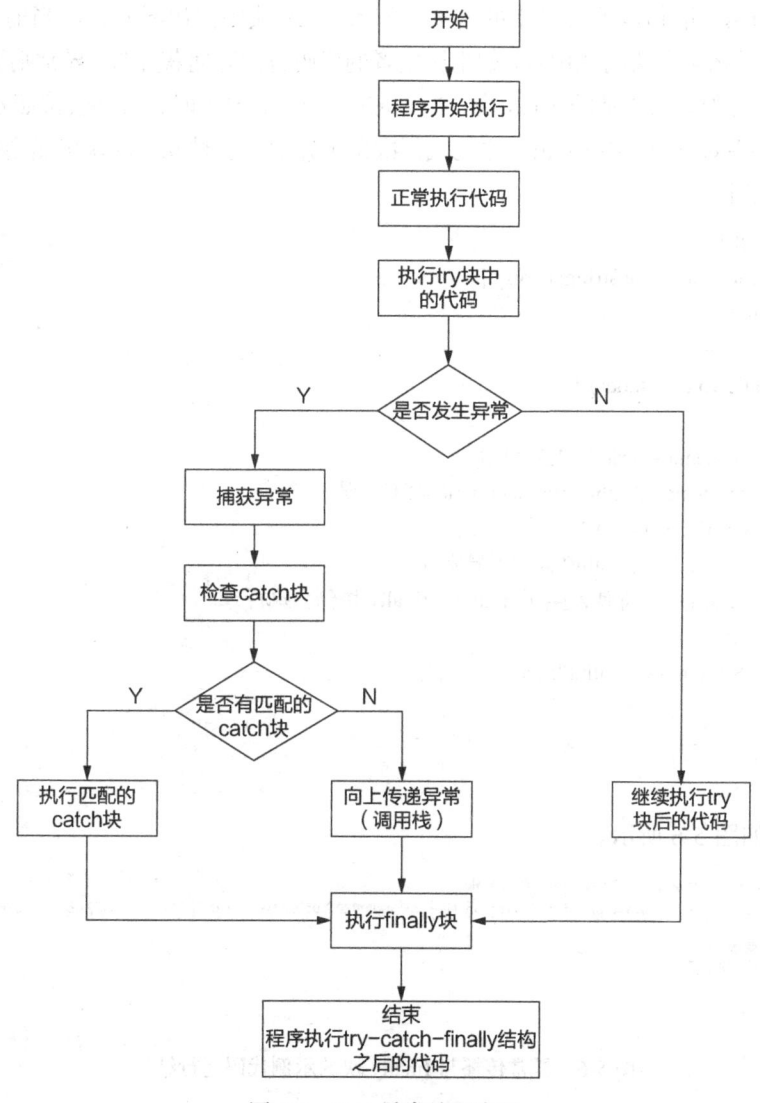

图 5-5　Java 异常处理流程

在如下示例代码中，try-with-resources 语句能够确保正常结束或抛出异常情况下 file 的自动关闭，而无须在 finally 块中显式关闭资源。

```
try (FileInputStream file = new FileInputStream("example.txt")) {
    // 读取文件内容
} catch (IOException e) {
    System.out.println("文件读取出错：" + e.getMessage());
}
// file 会自动关闭，无须显式地调用 close()方法
```

5.2.2 异常的传播

在 Java 中，异常可以从一个方法传播到另一个方法。通常情况下，当一个方法抛出异常时，调用该方法的代码必须处理该异常，否则异常将继续传播，直到被捕获或导致程序终止。

try-catch-finally 语句也涉及异常的传播，如果在 try 块中抛出异常，而当前方法没有捕获异常，异常就会传播到方法的调用者。如果调用者的代码也没有捕获异常，异常则继续向上传播，直到找到一个能够处理该异常的 catch 块。当 catch 块捕获到异常时，程序会按照 catch 块的逻辑处理异常。如果在 catch 块中有 return 语句或再次抛出异常，这时 finally 块仍然会执行。

示例代码如下。

```
public class Test {
    public static void main(String[] args) {
        method();
    }
    public static void method() {
        try {
            System.out.println("尝试执行");
            throw new ArithmeticException("除零错误");
        } catch (Exception e) {
            System.out.println("捕获到异常");
            return;   // 即使发生了 return，finally 块仍会执行
        } finally {
            System.out.println("finally 块执行");
        }
    }
}
```

运行结果如图 5-6 所示。

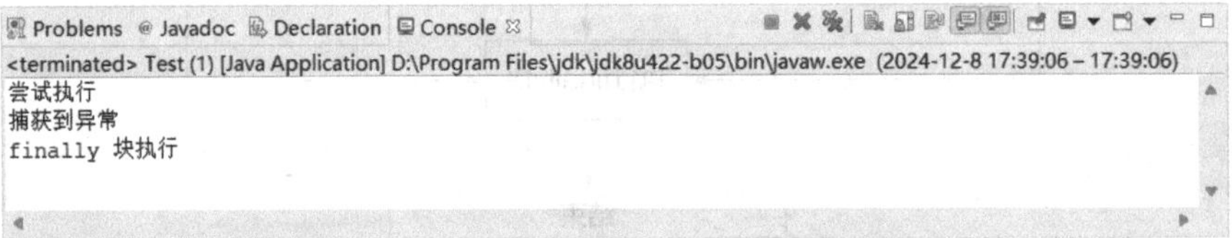

图 5-6 异常传播与 finally 块的示例代码运行结果

finally 块的执行与是否发生 return 或异常无关，finally 块的执行顺序相对于 try-catch 语句的处理顺序是固定的，它总会在 try 块或 catch 块之后，方法返回之前执行。如果在 finally 块中抛出了异常，则会覆盖之前在 try 块或 catch 块中抛出的异常，并成为方法的最终异常。

示例代码如下。

```java
public class Test {
    public static void main(String[] args) {
        try {
            new Test().testFinallyException();
        } catch (Exception e) {
            System.out.println("捕获到的异常: " + e);
        }
    }
    public void testFinallyException() {
        try {
            System.out.println("try 块执行");
            throw new ArithmeticException("try 块中的异常");
        } catch (Exception e) {
            System.out.println("catch 块执行");
            throw new NullPointerException("catch 块中的异常");
        } finally {
            System.out.println("finally 块执行");
            throw new IllegalStateException("finally 块中的异常");
        }
    }
}
```

运行结果如图 5-7 所示。

```
Problems @ Javadoc Declaration Console
<terminated> Test (1) [Java Application] D:\Program Files\jdk\jdk8u422-b05\bin\javaw.exe (2024-12-8 17:42:45 – 17:42:45)
try 块执行
catch 块执行
finally 块执行
捕获到的异常: java.lang.IllegalStateException: finally 中的异常
```

图 5-7　finally 块中异常覆盖的示例代码运行结果

在上述示例代码中，在 try 块和 catch 块中都抛出了异常，但最终返回的是 finally 块中抛出的 IllegalStateException，finally 块中的异常覆盖了之前的异常。

因此，在使用 finally 块时需要小心，如果 finally 块抛出异常，原本 try 块或 catch 块中抛出的异常会被掩盖，则可能导致意外的错误处理。

5.2.3　try-catch-finally 语句使用的注意事项

（1）需要在方法中明确声明已检查异常并抛出该异常，或者通过 try-catch 语句进行捕获。

如果一个方法内部可能抛出已检查异常，则该方法声明抛出该异常（使用 throws 关键字），或者在方法内部通过 try-catch 语句捕获并处理该异常。例如，在如下示例代码中，如果没有使用 try-catch 语句捕获 IOException，方法中必须明确声明抛出该异常。

```java
public void readFile() throws IOException {
    FileReader file = new FileReader("file.txt");
```

```
        BufferedReader reader = new BufferedReader(file);
        String line = reader.readLine();
        reader.close();
}
```

（2）不要求在方法签名中声明或捕获未检查异常。

通常情况下，未检查异常是由编程错误引起的，开发者不需要强制捕获这些异常。开发者应该尽量避免未检查异常的发生，而是通过完善的代码逻辑和健壮的边界检查防止它们抛出的异常。

（3）尽量捕获具体的异常类型。

在 catch 块中，尽量捕获具体的异常类型，而不是使用通用的 Exception 类。这样可以帮助开发者更精确地理解异常的原因并做出相应的处理。

（4）避免捕获不必要的异常。

只需要捕获那些当前能够处理的异常。如果异常无法处理或程序的后续逻辑无法继续执行，则应该允许异常继续传播，让调用者决定如何处理它们。

（5）不要在 finally 块中做重要的业务逻辑。

应尽量避免在 finally 块中编写复杂的业务逻辑。finally 块主要用于资源的清理或关闭工作，不应该承担业务逻辑，否则会增加代码的复杂性，并且可能导致难以预料的问题。

（6）确保资源的关闭。

在进行文件操作、数据库操作等资源管理时，即使发生异常，也要确保资源能被正确关闭。更推荐使用 try-with-resources 语句自动关闭资源。示例代码如下。

```
try (BufferedReader reader = new BufferedReader(new FileReader("file.txt"))) {
        String line = reader.readLine();
} catch (IOException e) {
        System.out.println("文件读取失败：" + e.getMessage());
```

（7）不要在 finally 块中抛出异常。

在 finally 块中抛出异常会导致原本的异常被覆盖，因此不推荐在 finally 块中抛出新的异常。如果需要在 finally 块中处理异常，应该尽量记录异常并继续抛出原始异常。

5.3　自定义异常

异常 Java 提供了丰富的内建异常类，能够帮助开发者更有效地管理和处理程序中可能出现的各种问题。但在某些情况下，标准的异常类可能无法满足特定的业务需求。这时，我们就可以自定义异常。

自定义异常是指开发者根据程序需求创建的异常类。通过自定义异常类，开发者可以在遇到特定的错误或问题时，更灵活和清晰地处理异常，而不用完全依赖于 Java 标准异常类。

自定义异常类通常用于如下情况。

- 现有的异常类无法准确表达业务逻辑中的错误或异常。
- 需要更具体的错误信息或细化的错误处理。

- 需要抛出特定类型的异常以便调用者根据不同类型的异常采取不同的处理方式。

自定义异常类通常继承自 Exception 或 RuntimeException，并根据实际需求设计构造方法和字段，用于描述特定的异常情境。结合 throw 关键字，我们可以在代码中手动触发异常，使得程序能够应对更细化的描述异常场景。

当自定义异常时，一般会继承 Exception 类或 RuntimeException 类。选择哪个类作为基类取决于自定义异常是否需要被强制捕获。

1. 自定义已检查异常（Checked Exception）

已检查异常是指继承自 Exception 类的异常，需要在代码中显式地对已检查异常进行异常处理。已检查异常可以通过 try-catch 语句捕获，或者通过 throws 关键字声明抛出。通常，已检查异常表示的是一种业务上的错误，需要调用者做出合理的处理。

在如下示例代码中，当余额不足时抛出异常。

```java
// 自定义已检查异常：余额不足异常
public class InsufficientBalanceException extends Exception {
    public InsufficientBalanceException(String message) {
        super(message);
    }
    public InsufficientBalanceException(String message, Throwable cause) {
        super(message, cause);
    }
}
```

如果发生余额不足的情况，则抛出以上异常，示例代码如下。

```java
public class BankAccount {
    private double balance;
    public BankAccount(double balance) {
        this.balance = balance;
    }
    public void withdraw(double amount) throws InsufficientBalanceException {
        if (amount > balance) {
            throw new InsufficientBalanceException("余额不足，无法进行取款操作！");
        }
        balance -= amount;
    }
}
```

2. 自定义未检查异常（Unchecked Exception）

未检查异常是指继承自 RuntimeException 类的异常，它不强制要求捕获或声明。因此，未检查异常适用于程序逻辑中出现的错误，如数组越界、空指针访问等情况。在设计业务逻辑时，如果某种错误是程序逻辑上的 bug 或无法恢复的错误，通常会选择使用未检查异常作为基类。

例如，在处理数据时，如果数据格式不合法，则抛出未检查异常。

```java
// 自定义未检查异常：非法数据异常
public class InvalidDataException extends RuntimeException {
```

```
        public InvalidDataException(String message) {
            super(message);
        }
        public InvalidDataException(String message, Throwable cause) {
            super(message, cause);
        }
    }
```

在应用时，直接抛出这个异常，示例代码如下。

```
public class DataProcessor {
    public void processData(String data) {
        if (data == null || data.isEmpty()) {
            throw new InvalidDataException("数据不能为空！");
        }
        // 处理数据的逻辑
    }
}
```

5.4 习　题

一、简答题

1. 什么是异常？为什么需要异常处理机制？

2. 请解释 Java 中的异常类层次结构。什么是异常对象？

3. 详细说明 try-catch-finally 语句的执行流程。分别说明 try 块、catch 块、finally 块的作用。

4. 什么是自定义异常？如何创建一个自定义异常类？

5. 说明 throw 和 throws 关键字的用法和作用。请举例说明它们在异常处理中的应用。

6. 在多 catch 块的情况下，如何安排异常的捕获顺序？

7. 在 Java 中，Checked Exception 和 Unchecked Exception 有什么区别？

8. 在 finally 块中编写 return 语句会有什么后果？如何正确地使用 finally 块？

二、编程题

1. 编写一个程序，模拟简单的计算器功能，实现加、减、乘、除运算。
要求如下。

- 从控制台输入两个整数和一个运算符（+、-、*、/）。
- 使用 try-catch 语句捕获可能出现的算术异常（如除数为零）。
- 在发生异常时，输出友好的提示信息，而不是程序崩溃。

2. 创建一个 Java 程序，要求如下。

- 定义一个自定义异常类 InvalidAgeException，用于表示年龄不符合要求的异常。
- 编写一个方法 checkAge(int age)，验证年龄是否在 0 到 120 之间。如果不在此范围内，则抛出 InvalidAgeException。
- 在主程序中调用 checkAge() 方法，并使用 try-catch 语句捕获异常，输出相应的提示信息。

6.1 线　　程

线程是一种轻量级的执行单元，多个线程可以在同一个程序中并发执行，每个线程都拥有自己的栈、程序计数器和局部变量。与进程相比，线程的创建、销毁和切换成本较低，因为多个线程共享进程的资源（如内存空间）。在操作系统和 Java 中，线程的定义和实现有不同的侧重点，本章将分别从操作系统角度和 Java 角度对线程进行详细阐述。

6.1.1　线程概述

1. 操作系统角度的线程定义

从操作系统的角度看，线程是一个能够独立执行的最小调度单位。在现代操作系统中，线程是运行时的基本执行单位，所有的程序执行都可以通过线程来完成。每个线程都有自己独立的执行栈和程序计数器（Program Counter，PC），但不同线程共享同一进程的资源，如内存空间、文件描述符等。

1）线程的基本概念

在多核处理器和多任务操作系统中，线程的作用尤为重要。因为操作系统通过线程实现并发和并行处理，而线程本质上是一种比进程更轻量级的调度单元。线程的引入使操作系统能够更高效地进行资源分配和任务切换。

（1）线程与进程的区别。

在操作系统中，线程和进程是两个不同的概念。它们是操作系统调度和管理的基本单位。进程是资源分配的基本单位，而线程则是程序执行的基本单位。具体来说，进程和线程之间的区别如下。

- 进程：进程是系统资源分配的最小单位。每个进程都有自己的地址空间，文件描述符、堆栈等资源。进程之间是相互独立的，它们之间的通信需要使用进程间通信（IPC）机制，如管道、消息队列、共享内存等。
- 线程：线程是程序执行的最小单位。线程本身没有独立的资源，它与其他线程共享进程的资源，如内存空间、全局变量等。每个线程有自己的堆栈和程序计数器，但它们共同使用进程中的资源。

线程在同一个进程中共享资源，这不仅使线程间通信比进程间通信更为高效，同时也带来了一些问题。由于线程共享同一进程的地址空间，因此当一个线程发生崩溃时，可能影响到整个进程的其他线程，而进程相对独立，进程间的崩溃不会直接影响其他进程。

（2）线程的特点。

- 轻量级：线程共享进程的资源，线程比进程更轻量，创建和销毁的开销较小。
- 共享资源：多个线程共享同一进程的地址空间、全局变量、文件描述符等资源，线程间通信较为高效。
- 独立执行：线程有自己的程序计数器和堆栈，能够独立执行，线程之间通过同步机制来避免数据竞争。
- 并行与并发：在多核处理器中，多个线程可以并行执行，在单核处理器中，线程通过操作系统的调度机制进行并发执行。

（3）线程的优势。

- 响应性：多线程可以提高程序响应速度。例如，在图形用户界面（Graphical User Interface，GUI）中，一个线程负责界面响应，另一个线程处理后台任务。
- 资源共享：同一进程内的线程可以轻松共享资源，避免了进程间通信的复杂性。
- 更高效地利用 CPU：线程能够更好地利用多核 CPU 的并行能力，提高程序的执行效率。

2）操作系统中的线程构成

（1）线程控制块（Thread Control Block，TCB）。

线程控制块是操作系统用来管理线程的一个数据结构。每个线程都有一个对应的控制块，存储了该线程的所有信息。它通常包括如下几部分。

- 线程 ID：唯一标识线程的标识符。
- 线程状态：线程当前的状态（如运行、就绪、阻塞、挂起等）。
- 程序计数器：指向线程当前执行的指令地址。
- 寄存器状态：线程执行时使用的寄存器值（如通用寄存器、栈指针等）。
- 线程优先级：线程的优先级，用于调度决策。
- 堆栈指针：线程的栈空间，用于存储局部变量和函数调用信息。
- 线程的父进程 ID：线程所属进程的标识符。
- 资源信息：与线程相关的资源，如内存、文件描述符、信号量等。

（2）线程栈。

每个线程都有一个独立的线程栈。线程栈用于存储局部变量、函数参数和调用返回地址等信息。线程栈随着线程的创建而分配，并随着线程的结束而销毁。栈的大小通常是有限制的，所以栈溢出会导致程序崩溃。

- 局部变量：线程在执行过程中使用的临时变量。
- 函数调用信息：存储每个函数调用时的返回地址和参数。
- 调用栈：记录函数调用的顺序，确保程序能够正确返回到上一级调用。

（3）线程堆。

线程堆是线程与其他线程共享的一块内存区域，用于存储动态分配的数据（例如通过 new 操作符创建的对象）。虽然线程有独立的栈空间，但它们共享堆中的数据结构和对象。

（4）调度信息。

操作系统的线程调度器会使用如下信息调度线程。

- 线程优先级：每个线程都有一个优先级，调度器根据优先级决定获得执行时间的线程。
- 线程的等待队列：当线程处于阻塞状态时，它会被放入相应的等待队列中，等待某个事件（如 I/O 操作、锁等）完成。

（5）共享资源。

尽管每个线程有自己的栈和控制块，但它们共享进程的资源，这些共享资源包括如下几种。

- 内存空间：所有线程都共享进程的虚拟地址空间，包括代码段、数据段、堆等。
- 文件描述符：多个线程可以共享进程的文件描述符（如打开的文件）。
- 信号量和互斥锁：线程可以共享信号量、互斥锁等同步机制，确保线程间的协调与同步。

3）操作系统中的线程调度

线程的调度由操作系统的调度器完成，调度器根据线程的优先级和状态决定可以获得 CPU 时间的线程。操作系统中通常有不同的线程调度策略，步骤如下。

（1）先来先服务（FCFS）：按照线程的到达顺序分配 CPU 时间。

（2）时间片轮转（Round Robin）：每个线程被分配一个固定长度的时间片，时间片到期后，调度器会将 CPU 分配给下一个线程。

（3）优先级调度：根据线程的优先级决定优先获得 CPU 资源的线程。

（4）多级反馈队列（Multilevel Feedback Queue）：根据线程的行为动态调整线程的优先级。

操作系统通过不同的调度策略平衡资源的分配，并且根据线程的需求决定能够获得执行时间的线程。

2. Java 角度的线程定义

Java 中的线程定义借鉴了操作系统的线程概念，但做了更加抽象的封装。在 Java 中，线程是一个执行路径，Java 提供了 Thread 类和 Runnable 接口创建和管理线程。Java 线程的管理与操作系统中的线程的调度是密切相关的，Java 本身并不直接管理线程的调度，而是依赖于操作系统对线程进行调度。

1）Java 中的线程构成

在 Java 中，线程的构成与操作系统中线程的概念是紧密相连的，可以通过 Java 提供的高级抽象对线程的生命周期、调度和同步进行管理。Java 的线程实际上是对操作系统线程进行的封装。Java 线程的构成包括如下几个部分。

（1）Java 线程对象。

Java 线程是通过继承 Thread 类或实现 Runnable 接口的类创建的。在 Java 中，通常将线程作为一个对象进行处理，这个线程对象代表了程序中的一个执行单元。

- 线程 ID：每个 Java 线程都有一个唯一的标识符，可以通过 Thread.getId()方法获取。
- 线程状态：通过 Thread.getState()方法可以获取线程的状态，常见的状态有 NEW（线程已创建，但尚未启动）、RUNNABLE（线程正在运行或等待调度执行）、BLOCKED（线程因等待锁资源而被阻塞）、WAITING（线程等待某些条件满足后被唤醒）、TIMED_WAITING（线程在等待指定的时间后重新唤醒）、TERMINATED（线程执行完毕并结束）等。

- 线程优先级：Java 线程可以通过 Thread.setPriority()方法设置线程的优先级，优先级越高的线程会优先被调度执行。Java 线程的优先级范围通常从 1 到 10，默认优先级是 5。
- 线程名称：每个线程都有一个名称，默认是 Thread-N 的形式（如 Thread-0、Thread-1等），也可以通过 Thread.setName()方法为线程设置更具描述性的名称。

（2）线程栈。

线程栈（Stack）是每个线程独立的内存空间，用于存储线程执行过程中产生的局部变量、方法调用的信息及调用的返回地址。线程栈的大小是在创建线程时由操作系统分配的，通常是固定的。每个线程拥有自己的栈，不会与其他线程共享，因此不会出现不同线程间的局部变量冲突。线程栈对于方法的调用和返回至关重要，且栈空间大小过大会导致内存浪费，过小则会导致栈溢出（StackOverflowError）。

（3）线程堆。

堆（Heap）是 JVM 中的内存区域，用于存储应用程序运行时创建的对象和数组。所有线程都共享堆内存区域，意味着不同线程可以访问堆中的对象，因此在多线程编程中，必须采取同步机制来避免数据竞争和不一致的问题。堆内存的管理由 JVM 负责，而具体的对象生命周期和垃圾回收则由 JVM 的垃圾回收器（GC）负责。

（4）ThreadLocal。

ThreadLocal 是 Java 提供的一种线程局部存储机制。通过 ThreadLocal，每个线程可以拥有自己独立的变量副本，而这些副本是彼此隔离的。它可以避免不同线程之间的共享数据冲突和同步问题。ThreadLocal 的使用场景通常是在需要线程独立存储变量的情况下，如线程池中的每个线程需要独立的数据库连接等。通过 ThreadLocal，每个线程可以通过 get()方法和 set()方法访问、修改自己的局部变量副本，从而确保线程安全。

（5）线程调度与同步。

调度：Java 线程的调度是由操作系统提供的线程调度机制控制的，但 Java 通过 Thread 类提供了如下几种线程调度的接口。

- sleep(long millis)：使当前线程暂停指定的时间，在此期间其他线程可以获得执行机会。
- yield()：提示调度器当前线程愿意让出 CPU 资源，允许其他线程执行，但调度器不一定会立刻调度其他线程。
- join()：使当前线程等待其他线程执行完毕后再继续执行，通常用于控制线程的执行顺序。

同步：Java 线程的同步。

- synchronized 关键字：通过将代码块或方法声明为 synchronized，Java 保证在同一时刻只有一个线程可以访问该代码块或方法，从而避免数据冲突。
- ReentrantLock：Java 提供的显式锁，具有比 synchronized 更灵活的特性。例如，ReentrantLock 支持尝试锁定、超时锁定等操作。
- volatile 关键字：用于保证多线程间变量的可见性，防止线程缓存导致数据不一致的问题。但 volatile 关键字不保证原子性，通常需要结合其他同步机制实现线程安全。

2）Java 线程的创建与管理

Java 提供了两种主要的线程创建方式。

（1）继承 Thread 类。

- 开发者可以通过继承 Thread 类并重写 run() 方法定义线程的行为。
- 调用 start() 方法启动线程，操作系统会根据调度策略为线程分配 CPU 时间。

（2）实现 Runnable 接口。

- 开发者可以实现 Runnable 接口，重写 run() 方法，定义线程执行的任务。
- Runnable 接口更为灵活，因为它允许多个线程共享同一个 Runnable 实例。

3）Java 线程的执行

Java 线程的执行与操作系统调度器紧密相关。当调用 start() 方法时，Java 会通过底层的操作系统接口启动一个新的线程，并将其交给操作系统的调度器进行调度。Java 在这个过程中仅负责创建和管理线程的生命周期，而具体的执行调度（包括优先级、时间片、阻塞等）则由操作系统完成。

4）Java 线程的调度

Java 线程的调度依赖于底层操作系统的线程调度策略。Java 线程的调度主要通过如下机制实现。

（1）线程优先级：Java 提供了 Thread.setPriority() 方法设置线程的优先级，优先级范围从 1 到 10。优先级高的线程可能会更频繁地获得 CPU 时间片。

（2）ThreadPoolExecutor：Java 提供了线程池框架，通过线程池管理线程的创建、调度和销毁。线程池可以提高线程的重用性，减少线程创建和销毁的开销。

3. Java 线程与操作系统线程的关系

Java 线程与操作系统线程的关系主要体现在 Java 线程的实现方式上。Java 线程是通过 JVM 实现的，而操作系统线程是由操作系统的内核直接管理的。Java 线程通常映射到操作系统线程，且具体的映射方式取决于 JVM 的实现和操作系统的支持。在早期的 JVM 实现中，Java 线程往往是用户级线程，即由 JVM 在用户空间进行调度和管理，操作系统并不直接参与这些线程的调度。而现代的 JVM 大多采用内核级线程模型，每个 Java 线程直接对应一个操作系统线程，操作系统负责对这些线程进行调度和管理，这使得 Java 线程可以充分利用操作系统提供的并发执行和多核处理能力。不同的线程模型，如一对一（1:1）、多对一（N:1）和多对多（M:N）模型，也在不同的 JVM 和操作系统中有所实现。在一对一模型下，Java 线程与操作系统线程是一一对应的关系，JVM 直接将 Java 线程映射为操作系统线程；而在多对一或多对多模型下，Java 线程可能通过 JVM 的调度机制映射到多个或单个操作系统线程上。无论如何，Java 线程的调度、同步和执行最终依赖于操作系统的线程机制。例如，Java 中的 Thread.sleep()、Thread.join() 等方法会调用操作系统的相应系统，从而实现线程的阻塞和同步。总的来说，Java 线程与操作系统线程之间的关系是紧密的，现代的 JVM 通过操作系统线程实现 Java 线程的并发执行，操作系统的线程调度算法和资源管理对 Java 线程的执行有着重要的影响。

在了解 Java 线程和操作系统线程的关系时，可以从多个角度来进行对比。Java 线程是由 JVM 管理的，最终依赖操作系统线程执行，而操作系统线程则是由操作系统内核负责调度和管理的。虽然它们在管理和调度上有所不同，但 Java 线程和操作系统线程之间有着紧密的联系。为了更清晰地展示这两者的主要区别，表 6-1 所示为 Java 线程与操作系统线程的关系，在管理、调度、同步机制等方面的关键特性进行了对比。

表 6-1　Java 线程与操作系统线程的关系

特性	操作系统线程	Java 线程
管理	由操作系统内核管理	由 JVM 管理，映射到操作系统线程
调度	由操作系统调度	由 JVM 调度，但依赖操作系统的线程调度
同步机制	操作系统提供原生同步机制	使用 Java 的 wait()、notify()、synchronized 等方法
阻塞操作	操作系统直接处理（如 sleep()方法）	调用操作系统的相应系统调用
线程模型	通常是内核级线程（1:1）	大多数 JVM 采用内核级线程（1:1 模型）

6.1.2　创建线程

在 Java 中，可以通过多种方式创建线程。创建线程的方式直接影响程序的设计、性能及可维护性。常见的线程创建方式有继承 Thread 类、实现 Runnable 接口，此外，随着 Java 5 引入了更灵活的线程池机制，也可以通过其他方法创建线程。本节将详细介绍继承 Thread 类、实现 Runnable 接口这两种创建线程方式，并讨论它们的优缺点及适用场景。

1. 继承 Thread 类

线程是操作系统调度的基本单位，也是计算机程序执行的最小单位。每个线程都有自己的执行路径，多个线程可以在同一进程中并发执行任务。Java 提供了继承 Thread 类创建线程的方法。

在 Java 中，Thread 类是一个最终类（final class），它直接继承自 Object 类。Thread 类实现了 Runnable 接口，这样 Thread 类不仅能够表示一个具有独立执行路径的线程，同时也能够作为一个可运行的任务来进行操作。通过继承 Thread 类，开发者可以直接创建线程并对其进行管理，开发者可以重写其 run()方法定义线程的执行任务，调用 start()方法便可启动线程。

1）Thread 类的成员函数和变量

（1）成员变量。

- name：每个线程都有一个名称，可以通过构造函数指定，或者使用 setName()方法进行设置。
- Priority：表示线程的优先级，可以通过 setPriority(int newPriority)方法设置，范围从 Thread.MIN_PRIORITY(1)到 Thread.MAX_PRIORITY(10)。
- State：表示线程的状态，包括新建、就绪、运行、阻塞和死亡。状态可以通过 getState()方法获取。
- Daemon：表示线程是否为守护线程，通过 setDaemon(boolean on)方法设置，守护线程在所有用户线程结束后会自动退出。

（2）成员函数。

- start()：启动线程并调用其 run()方法。
- run()：在新线程中执行的任务，开发者需要重写此方法以定义线程的行为。

- sleep(long millis)：静态方法，使当前线程休眠指定的时间。
- join()：等待线程结束，可以在当前线程中调用此方法，以阻塞当前线程直到被调用的线程完成。
- interrupt()：中断线程，如果线程正在阻塞（如调用 sleep()方法），则会抛出 InterruptedException。
- getName()：返回线程的名称。
- setName(String name)：设置线程的名称。
- getPriority()：返回线程的优先级。
- setPriority(int priority)：设置线程的优先级。
- isAlive()：判断线程是否处于活动状态（即尚未完成）。

2）继承 Thread 类创建线程的步骤

（1）创建一个继承自 Thread 类的子类。

首先，创建一个新的类并继承自 Thread 类。这意味着该类将具备线程的所有特性，并能够像线程一样执行。需要注意的是，这个类可以包含额外的成员变量和方法，从而扩展线程类的功能。

（2）重写 run()方法。

Thread 类本身并没有定义线程执行的具体操作，它只提供了一个 run()方法，开发者需要在子类中重写这个方法定义线程的执行任务。run()方法是线程开始执行时自动调用的，开发者可以在这个方法内编写线程要执行的具体任务。

（3）创建 Thread 对象并启动线程。

通过 Thread 类的构造函数创建一个线程对象，并调用 start()方法启动线程。start()方法会触发线程的生命周期，并调用 run()方法，执行线程的任务。

示例代码如下。

```java
public class MyThread extends Thread {
    // 重写 Thread 类的 run() 方法，定义线程执行的任务
    @Override
    public void run() {
        // 输出当前线程的名称和执行的任务
        System.out.println("线程 " + Thread.currentThread().getName() + " 执行了任务！");
    }
    public static void main(String[] args) {
        // 创建 MyThread 类的实例，表示一个新的线程
        MyThread thread = new MyThread();
        // 启动线程，调用 start() 方法
        // start() 方法会触发内部的 run() 方法的执行
        thread.start();
        // 注意：main() 方法的线程也在运行，它是默认创建的主线程
        // 所以 main() 方法执行时，主线程与新创建的线程将并发执行
    }
}
```

运行结果如图 6-1 所示。

图 6-1　继承 Thread 类的示例代码运行结果

以上示例代码中，MyThread 类继承自 Thread 类，并重写了 run()方法。在 main()方法中，通过创建 MyThread 对象并调用 start()方法启动线程。start()方法会自动调用 run()方法，并执行线程中的任务。

3）继承 Thread 类的优缺点

继承 Thread 类的优点包括代码简洁、直观，适用于任务较简单的场景，因为开发者可以直接在 run()方法中编写任务逻辑，结构清晰易懂。此外，继承 Thread 类可以直接使用线程控制方法（如 getName()、setName()、setPriority()、interrupt()等），便于精细控制线程行为和管理线程生命周期，每个 Thread 对象对应独立线程，适合需要多个独立线程执行不同任务的场景。

然而，继承 Thread 类也存在一些缺点。首先，Java 只支持类的单继承，如果一个类继承了 Thread 类，就无法继承其他类，限制了代码的扩展性和复用性；其次，继承 Thread 类不适合多个任务复用，因为每个 Thread 子类的 run()方法只能执行一个任务，导致代码重复且不易维护；此外，继承 Thread 类不支持任务代码的复用，每个线程实例都需要独立的 run()方法，这使得相同的任务代码难以共享，显得烦琐和不灵活。

4）继承 Thread 类的适用场景

（1）简单的线程任务。

当线程的任务比较简单，且与其他类的设计没有太大关系时，继承 Thread 类是一种非常直接且高效的创建线程的方式。此时，代码结构简洁，易于理解，不会引入复杂的接口或类。

（2）需要直接管理线程属性的情况。

如果需要精确控制线程的属性，如线程的优先级、名称、是否中断等，继承 Thread 类会提供较为丰富的线程控制方法。开发者可以直接使用 Thread 类提供的 API 管理线程的执行状态。

（3）独立线程任务。

当多个线程的任务比较独立且不需要共享资源时，继承 Thread 类可以快速实现线程的创建和管理。例如，处理独立的并行任务时，每个线程都有自己的任务代码，继承 Thread 类可以非常方便地实现。

（4）简单的线程模型。

对于简单的线程模型，如一个程序需要启动多个线程执行独立的任务而没有复杂的资源共享要求，继承 Thread 类是一个合适的选择。

2. 实现 Runnable 接口

在 Java 中，线程不仅可以通过继承 Thread 类创建，还可以通过实现 Runnable 接口实现。相较于继承 Thread 类，使用 Runnable 接口具有更高的灵活性和可扩展性，尤其在任务需要与线程解耦、多个任务共享同一代码时，Runnable 接口可以提供更合适的方案。

1）Runnable 接口概述

Runnable 接口是 Java 中用于定义线程任务的标准接口，位于 java.lang 包。它的设计思想是将任务的执行和线程的控制分开，使得同一任务可以被多个线程复用。Runnable 接口只有一个抽象方法 run()，示例代码如下。

```
//定义一个名为 Runnable 的接口
public interface Runnable {
    // 定义一个抽象方法 run()，表示任务的执行代码
    // 任何实现 Runnable 接口的类必须提供 run()方法的实现
    void run();
}
```

Runnable 接口并不直接处理线程的启动，而是通过被 Thread 类作为参数传递给线程执行。当线程调用 Thread.start()方法时，Runnable 接口会调用 Runnable.run()方法。

与继承 Thread 类相比，使用 Runnable 接口的最大优势是能够让任务和线程控制解耦，从而提供更好的复用性和灵活性。

2）实现 Runnable 接口创建线程的步骤

通过实现 Runnable 接口创建线程的过程分为几个简单的步骤，具体步骤如下。

（1）实现 Runnable 接口。

首先，创建一个类并实现 Runnable 接口。在实现 Runnable 接口时，开发者需要实现 run()方法，定义线程执行的具体任务。run()方法中的代码将会在新线程中执行。

示例代码如下。

```
//MyRunnable 类实现了 Runnable 接口
public class MyRunnable implements Runnable {
    // 实现 run() 方法，定义了线程要执行的任务
    @Override
    public void run() {
        // 打印当前线程执行的消息
        System.out.println("线程正在执行...");
    }
}
```

在上述示例代码中，MyRunnable 类实现了 Runnable 接口，并重写了 run()方法。这里的 run()方法只是简单地输出了一条消息，表示线程正在执行。

（2）创建 Thread 对象。

Runnable 接口本身并不能启动线程，开发者需要通过 Thread 类启动一个新线程。可以将实现了 Runnable 接口的对象作为参数传递给 Thread 类的构造函数，Thread 类会管理线程的启动与执行。

示例代码如下。

```
public class Main {
    public static void main(String[] args) {
        // 创建 myRunnable 对象
```

```
        // MyRunnable 类实现了 Runnable 接口并定义了线程要执行的任务
        Runnable myRunnable = new MyRunnable();
        // 使用 Runnable 对象创建 Thread 对象
        // 将 myRunnable 对象传递给 Thread 对象构造方法，表示该线程将执行 myRunnable 对象中
定义的任务
        Thread thread = new Thread(myRunnable);
        // 启动线程
    // 调用 thread.start()方法启动线程，启动后会自动调用 myRunnable 对象的 run()方法
        // 线程开始执行任务
        thread.start();
    }
}
```

运行结果如图 6-2 所示。

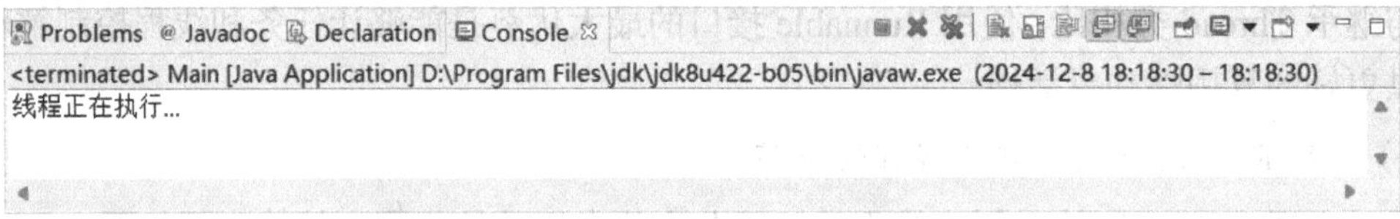

图 6-2   实现 Runnable 接口的示例代码运行结果

上述示例代码通过 Thread()构造方法传递一个实现了 Runnable 接口的实例。当调用 start()方法时，线程将被启动，并执行 run()方法。

（3）线程执行。

当调用 thread.start()方法时，Java 会为线程分配资源，并最终调用 run()方法。需要注意的是，run()方法会在新线程中执行，而不是在调用 start()方法的主线程中执行。Java 线程调度器会根据操作系统的调度策略决定何时让线程开始执行。

3）实现 Runnable 接口的优缺点

实现 Runnable 接口的优点在于它解耦了任务与线程的控制，使得任务执行逻辑与线程生命周期管理分开，增强了代码的灵活性和可扩展性。这种方式特别适合多个线程执行相同任务的场景，因为 Runnable 实现类可以被多个线程共享，避免了为每个线程创建重复任务实例，减少了代码冗余和资源浪费。此外，通过 Runnable 接口，开发者可以灵活控制线程的启动、停止等操作，提高了程序的可维护性。

但 Runnable 接口无法直接访问 Thread 类的一些方法（如 getId()、setPriority()等方法），如果需要更细粒度的线程控制，则可能需要额外创建一个 Thread 对象。此外，对于简单任务，使用 Runnable 接口可能比继承 Thread 类显得更复杂，后者在这类场景下更简洁。

4）适用场景

（1）需要复用任务代码的场景。

当需要多个线程执行相同的任务时，Runnable 接口是非常理想的选择。通过实现 Runnable接口，开发者可以将任务逻辑从线程控制中解耦，使任务可以在多个线程之间共享和复用。

（2）需要多线程执行相同任务的场景。

如果多个线程需要执行相同的操作（如多个客户端请求需要执行相同的计算），则使用

Runnable 接口创建线程非常合适。任务逻辑可以统一在 Runnable 接口的 run()方法中编写,并在多个线程中共享。

（3）复杂的线程任务管理。

在一些需要复杂线程管理的场景下,Runnable 接口可以配合 Thread 类实现灵活的线程控制。例如,如果线程的任务和线程的生命周期管理需要独立处理,则实现 Runnable 接口将使代码更加灵活,方便扩展。

3. 继承 Thread 类与实现 Runnable 接口的区别

在 Java 中,创建多线程任务的方式有两种常见的做法:继承 Thread 类和实现 Runnable 接口。虽然这两种方法都可以实现多线程的功能,但是它们在设计、灵活性、性能等方面存在着一些显著的差异。理解它们的区别,能够帮助开发者在具体的应用场景中做出更加合理的选择。

本节将深入讨论继承 Thread 类和实现 Runnable 接口的具体区别,分析它们各自的优缺点,适用的场景,并且通过表格形式进行总结,帮助开发者更加清晰地理解两者的差异。

继承 Thread 类与实现 Runnable 接口的主要区别如表 6-2 所示。

表 6-2　继承 Thread 类与实现 Runnable 接口的主要区别

比较项目	继承 Thread 类	实现 Runnable 接口
线程创建方式	通过继承 Thread 类并重写 run()方法	通过实现 Runnable 接口并重写 run()方法
启动线程的方式	创建 Thread 类的实例并调用 start()方法	创建 Thread 对象并传入实现了 Runnable 接口的实例,调用 start()方法
灵活性	线程任务和线程管理耦合,不能继承其他类	任务和线程管理分开,能够继承其他类,灵活性更高
适用场景	适用于任务简单且线程数较少的情况,任务和线程管理在一个类中	适用于复杂应用场景,任务可以被多个线程共享。任务与线程的管理分开
多继承支持	不支持多继承,一个类只能继承 Thread 类	支持多继承,可以同时继承其他类并实现 Runnable 接口
任务复用性	每个线程只能执行一次任务。每次创建线程都需要重新定义任务	多个线程可以共享同一个 Runnable 对象,任务逻辑复用性更高
代码结构	代码结构较简单,适合任务较简单的场景	代码结构稍微复杂一些,但适用于大多数复杂应用,任务和线程的职责分离
资源消耗	继承 Thread 类时,线程和任务紧密绑定,创建任务时会额外消耗一些资源	任务的实现与线程分离,任务实现类可以在多个线程中共享,资源消耗相对较低
线程管理	线程的管理依赖于 Thread 类,无法复用线程类的实现	线程的管理与任务分离,能够使用多个 Runnable 实现共享任务,提高代码复用性
异常处理	异常必须在 run()方法中处理,无法使用其他方式处理线程中的异常	可以通过外部方法处理 run() 方法中的异常,增强了异常处理的灵活性
扩展性	限制较多,不能继承其他类	可以扩展其他类,同时实现多个接口,增强代码的灵活性

6.1.3　线程的生命周期

线程生命周期与状态的管理是多线程编程中的重要环节。理解线程的不同状态及它们之间的转换关系，能够帮助我们编写更高效、更稳定的多线程程序。本节将深入讨论线程的生命周期、线程状态与状态转换、线程的阻塞与同步、线程调度与优先级、死锁与资源竞争，以及线程的异常处理等内容。

线程的生命周期是从线程的创建开始的，到线程的终止而结束。在完整生命周期里，线程会在多个状态之间进行转换，这些转换可能是由程序代码中的方法调用触发的，也可能是由线程自身的执行和调度机制引起的，Java 通过这些状态描述线程的执行进度和等待条件。Java 线程生命周期的状态转换流程如图 6-3 所示。由图 6-3 可知，Java 线程的生命周期包含新建、就绪、运行、阻塞、等待、超时等待和死亡七种状态。每个状态下线程执行的动作如下。

- 新建状态（New）：当线程对象被创建时，线程处于新建状态，但尚未开始执行。此时线程的 start()方法尚未被调用。
- 就绪状态（Runnable）：当线程调用 start()方法时，线程进入就绪状态。线程准备执行，但可能因为操作系统的调度策略而未立即执行。线程在这个状态下等待操作系统调度。
- 运行状态（Running）：当线程获得操作系统的 CPU 时间片时，它进入运行状态。此时线程开始执行 run()方法中的代码，直到任务完成或发生阻塞等其他情况。
- 阻塞状态（Blocked）：线程在执行时，如果试图访问一个已经被其他线程占用的资源（如锁或文件），就会进入阻塞状态。在阻塞状态下，线程不会占用 CPU 资源，直到可以访问该资源。
- 等待状态（Waiting）：线程通过调用 wait()、join()、park()等方法进入等待状态。线程在等待状态下不会占用 CPU 时间，直到其他线程调用 notify()、notifyAll()或 interrupt()方法唤醒它。
- 超时等待状态（Timed Waiting）：线程在调用 sleep(time)、join(time)等方法时，会进入超时等待状态，直到指定的时间结束，线程才会恢复到就绪状态。
- 死亡状态（Dead）：当线程的 run()方法执行完成，或者线程因异常退出，又或者被其他线程终止时，线程进入死亡状态。线程一旦进入死亡状态，就无法重新启动。

线程状态之间的转换是动态的，这意味着线程的状态会根据不同的条件和外部事件发生变化。Java 通过 Thread 类和相关的同步机制（如 wait()、notify()等方法）管理线程的生命周期和状态转换。

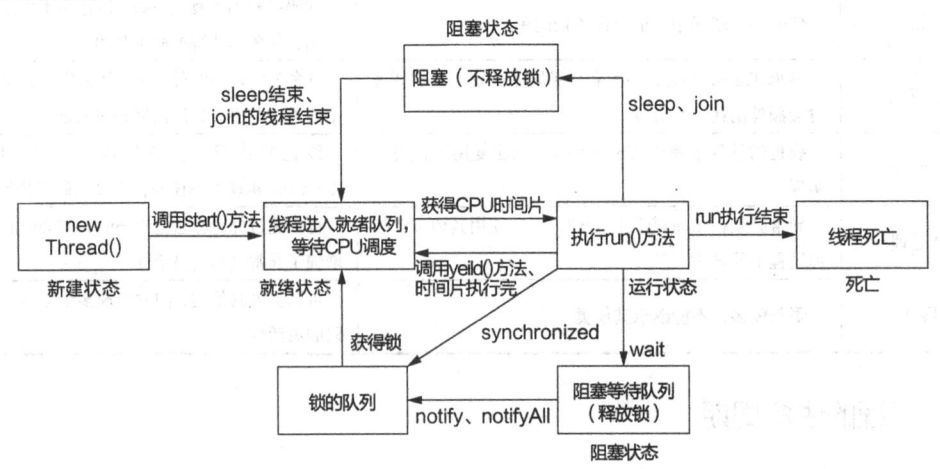

图 6-3　线程生命周期的状态转换流程

1．线程状态的示例代码

（1）线程的新建、就绪、运行、死亡状态。

示例代码如下。

```java
// 定义一个继承自 Thread 类的 MyThread 类
class MyThreads extends Thread {
    // 重写 run() 方法，定义线程执行的任务
    @Override
    public void run() {
        // 输出线程开始运行的信息
        System.out.println("线程开始运行: " + Thread.currentThread().getName());
        try {
            // 模拟线程运行 2 秒
            Thread.sleep(2000); // 线程休眠 2 秒，模拟执行任务
        } catch (InterruptedException e) {
            // 捕获并处理线程被中断的异常
            System.out.println("线程被中断");
        }
        // 输出线程运行结束的信息
        System.out.println("线程运行结束: " + Thread.currentThread().getName());
    }
}
public class ThreadStateDemo {
    public static void main(String[] args) throws InterruptedException {
        // 创建 MyThread 类的一个实例
        MyThreads thread = new MyThreads();
        // 输出线程的初始状态（新建状态）
        System.out.println("线程状态（新建）: " + thread.getState());

        // 启动线程，线程进入就绪状态，准备运行
        thread.start();
        // 输出线程启动后的状态（就绪状态）
        System.out.println("线程状态（启动）: " + thread.getState());
        // 主线程等待子线程执行完毕（调用 thread.join() 方法阻塞当前线程，直到 thread 执行完）
        thread.join();
        // 输出线程执行完毕后的状态（死亡状态）
        System.out.println("线程状态（死亡）: " + thread.getState());
    }
}
```

运行结果如图 6-4 所示。

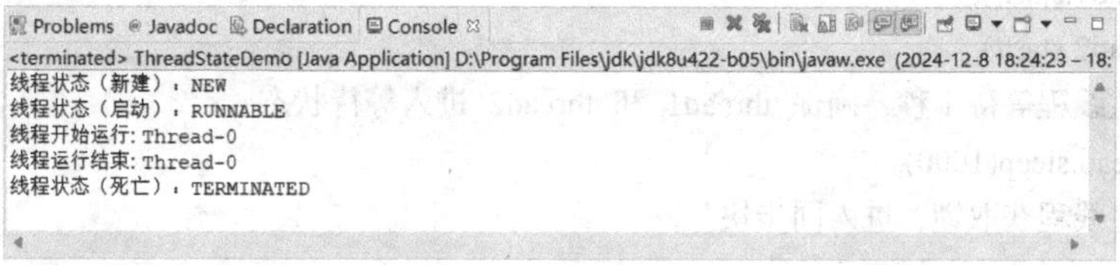

图 6-4　线程新建、就绪、运行、死亡状态的示例代码运行结果

线程首先处于"新建"状态，调用 start()方法后，它会进入"就绪"状态，准备接受操作系统的调度。当操作系统调度该线程，它进入"运行"状态。通过 sleep()方法模拟线程的执行。最后，线程完成执行后，进入"死亡"状态。

（2）线程的等待状态与唤醒机制。

在多线程编程中，线程可以通过 wait()方法进入等待状态，直到被其他线程使用 notify()方法或 notifyAll()方法唤醒一个或多个等待中的线程。

示例代码如下。

```java
// 示例类，展示线程的 wait 和 notify 使用
class WaitNotifyExample {
    // 创建一个锁对象，用于同步线程的通信
    private static final Object lock = new Object();
    // WorkerThread 类继承自 Thread 类，用于展示等待和唤醒机制
    static class WorkerThread extends Thread {
        @Override
        public void run() {
            // 使用同步块，保证线程在执行时获得锁
            synchronized (lock) {
                try {
                    // 打印当前线程进入等待状态
                    System.out.println(Thread.currentThread().getName() + " 进入等待状态");
                    // 让当前线程进入等待状态，释放锁并等待其他线程通知
                    lock.wait(); // 当前线程进入等待队列，释放锁
                    // 当被唤醒后，继续执行，打印被唤醒的消息
                    System.out.println(Thread.currentThread().getName() + " 被唤醒，继续执行");
                } catch (InterruptedException e) {
                    // 如果线程在等待时被中断，则捕获异常并输出
                    System.out.println("线程被中断");
                }
            }
        }
    }
    public static void main(String[] args) throws InterruptedException {
        // 创建两个 WorkerThread 线程实例
        WorkerThread thread1 = new WorkerThread();
        WorkerThread thread2 = new WorkerThread();
        // 启动线程 1 和线程 2
        thread1.start();
        thread2.start();
        // 主线程等待 1 秒，确保 thread1 和 thread2 进入等待状态
        Thread.sleep(1000);
        // 主线程获取锁，进入同步块
        synchronized (lock) {
            System.out.println("主线程唤醒等待中的线程");
```

```
            // 唤醒一个在 lock 上等待的线程
            lock.notify(); // 唤醒一个等待的线程
        }
        // 等待 thread1 和 thread2 执行完毕
        thread1.join();
        thread2.join();
    }
}
```

运行结果如图 6-5 所示。

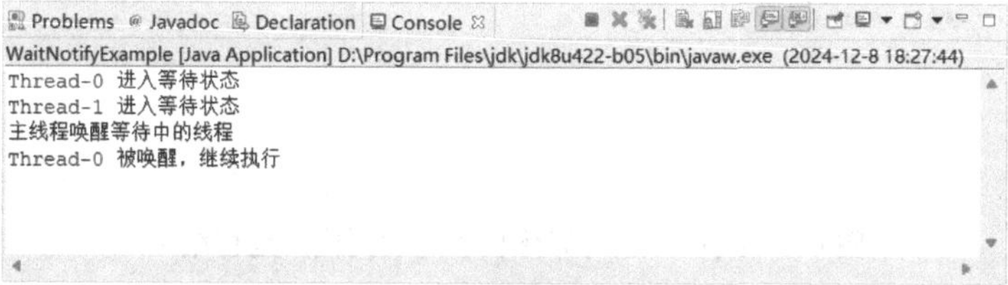

图 6-5　线程等待与唤醒机制的示例代码运行结果

在上述示例代码中，thread1 和 thread2 在获取 lock 对象的锁后，调用 wait()方法进入等待状态。主线程等待 1 秒后，调用 notify()方法唤醒一个等待中的线程。线程被唤醒后，继续执行。

（3）线程的超时等待状态。

线程可以通过 sleep()方法或 join()方法进入超时等待状态，在指定时间后恢复执行。

示例代码如下。

```java
// SleepExample 类继承自 Thread 类，用于展示线程的 sleep() 方法
class SleepExample extends Thread {
    @Override
    public void run() {
        try {
            // 打印当前线程正在进入超时等待状态
            System.out.println(Thread.currentThread().getName() + " 进入超时等待状态");
            // 当前线程休眠 3 秒，模拟长时间的工作
            Thread.sleep(3000); // 使当前线程休眠 3000 毫秒（即 3 秒）
            // 当休眠时间结束后，线程会被唤醒并继续执行
            System.out.println(Thread.currentThread().getName() + " 被唤醒，继续执行");
        } catch (InterruptedException e) {
        // 如果线程在休眠期间被中断，会捕获到 InterruptedException 异常
            System.out.println("线程被中断");
        }
    }
    public static void main(String[] args) throws InterruptedException {
        // 创建一个 SleepExample 线程实例
        SleepExample thread = new SleepExample();
        // 启动线程，使其执行 run() 方法
        thread.start();
```

```
        // 主线程等待子线程执行完成后再继续执行
        thread.join(); // 调用 join()方法，主线程等待 thread 执行结束
    }
}
```

上述示例代码在 run()方法中，线程调用 Thread.sleep(3000)使当前线程进入"超时等待"状态。超过指定的时间（这里是 3000 毫秒），线程会被自动唤醒并继续执行。

运行结果如图 6-6 所示。

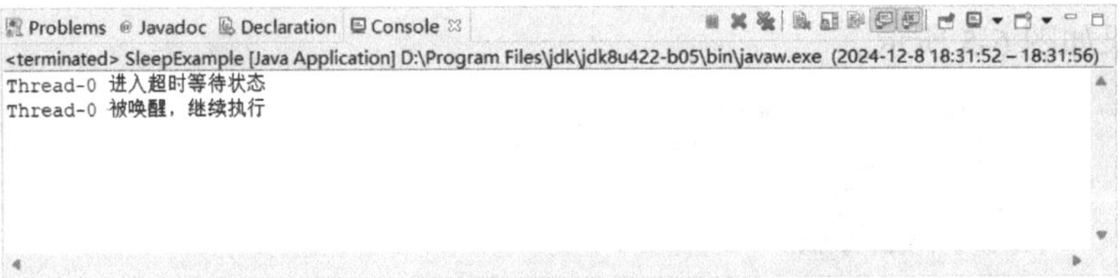

图 6-6 线程的超时等待状态的示例代码运行结果

2. 线程的阻塞

线程的阻塞状态通常出现在线程申请某些不可用的资源时，必须等待这些资源或条件得到满足才能恢复执行。阻塞状态是线程生命周期中的一种常见状态，它通常会影响程序的响应性与性能，特别是在高并发环境下。

1）阻塞的原因

（1）等待锁（同步）。

当多个线程需要同步访问共享资源时，线程会通过锁机制来保证资源访问的互斥性。如果一个线程已经持有了资源的锁，则其他线程必须等待，直到锁被释放，此时线程便进入了阻塞状态。常见的锁机制包括 synchronized 关键字和 Lock 接口。

（2）I/O 操作。

线程在进行 I/O 操作时，如果数据没有准备好，或者输入/输出设备处于忙碌状态，如读取文件、操作数据库、网络通信等，则线程会进入阻塞状态。线程等待 I/O 操作完成后，会恢复执行。

（3）等待条件。

如果一个线程调用了 wait()、join()或 sleep()等方法，它将进入等待状态，直到等待的条件被满足。例如，一个线程可能等待另一个线程完成某些任务后才能继续执行。

（4）线程池队列满。

在使用线程池时，如果线程池中的队列已满，则新的任务无法立即执行，线程将进入阻塞状态直到队列中有空闲位置。

2）线程阻塞状态的演示

线程进入阻塞状态后，会一直等待某种资源（如锁）。在此状态下，线程不会占用 CPU 时间片，直到资源可用后才能恢复执行。

示例代码如下。

```
//创建一个继承自 Thread 类的 MyBlockedThread 类
class MyBlockedThread extends Thread {
```

```java
// 定义一个用于同步的锁对象
private final Object lock = new Object();
// 重写 run() 方法，定义线程执行的任务
@Override
public void run() {
    synchronized (lock) {
        System.out.println(Thread.currentThread().getName() + " 获取了锁，开始执行");
        try {
            // 模拟线程执行一个耗时操作，例如工作 2 秒
            Thread.sleep(2000); // 让线程休眠 2 秒，模拟长时间的工作
        } catch (InterruptedException e) {
            // 捕获并处理线程被中断的异常
            System.out.println("线程被中断");
        }
        // 任务完成后输出线程执行完毕的消息
        System.out.println(Thread.currentThread().getName() + " 执行完毕");
    }
}
// 主方法，用于启动线程并模拟线程阻塞的情况
public static void main(String[] args) throws InterruptedException {
    // 创建两个 MyBlockedThread 线程实例
    MyBlockedThread t1 = new MyBlockedThread();
    MyBlockedThread t2 = new MyBlockedThread();
    // 启动线程 t1
    t1.start(); // 线程 t1 先获取锁并开始执行
    Thread.sleep(500); // 确保线程 t1 在线程 t2 之前启动并获得锁
    // 启动线程 t2
    t2.start();
// 线程 t2 试图获取相同的锁，但是由于线程 t1 已经持有锁，线程 t2 进入阻塞状态
    // 等待线程 t1 执行完毕
    t1.join(); // 等待线程 t1 执行完毕
    // 等待线程 t2 执行完毕
    t2.join(); // 等待线程 t2 执行完毕
    }
}
```

在上述示例代码中，线程 t1 首先获得 lock 锁并开始执行，当线程 t2 尝试获取相同的锁时，它会进入阻塞状态，直到线程 t1 释放锁，线程 t2 处于"阻塞"状态，直到 lock 锁可用。运行结果如图 6-7 所示。

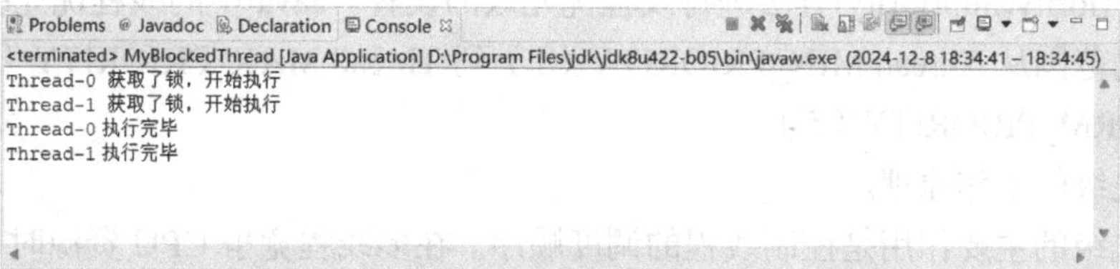

图 6-7　线程阻塞状态的示例代码运行结果

3. 线程状态管理

线程的生命周期和状态管理不仅是由操作系统进行控制的，JVM 也在其中扮演了重要的角色。操作系统负责基本的线程调度和资源管理，而 JVM 则通过线程类（Thread）及其方法对线程生命周期进行控制。这些管理机制不仅确保了线程状态的转换，还确保了线程的高效运行和安全同步。

- 操作系统调度器：操作系统负责线程的优先级管理及时间片的分配。每个线程都有一个优先级，调度器根据优先级和当前系统负载决定了哪个线程可以获得 CPU 资源。线程运行中的状态转换是由操作系统的调度算法决定的。
- 线程池管理：在高并发应用中，线程池是管理线程生命周期的最佳实践之一。线程池通过预创建一定数量的线程避免频繁创建和销毁线程的开销。线程池的管理包括任务队列、线程复用和动态调整线程数等，它能够高效地调度和管理线程，确保系统性能的最优化。
- JVM 调度器：VM 通过 Thread 类及其相关的 API 提供对线程的管理和调度。JVM 负责管理线程的创建、启动、阻塞、同步等。此外，JVM 还为每个线程分配内存、堆栈及其他资源，以确保线程能够正常运行。

4. 线程调度与优先级

线程调度和优先级是操作系统管理 CPU 资源，并合理地将 CPU 资源分配给多个线程的关键影响因素。在并发程序设计中，合理地调度线程和设定线程优先级能够确保程序高效、可靠地运行，也能够极大地提升系统的性能和响应能力。本节将深入探讨线程调度的原理和线程的优先级机制，以及如何通过有效的调度策略优化多线程程序的性能。

1）线程调度

线程调度（Thread Scheduling）是指操作系统决定哪些线程能够获得 CPU 资源的过程。操作系统通常通过调度器（Scheduler）管理所有正在运行的线程，并根据一定的调度策略，决定每个线程何时能够执行及执行多长时间。

操作系统和 JVM 都提供了线程调度的基础保障。操作系统的调度器负责从操作系统的线程池中选择合适的线程运行，其调度方式会根据操作系统的内核设计和策略有所区别。Java 并没有直接提供一个线程调度的接口，而是依赖底层操作系统的调度机制，JVM 则通过 Thread 类和 ThreadPoolExecutor 管理和调度 Java 应用中的线程。因此，线程的调度行为可能因操作系统的不同而有所区别。

2）线程的优先级

线程的优先级（Thread Priority）是操作系统用来决定线程执行顺序的一种机制，通常通过线程的 setPriority(intpriority)方法进行线程优先级的设置。Java 中的线程优先级被表示为一个整数，它的范围从 Thread.MIN_PRIORITY（1）到 Thread.MAX_PRIORITY（10），默认值为 Thread.NORM_PRIORITY（5）。

（1）优先级的工作原理。

线程优先级的主要作用是控制线程的调度顺序。在多线程竞争 CPU 资源时，操作系统会优先选择优先级较高的线程执行。如果多个线程有相同的优先级，则操作系统会根据调度算法（如时间片轮转）依次让这些线程执行。

　　需要注意的是，线程优先级并不能保证线程一定按照优先级顺序执行。在某些操作系统中，线程优先级的效果可能受到其他因素的影响，如 CPU 的负载、线程阻塞等因素的影响。操作系统的调度策略也会对优先级的实际效果产生影响。一些操作系统可能忽略线程的优先级，或者将其优先级降低。例如，Linux 操作系统可以通过动态调整优先级来保持公平性，而Windows 操作系统中具有一定优先级的线程则可能因为得不到资源而"饿死"。同时，VM 的线程调度通常依赖底层操作系统的调度器。在某些环境中，Java 程序也存在无法完全按照优先级控制线程的执行顺序的情况。

　　虽然线程优先级可以影响调度顺序，但它并不总是能够显著提升程序的性能。在实际开发中，过度依赖线程优先级调度可能导致一些不必要的复杂性。因此，通常线程的优先级仅在一些特定的场景下使用，如实时系统或需要特别调度的任务中。

　　（2）设置线程优先级。

　　Java 提供了 Thread.setPriority(int priority)方法设置线程的优先级。调用此方法时需要传入一个代表线程优先级的整数值（1 到 10）。Java 中的线程优先级是一个相对值，高优先级线程并不一定会获得比低优先级线程更多的 CPU 时间。

　　示例代码如下。

```
Thread thread = new Thread();
thread.setPriority(Thread.MAX_PRIORITY); // 设置线程的优先级为最大
```

　　3）线程调度的优化

　　线程调度的优化不仅依赖于操作系统或 JVM 的默认行为，开发者还可以通过一些技术手段优化线程调度，以提升程序的性能。

　　（1）任务划分与合理的线程设计。

　　为了避免线程调度时的争抢资源问题，可以将任务细化为多个子任务，将它们合理地分配任务到不同的线程中。例如，可以将处理大规模数据的任务划分为多个子任务，每个子任务由一个线程独立执行，以减少线程间的依赖与竞争。

　　（2）使用线程池。

　　线程池能够有效地管理线程，无须在每次执行任务时进行线程的创建和销毁工作，能够避免频繁创建与销毁线程产生的性能损耗。Java 的 ExecutorService 提供了线程池管理机制。通过合理配置线程池的大小与队列策略，可以显著提升系统的吞吐量和响应能力。

　　示例代码如下。

```
ExecutorService executor = Executors.newFixedThreadPool(10);
// 创建一个包含 10 个线程的线程池
executor.submit(new RunnableTask()); // 提交任务到线程池
```

　　（3）任务优先级。

　　在某些高优先级任务和低优先级任务共存的情况下，可以将使用线程池技术和优先级队列共同处理任务。Java 通过 PriorityBlockingQueue 提供了优先级队列的实现，在优先级队列中可以按优先级排序任务，确保重要任务的优先执行。

　　（4）自适应调度策略。

　　可以在程序中设计自适应的调度策略以优化线程的调度效率。例如，当线程池中的线程数量不足时，可以对线程池的大小进行动态调整，或者可以根据任务的执行情况调整任务的优先级，确保关键任务尽快执行。

6.1.4 线程的应用场景

多线程编程是一种非常强大的技术，它能够显著提高程序的性能，尤其是在处理大量计算密集型或 I/O 密集型任务时。线程的应用场景非常广泛，从操作系统到服务器应用，再到现代的图形界面和分布式系统，都离不开线程的支持。如下是一些典型的应用场景，展示如何在实际应用中使用线程解决不同的问题。

1. 并行计算

在并行计算中，可以通过多个线程或进程同时执行计算任务提升程序执行效率。在科学计算和数据处理领域，如矩阵运算、图像处理和机器学习，可以将任务划分为多个子任务进行并行处理，合理利用多核 CPU 的性能加速计算。在游戏开发中，除了渲染和物理计算，AI 逻辑、网络通信和声音播放等任务也通过多线程并发执行，以避免主线程阻塞，提升游戏的性能。

2. I/O 密集型操作

I/O 密集型操作通常会导致线程的长时间等待。通过多线程编程，可以在等待 I/O 密集型操作完成时去执行其他任务，以提升程序的响应能力和吞吐量。例如，在文件处理过程中，不同线程可以同时操作不同文件，加速读取和写入；在网络请求中，线程池可以管理多个线程的并发处理请求，减少等待时间；在数据库操作中，多线程可并行执行多个查询，降低总体的响应时间，提升数据库访问效率。

3. 用户界面开发

在图形用户界面（GUI）开发中，UI 需要快速响应用户输入，避免计算密集型任务导致的界面卡顿。通常，主线程负责处理用户输入和界面渲染，而耗时操作则由后台线程处理。例如，在 Java 中的 Swing 和 JavaFX 框架中，主线程专注于 UI 操作，其他任务由独立线程执行。此外，GUI 应用还常通过异步操作避免界面阻塞。例如，用户单击"下载"按钮时，文件下载在后台线程中进行，而 UI 线程继续响应用户输入并更新界面，如显示进度条。

4. 实时处理系统

实时处理系统，如嵌入式系统、工业自动化和航空航天系统，通常需要迅速响应外部事件或传感器数据，多线程是实现这一目标的常见手段。实时操作系统（RTOS）通过多任务调度，确保任务在规定的时间内完成，以满足响应延迟和周期性执行的要求。许多实时系统采用事件驱动模型，线程根据外部事件（如传感器变化或命令）进行响应，通过多线程并行处理多个事件，能够确保及时和高效地完成任务。

5. 多任务处理与后台服务

多任务处理和后台服务是线程的重要应用场景，许多系统需要长时间运行并同时执行多个任务，如文件监控、定时任务调度和资源清理等。通过多线程，系统可以同时处理多个任务而不互相干扰。例如，定时任务调度使得服务器能够在后台定期执行维护任务（如日志清理和数据备份），而不影响主服务的运行；文件监控则通过线程实时监控文件变化或目录内容，及时处理相关任务。

6. 分布式与并行计算

在分布式系统中，经常使用多个线程执行跨服务器的任务，协同处理大规模数据的计算和分析，从而提升系统效率。例如，在大数据处理框架如 Hadoop 和 Spark 中，线程执行 Map 和 Reduce 操作，每个线程处理部分数据，最终合并结果加速计算；在微服务架构中，服务通过线程并行处理多个请求，利用线程池和异步任务提高并发处理能力，从而提升系统的吞吐量和可用性。

6.2　线程同步与通信

在多线程编程中，线程同步与线程通信是解决线程间协作、数据共享和资源访问冲突的关键技术。在并发环境下，多个线程可能同时访问共享资源，如果没有适当的同步机制，就会出现数据不一致或竞态条件等问题。Java 通过多种方式提供了线程同步与线程通信的支持，使开发者能够确保并发程序的正确性、稳定性和高效性。本节将详细讨论线程同步与线程通信的概念、作用、实现方式，以及它们在并发编程中的应用。合理地控制线程同步和通信，是确保多线程程序正确性的关键。

6.2.1　线程同步

在并发编程中，多个线程可能会同时访问同一资源（如共享的内存、文件、数据库等）。如果没有适当的同步机制，这些线程就可能引发数据竞争（Data Race），导致数据不一致或程序崩溃。为了解决这些问题，在并发编程中引入了线程同步技术，防止多个线程同时访问共享资源时发生竞争条件，以确保共享资源的互斥访问，避免冲突和数据不一致性。同步是多线程编程中的重要技术，它不仅能够保证程序的正确性，还能够提高程序在多核处理器上的并发性能。本节将详细介绍线程同步的概念、原理、实现机制、相关技术，以及在 Java 中实现线程同步的方法。

1. 线程同步的基本概念

线程同步要确保多个线程对共享资源的访问是互斥的，确保某一时刻只有一个线程能够访问共享资源，避免并发访问共享资源时发生冲突，防止多个线程同时修改共享资源导致数据的不一致或程序异常。

在多线程编程中，如果没有适当的同步机制，多个线程可能并发访问同一个资源并进行修改，则这种情况下可能发生如下问题。

- 数据竞争（Race Condition）：多个线程同时访问共享资源并对其进行修改，导致某些修改丢失，结果出现不一致。
- 脏读（Dirty Read）：某个线程正在修改共享数据时，另一个线程读取到的数据还处于中间状态，甚至可能读到非法状态数据。
- 死锁（Deadlock）：多个线程相互等待对方释放资源，最终导致所有线程都无法继续执行，程序陷入死锁状态。

线程同步的目标是确保程序在多线程环境中能够正确执行，并且能够避免数据竞争、脏读、死锁等并发问题。具体来说，线程同步的目标包括如下几点。

- 互斥访问：通过同步机制保证同一时刻只有一个线程可以访问共享资源。
- 保证数据一致性：在并发修改共享数据时，通过同步机制避免冲突和数据不一致。
- 避免死锁：确保线程在访问资源时能够避免死锁发生。
- 提升程序性能：在保证线程安全的基础上，尽量减少同步操作对性能的影响。

2. Java 中的线程同步

线程同步的原理基于锁机制，通过加锁控制线程对共享资源的访问，避免了数据竞争和不一致性的问题。Java 提供了多种同步工具和锁机制，包括 synchronized 关键字、ReentrantLock、CountDownLatch、Semaphore 等，可以根据不同的并发场景选择合适的工具。理解和应用线程同步原理对于构建高效且线程安全的多线程程序至关重要。

1) synchronized 关键字

synchronized 关键字是 Java 提供的基础的线程同步机制，用于方法或代码块，确保同一时刻只有一个线程可以访问被同步的部分。当线程访问一个同步方法或代码块时，它会首先获取锁，如果该锁已经被其他线程持有，当前线程就会进入等待状态，直到该锁被释放。线程获得锁之后，其他线程无法访问该方法或代码块，直到当前线程释放锁，其他线程才能获取该锁并访问该方法或代码块。

- 同步方法：当一个方法被 synchronized 关键字修饰时，表示该方法是同步的。同一时刻，只允许一个线程访问该方法。同步方法常用于对共享资源的修改操作。
- 同步代码块：当一个代码块被 synchronized 关键字修饰时，表示该代码块是同步的。可以使用同步代码块对某个特定的代码块进行同步，而无须对整个方法进行同步。同步代码块通常用于加锁一个对象，确保对该对象的操作在同一时刻只能由一个线程执行。

示例代码如下。

```java
import java.util.LinkedList;
import java.util.Queue;

public class ProducerConsumer {
    private final Queue<Integer> buffer = new LinkedList<>();
    private final int MAX_SIZE = 5;

    class Producer implements Runnable {
        @Override
        public void run() {
            while (true) {
                synchronized (buffer) {
                    while (buffer.size() == MAX_SIZE) {
                        try {
                            System.out.println("缓冲区满，生产者等待...");
```

```
                                buffer.wait();
                        } catch (InterruptedException e) {
                            Thread.currentThread().interrupt();
                        }
                    }
                    int item = (int) (Math.random() * 100);
                    buffer.add(item);
                    System.out.println("生产者生产了 " + item);
                    buffer.notify();
                }
            }
        }
    }


class Consumer implements Runnable {
    @Override
    public void run() {
        while (true) {
            synchronized (buffer) {
                while (buffer.isEmpty()) {
                    try {
                        System.out.println("缓冲区空，消费者等待...");
                        buffer.wait();
                    } catch (InterruptedException e) {
                        Thread.currentThread().interrupt();
                    }
                }
                int item = buffer.poll();
                System.out.println("消费者消费了 " + item);
                buffer.notify();
            }
        }
    }
    public void start() {
        Thread producerThread = new Thread(new Producer());
        Thread consumerThread = new Thread(new Consumer());
        producerThread.start();
        consumerThread.start();
    }
    public static void main(String[] args) {
        ProducerConsumer pc = new ProducerConsumer();
        pc.start();
    }
}
```

在上述示例代码中，使用 synchronized 关键字确保生产者和消费者对共享资源（即 buffer 队列）的互斥访问。wait()方法让线程在某个条件下进入等待状态，直到满足条件时被 notify() 方法唤醒。生产者在缓冲区满时调用 wait()方法，消费者在缓冲区空时调用 wait()方法。当生产者生产数据时，调用 notify()方法唤醒消费者，反之亦然。

运行结果如图 6-8 所示。

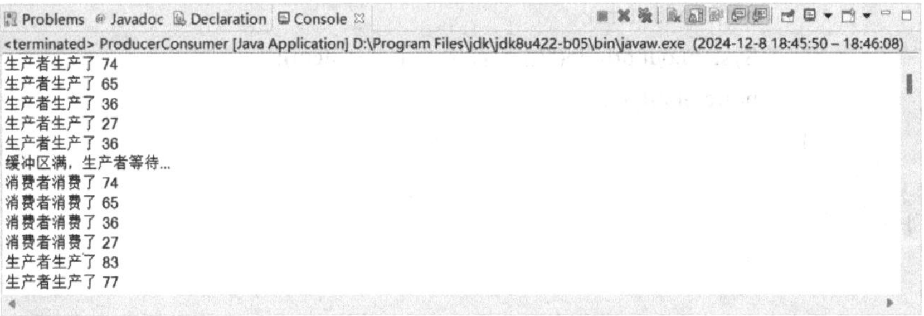

图 6-8 synchronized 关键字的示例代码运行结果

2）ReentrantLock

ReentrantLock 是一种独占式的可重入锁，位于 java.util.concurrent.locks 中，是 Lock 接口的默认实现类。它底部的同步特性是基于 AQS（抽象队列同步器）实现的，是 JDK 中一种线程并发访问的同步手段。ReentrantLock 提供了与 synchronized 关键字相似的功能，但具有更多的灵活性和扩展性。ReentrantLock 具备如下特性。

- 独占锁：同一时刻，一把锁只能被一个线程获取。
- 可重入锁：一个线程在获取了一个对象锁后，允许同一个线程在持有锁的情况下再次获取该锁。也就是说，同一个线程可以多次获取同一个可重入锁，而不会发生死锁。
- 可中断的锁：线程可以在等待锁时响应中断，以避免线程在等待锁时长时间无响应的情况。
- 公平锁与非公平锁：ReentrantLock 可以选择公平或非公平锁模式。公平锁会按照线程请求锁的顺序依次分配锁，非公平锁则不保证顺序，可能让后请求的线程先获得锁。
- 锁超时：可以调用 tryLock(long timeout, TimeUnit unit)方法设置超时时间，规定在等待时长内获取锁，如果阻塞时长超过设置的等待时长，或者阻塞过程中被其他线程中断，该线程则从队列中清除并返回获取锁失败。

示例代码如下。

```java
import java.util.concurrent.locks.Lock;
import java.util.concurrent.locks.ReentrantLock;
// 定义一个带有锁的计数器类
class CounterWithLock {
    private int count = 0;   // 计数器变量
    private final Lock lock = new ReentrantLock();   // 创建一个可重入锁对象
    // 增加计数器值的方法，使用锁确保线程安全
    public void increment() {
        lock.lock();   // 获取锁，防止其他线程同时访问此方法
        try {
```

```
                count++;  // 增加计数器
            } finally {
                lock.unlock();  // 确保释放锁，即使在发生异常时也能释放
            }
        }
        // 减少计数器值的方法，使用锁确保线程安全
        public void decrement() {
            lock.lock();  // 获取锁，防止其他线程同时访问此方法
            try {
                count--;  // 减少计数器
            } finally {
                lock.unlock();  // 确保释放锁
            }
        }
        // 获取当前计数器的值
        public int getCount() {
            return count;
        }
    }
    public class LockExample {
        public static void main(String[] args) throws InterruptedException {
            CounterWithLock counter = new CounterWithLock();
            // 创建计数器实例
            // 创建线程 t1，执行增加计数器的操作
            Thread t1 = new Thread(() -> {
                for (int i = 0; i < 1000; i++) {
                    counter.increment();  // 调用 increment 方法
                }
            });
            // 创建线程 t2，执行减少计数器的操作
            Thread t2 = new Thread(() -> {
                for (int i = 0; i < 1000; i++) {
                    counter.decrement();  // 调用 decrement 方法
                }
            });
            t1.start();  // 启动线程 t1
            t2.start();  // 启动线程 t2
            t1.join();  // 等待线程 t1 执行完毕
            t2.join();  // 等待线程 t2 执行完毕
            System.out.println("最终计数值：" + counter.getCount());
            // 输出最终计数值
        }
    }
```

上述示例代码通过 ReentrantLock 的 lock()方法获取锁，确保每次只有一个线程可以进入

临界区。unlock()方法在 finally 块中调用，以确保即使发生异常锁也会被释放。

运行结果如图 6-9 所示。

图 6-9　ReentrantLock 的示例代码运行结果

3）ReadWriteLock

在某些场景下，我们希望多个线程可以并发地读取共享资源，但多线程在进行写入操作时必须是独占的。可以使用读写锁——ReadWriteLock 实现这种操作，ReadWriteLock 提供了两种锁：读锁和写锁。

- 读锁 readLock()：允许多个线程并发读取共享资源，但在写锁被持有时，不可获取读锁。
- 写锁 writeLock()：写锁是排他性的，同一时刻只允许一个线程持有写锁，其他线程无法获取读锁或写锁。

ReadWriteLock 通常用于那些读操作远远多于写操作的场景，可以通过 ReadWriteLock 提高线程的并发性来提升系统性能。

示例代码如下。

```java
import java.util.concurrent.locks.Lock;
import java.util.concurrent.locks.ReadWriteLock;
import java.util.concurrent.locks.ReentrantReadWriteLock;
public class ReadWriteLockExample {
    private int count = 0;  // 共享变量 count
    private final ReadWriteLock lock = new ReentrantReadWriteLock();
    // 创建一个读写锁
    private final Lock readLock = lock.readLock();  // 读锁
    private final Lock writeLock = lock.writeLock();  // 写锁
    // 读操作：读取变量 count 的值
    public int getCount() {
        readLock.lock();  // 获取读锁
        try {
            return count;  // 返回 count 的当前值
        } finally {
            readLock.unlock();  // 无论如何，最后都要释放读锁
        }
    }
    // 写操作：增加变量 count 的值
    public void increment() {
        writeLock.lock();  // 获取写锁
        try {
            count++;  // 修改共享变量 count
        } finally {
            writeLock.unlock();  // 无论如何，最后都要释放写锁
```

```
        }
    }
    public static void main(String[] args) {
        ReadWriteLockExample example = new ReadWriteLockExample();
        // 创建 ReadWriteLockExample 的实例
        // 读线程：模拟多个线程对变量 count 的读取操作
        Thread t1 = new Thread(() -> {
            for (int i = 0; i < 1000; i++) {
                System.out.println("Count: " + example.getCount());
            // 输出变量 count 的值
            }
        });
        // 写线程：模拟对 count 的写操作
        Thread t2 = new Thread(() -> {
            for (int i = 0; i < 1000; i++) {
                example.increment();   // 增加变量 count 的值
            }
        });// 启动读线程和写线程
        t1.start();
        t2.start();
        try {
            // 等待线程 t1 和线程 t2 完成
            t1.join();
            t2.join();
        } catch (InterruptedException e) {
            e.printStackTrace();   // 捕获并打印 InterruptedException
        }
        // 输出最终变量 count 的值
        System.out.println("Final count: " + example.getCount());
    }
}
```

3. 线程同步的最优实践

（1）尽量避免使用全局锁：全局锁（如类级别的 synchronized）会导致所有线程争夺同一个锁，可能导致性能瓶颈。应尽量细化锁的粒度，减少锁的竞争。

（2）避免死锁：死锁是并发编程中的常见问题，可以通过一些策略避免，如避免循环等待、采用定时锁等方式。

（3）减少锁的持有时间：锁的持有时间越长，其他线程等待的时间就越长，性能就越差。因此，应尽量减少锁的持有时间。

（4）使用高效的同步结构：对于读多写少的场景，可以使用 ReadWriteLock，提高并发性。

线程同步是多线程编程中不可或缺的一个环节，它确保了多个线程能够正确、安全地访问共享资源。Java 提供了多种同步机制，包括 synchronized 关键字、ReentrantLock、ReadWriteLock 和 ThreadLocal，每种机制都有其特定的应用场景和优势。在实际编程中，合理地选择和使用同步机制，不仅能保证程序的正确性，还能提高程序的性能和可维护性。

6.2.2 线程通信

线程通信（Thread Communication）是多线程编程中的一项重要技术，尤其在生产者—消费者等典型并发场景下尤为重要。不同的线程之间往往需要协调合作，以完成某些任务。线程通信的目标是使多个线程能够在不同的工作阶段之间协调工作，确保数据共享的正确性，并解决线程之间的依赖关系。

本节将深入探讨线程通信的概念、技术实现、常见的线程通信模式及在 Java 中的实现。线程通信包括但不限于线程之间的状态共享、线程的等待与通知机制、阻塞队列等，并通过实际代码示例进行说明。

1. 线程通信的基本概念

线程通信是指通过某种机制让多个线程间交换信息或协调工作。在多线程环境下，通常有多种方式实现线程间的协调，包括共享变量、通知/等待机制、管道等。

1）线程通信的必要性

在多线程程序中，线程并不总是相互独立的，某些线程可能依赖其他线程的执行结果，或者多个线程需要共享某些资源。在这种情况下，线程之间需要通过某种通信机制确保它们能够正确协同工作。

例如，在生产者—消费者模式中，生产者线程生产数据并放入缓冲区，而消费者线程从缓冲区中取出数据进行处理。为了防止生产者生产过快，或者消费者消费过慢导致的资源浪费、线程阻塞，生产者和消费者必须通过同步机制协调工作，保证生产和消费的平衡。

2）线程通信的挑战

（1）死锁：线程等待对方释放资源时，可能进入无限等待状态，造成程序无法继续执行。

（2）资源竞争：多个线程可能同时访问共享资源，需要使用同步机制避免冲突。

（3）效率问题：同步机制的使用可以确保线程安全，但也可能影响程序的性能。合理地进行线程通信能够避免不必要的性能损失。

2. 线程通信的基本模式

线程通信的基本模式有很多，但在多线程编程中，有两个经典的场景是常见的——生产者—消费者问题和线程间的等待—通知机制。

1）线程的等待与通知机制

Java 提供了内建的线程通信机制，允许线程在某些条件下进入等待状态，并由其他线程通知其继续执行。线程的等待与通知机制主要通过 Object 类中的 wait()、notify()和 notifyAll()等方法实现。

- wait()：当线程执行到 wait()方法时，它会释放当前持有的锁，并进入等待队列，直到被其他线程唤醒。
- notify()：当一个线程执行到 notify()方法时，它会唤醒等待队列中的一个线程，使其从等待状态转为可运行状态。
- notifyAll()：与 notify()方法类似，但会唤醒所有等待队列中的线程。

示例代码如下。

```java
public class WaitNotifyExample {
    // 创建一个锁对象，用于在生产者和消费者之间同步
    private static final Object lock = new Object();
    // 用于标记数据是否可用
    private static boolean dataAvailable = false;
    public static void main(String[] args) {
        // 生产者线程
        Thread producer = new Thread(() -> {
            synchronized (lock) {  // 获取锁对象，以保证线程安全
                // 在生产者线程中，生产数据并通知消费者
                System.out.println("生产者：数据已生产，通知消费者");
                dataAvailable = true;  // 标记数据已生产
                lock.notify();  // 唤醒消费者线程（如果它正在等待）
            }
        });
        // 消费者线程
        Thread consumer = new Thread(() -> {
            synchronized (lock) {  // 获取锁对象，以保证线程安全
                while (!dataAvailable) {
                    // 如果数据未准备好，消费者线程则需要等待
                    try {
                        lock.wait();  // 当前线程会等待，直到被通知
                    } catch (InterruptedException e) {
                        Thread.currentThread().interrupt();
                        // 如果发生中断，则重新设置中断标志
                    }
                }
                // 数据已经可用，消费者可以消费数据
                System.out.println("消费者：数据已消费");
            }
        });
        // 启动消费者线程
        consumer.start();
        // 启动生产者线程
        producer.start();
    }
}
```

运行结果如图 6-10 所示。

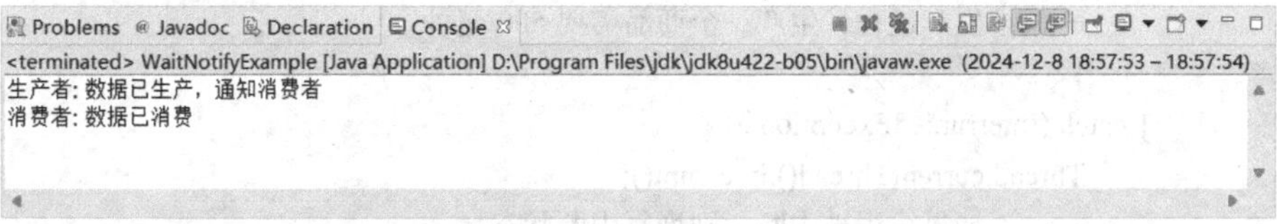

图 6-10　生产者—消费者模式中使用 wait() 和 notify() 方法实现线程协调的示例代码运行结果

2）BlockingQueue 实现的线程通信

在 Java 中，BlockingQueue 是一个阻塞队列，它用于线程间的通信。生产者线程将数据放入队列，而消费者线程从队列中取出数据。BlockingQueue 提供了内建的线程同步机制，生产者和消费者在队列为空或队列已满时自动阻塞，从而避免了不必要的同步代码。

父类和实现的接口如下。

（1）父类：BlockingQueue 是一个接口，没有继承任何父类，也不直接继承其他类，但它继承了 java.util.Queue 接口，因此它具备了 Queue 的基本操作。

（2）实现的接口：BlockingQueue 接口有多个具体实现类，常见的实现类如表 6-3 所示。

表 6-3　BlockingQueue 接口的具体实现类

队列类型	特性	适用场景
ArrayBlockingQueue	固定大小，基于数组	适用于容量已知且固定的场景，如小型任务队列
LinkedBlockingQueue	大容量，基于链表，支持动态大小	适用于大容量的生产者–消费者模型，任务调度
PriorityBlockingQueue	优先级队列，按优先级排序	适用于需要按优先级执行的任务调度系统
DelayQueue	延迟队列，元素有延迟时间	适用于延迟任务，如定时任务调度
SynchronousQueue	无缓冲，立即交换数据	适用于线程间直接交换数据，常用于高效的任务分配

示例代码如下。

```java
import java.util.concurrent.ArrayBlockingQueue;
import java.util.concurrent.BlockingQueue;
public class ProducerConsumerWithBlockingQueue {
    // 创建一个阻塞队列，缓冲区大小为 10，队列用来存储生产的数据
    private static final BlockingQueue<Integer> queue
    = new ArrayBlockingQueue<>(10);

    // 生产者类，实现 Runnable 接口
    static class Producer implements Runnable {
        @Override
        public void run() {
            try {
                int item = 0;  // 生产的商品，从 0 开始
                while (true) {
// 将数据放入队列，如果队列满了，则生产者线程会被阻塞，直到有空间
                    queue.put(item);  // put()方法会阻塞直到队列可用
                    System.out.println("Produced: " + item);
                // 打印生产的商品编号
                    item++;  // 生产下一个商品
                    Thread.sleep(500);
                // 模拟生产过程，生产一个商品需要 500 毫秒
                }
            } catch (InterruptedException e) {
                Thread.currentThread().interrupt();
                // 如果线程被中断，则恢复中断状态
            }
```

```
            }
        }
// 消费者类，实现 Runnable 接口
static class Consumer implements Runnable {
    @Override
    public void run() {
        try {
            while (true) {
// 从队列中取出数据，如果队列为空，消费者线程则被阻塞，直到有数据
                int item = queue.take();
// take()方法会阻塞直到队列有数据
                System.out.println("Consumed: " + item);
// 打印消费的商品编号
                Thread.sleep(1000);
// 模拟消费过程，消费一个商品需要 1000 毫秒
            }
        } catch (InterruptedException e) {
            Thread.currentThread().interrupt();
// 如果线程被中断，则恢复中断状态
        }
    }
}
public static void main(String[] args) {
    // 创建生产者线程，传入 Producer 对象
    Thread producerThread = new Thread(new Producer());
    // 创建消费者线程，传入 Consumer 对象
    Thread consumerThread = new Thread(new Consumer());
    // 启动生产者线程
    producerThread.start();
    // 启动消费者线程
    consumerThread.start();
}
}
```

运行结果如图 6-11 所示。

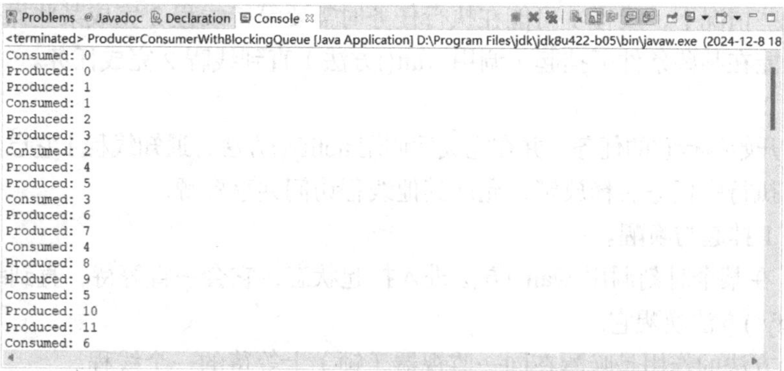

图 6-11　使用阻塞队列实现生产者—消费者模式的示例代码运行结果

线程通信的原理主要是通过等待与通知机制来实现线程间的协调和同步。在 Java 中，通过 wait()、notify()、notifyAll() 等方法实现线程通信，同时还可以使用 BlockingQueue、CountDownLatch、CyclicBarrier 等高级工具更方便地实现线程间的同步与通信。线程通信的核心目标是确保多个线程在并发执行时能够按预期的顺序和条件协同工作，避免线程安全问题。在实际应用中，合理地选择和使用线程通信机制不仅能提高程序的效率，还能确保程序的正确性与稳定性。

3. 线程同步与通信的实现方式示意

图 6-12 所示为两个线程通过同步和通信协调执行。

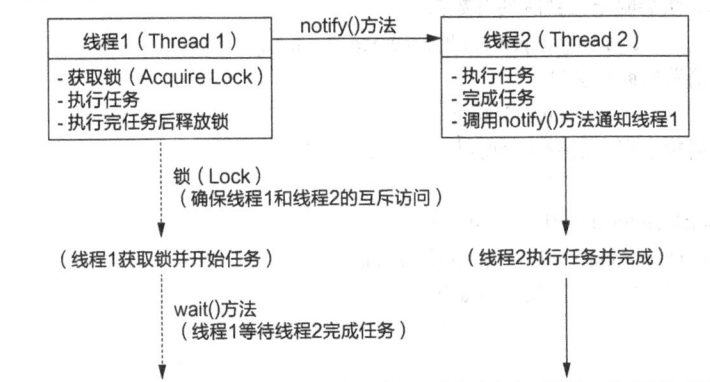

图 6-12　线程同步与通信的实现方式示意图

1）场景说明

（1）线程 1 和线程 2 需要执行一个共享任务，但由于资源竞争问题，需要确保它们不会同时访问共享资源（同步）。

（2）线程 1 在执行时，可能需要等待某个条件被满足才能继续执行，线程 2 可以通过通知线程 1 实现这种通信。

2）解释

（1）线程 1。

- 线程 1 首先需要获取锁（通过互斥锁），确保其他线程不能同时访问共享资源。
- 线程 1 开始执行任务，完成后释放锁，允许其他线程访问资源。
- 但在某些情况下，线程 1 可能在执行任务时需要等待线程 2 完成某些操作。例如，线程 1 可能在某些条件下挂起（调用 wait()方法）直到线程 2 完成任务。

（2）线程 2。

- 线程 2 开始执行它的任务，并在完成后调用 notify()方法，通知线程 1 它已经完成任务。
- 线程 2 执行完任务后释放锁，允许其他线程访问共享资源。

（3）线程 1 挂起与唤醒。

- 线程 1 在某个时刻调用 wait()方法进入挂起状态，它会一直等待，直到线程 2 通过调用 notify()方法唤醒它。
- notify()方法的作用是唤醒在同一监视器（锁）上等待的一个线程。

6.3 习　　题

一、简答题

1. 什么是线程？线程与进程有什么区别？

2. 如何在 Java 中创建线程？

3. 线程的生命周期有哪些状态？

4. 什么是线程同步？为什么需要线程同步？

5. 什么是线程池？使用线程池有哪些好处？

6. 简述 wait()方法、notify()方法和 notifyAll()方法的作用。

二、编程题

1. 编写一个程序，创建两个线程，其中一个线程打印数字 1 到 10，另一个线程打印字母 A 到 J。

2. 编写一个程序，使用 synchronized 关键字实现一个简单的计数器，多个线程同时增加计数器的值。

3. 编写一个程序，模拟生产者消费者问题。使用 wait()和 notify()方法进行线程通信。

4. 使用 ExecutorService 创建一个线程池，提交 10 个任务，每个任务打印当前线程的名称。

在实际应用中，程序通常需要进行配置文件、用户输入、网络请求等读取数据的操作，以及生成报告、保存用户数据、发送响应等写入数据的操作。为了满足数据输入/输出的需求，Java 提供了一套完善的输入/输出流（I/O 流）体系，允许程序以流的方式进行数据的读写操作。

I/O 流的产生源于计算机程序与外部世界的交互需求。I/O 流是程序与外部环境（如文件、网络等）之间进行数据传输的一种机制，也是 Java 中实现文件操作、网络通信、数据读写的基础。在计算机中，流表示的是数据的连续性，可以是从外部输入程序的输入流，也可以是从程序输出到外部的输出流，I/O 流的示意如图 7-1 所示。

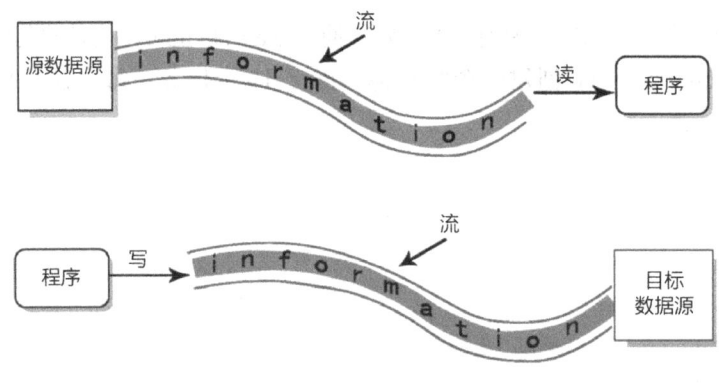

图 7-1　I/O 流的示意

流具有单向性、数据流动和抽象化三个特点。

（1）单向性：流一般是单向的，可以是输入流（读取数据）或输出流（写入数据）。

（2）数据流动：数据以字节或字符的形式在流中流动，形成一个连续的过程。

（3）抽象化：流提供了一种抽象的方式来处理不同类型的数据源（如文件、网络连接、内存等）。

为了实现 I/O 操作，Java 提供了丰富的 I/O 流（I/O Streams）类。Java 中的 I/O 流属于 java.io 包，所有流类都继承自 java.io 包中的基本流类：InputStream 和 OutputStream（字节流），以及 Reader 和 Writer（字符流）。Java I/O 流的类层次结构如图 7-2 所示。理解 I/O 流的概念及其使用方式是实现高效 I/O 操作的关键。

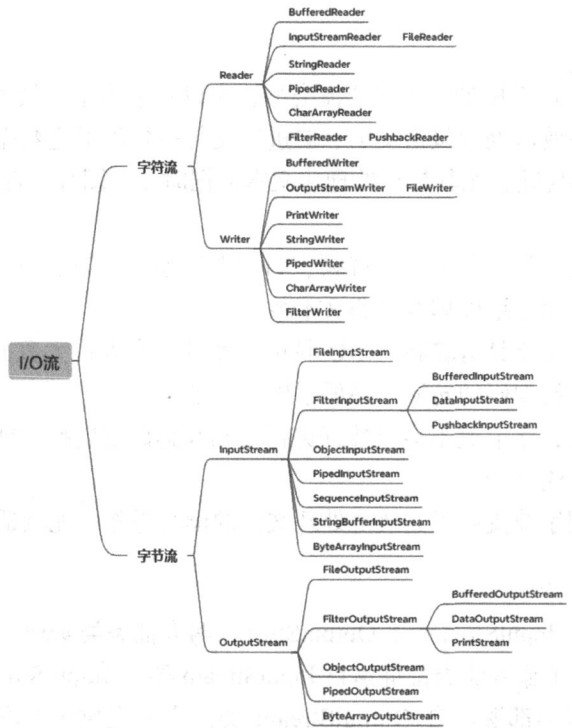

图 7-2　Java I/O 流的类层次结构

7.1　流

在 Java 中，输入/输出（I/O）操作分为两大类：字节流（Byte Stream）和字符流（Character Stream）。这两种流分别用于处理不同类型的数据：字节流用于处理原始的二进制数据，而字符流用于专门处理字符数据（文本）。字节流继承自 java.io.InputStream 类和 java.io.OutputStream 类，字符流继承自 java.io.Reader 类和 java.io.Writer 类。理解字节流和字符流的差异及其使用场景，对高效的 I/O 编程是至关重要的。字节流和字符流通过一系列类和接口表示，这些类和接口构成了 Java I/O 包的基础。字节流与字符流的处理示意如图 7-3 所示。

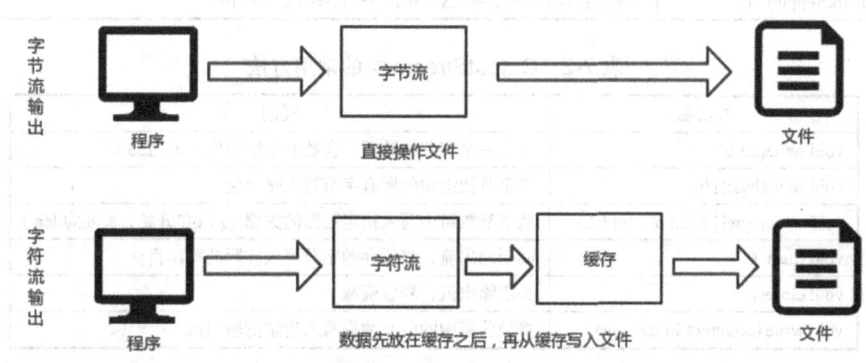

图 7-3　字节流与字符流的处理示意

7.1.1 字节流

字节流是 Java I/O 体系中的一种主要流类型，它以字节为单位处理数据。字节流的工作方式非常灵活，可以高效地处理包括文本、二进制文件等各种类型数据。字节流的主要优点是能够进行高速的数据传输，尤其是在处理非文本数据时（如图片、音频文件等）。字节流的主要使用场景如下。

- 处理二进制数据：处理如音频、视频、图片文件等二进制数据。字节流以字节为单位进行读取，能够完整地处理各种非文本数据。
- 大数据传输：字节流具有较高的 I/O 性能，尤其是在处理大数据量时。通过直接操作字节，避免了字符编码的转换，降低了处理开销。
- 跨平台数据传输：字节流不会对数据进行编码和解码的转换，能够确保数据在不同平台之间的精确传输。
- 文件传输：使用字节流可以高效地处理文件的读写操作，尤其适合处理大型文件。

7.1.1.1 字节流家族

Java 的字节流通过 InputStream 和 OutputStream 两大抽象类实现，InputStream 类是字节输入流的父类，所有字节输入流类都继承自 InputStream 类。OutputStream 类是字节输出流的父类，所有字节输出流类都继承自 OutputStream 类。它们提供了基本的字节写入方法，如表 7-1 和表 7-2 所示。可以通过 InputStream 类和 OutputStream 类的子类以多种方式处理各种类型数据，如文件、内存、网络流等，这些子类形成了一个体系结构，如图 7-4 和图 7-5 所示。

表 7-1   InputStream 类的常用方法

方法名	说明
int read()	从输入流中读取下一个字节的数据，返回值为字节的整数值。返回-1 表示流的末尾
int read(byte[] b)	将输入流中的字节读取到给定的字节数组 b 中，返回实际读取的字节数
int read(byte[] b, int off, int len)	从输入流中读取最多 len 个字节到字节数组 b 中，从 off 开始
long skip(long n)	跳过输入流中的 n 个字节并返回跳过的字节数
int available()	返回可以不阻塞地读取的字节数
void close()	关闭输入流，释放资源
void mark(int readlimit)	标记当前输入流的位置，允许后续调用 reset()方法恢复到此位置
void reset()	重置输入流到最近一次标记的位置
boolean markSupported()	判断当前输入流是否支持 mark()和 reset()方法操作

表 7-2   OutputStream 类的常用方法

方法名	说明
void write(int b)	写入一个字节的数据，参数 b 是字节值（0～255）
void write(byte[] b)	将字节数组中的所有字节写入输出流
void write(byte[] b, int off, int len)	从字节数组中写入指定范围的数据（从 off 开始，长度为 len）
void flush()	刷新输出流，将缓存的字节写入实际的输出目标
void close()	关闭输出流，释放资源
void writeTo(OutputStream out)	将当前流中的所有数据写入指定的输出流

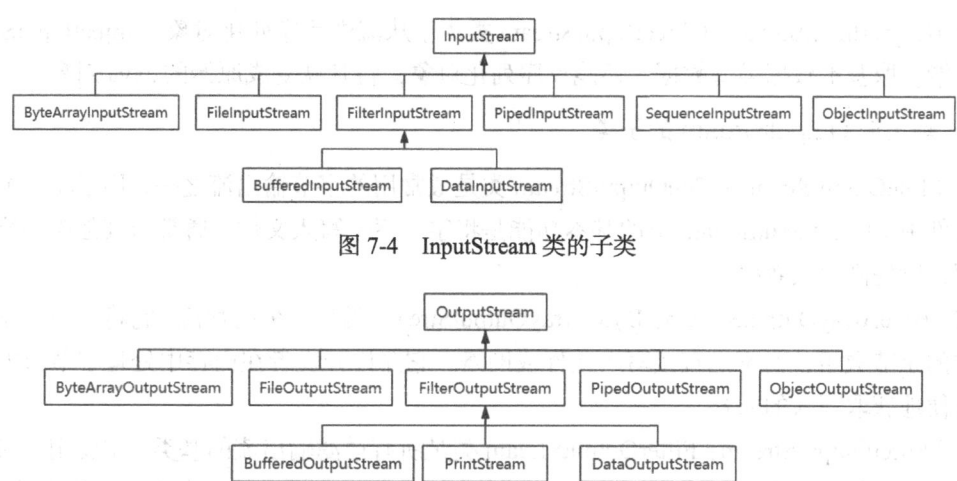

图 7-4 InputStream 类的子类

图 7-5 OutputStream 类的子类

1. 输入流 InputStream 的子类

（1）FileInputStream：FileInputStream 类是最常见的字节输入流之一，通常用于从文件中读取数据。它将文件中的字节数据读入内存中进行处理。该流读取文件的方式以字节为单位，从文件中依次读取数据。FileInputStream 类可以直接用于读取文本文件，也可以用于读取二进制文件。

（2）ByteArrayInputStream：ByteArrayInputStream 类从内存中的字节数组中读取数据。它是字节流中的一个内存流实现，不会直接与文件或外部设备交互，而是直接操作一个字节数组。ByteArrayInputStream 类允许读取内存中存储的数据，且支持使用 mark() 和 reset() 方法在流中标记当前位置并返回。

（3）FilteInputStream：FilteInputStream 类是一个抽象类，作为其他流的"装饰器"，它为基础输入流提供附加功能或增强功能。它的具体子类（如 BufferedInputStream 类和 DataInputStream 类）通过包装底层输入流实现功能扩展。通常用于为输入流添加缓冲、数据解析等功能。

（4）BufferedInputStream：BufferedInputStream 类是对 FileInputStream 类的增强，它通过提供缓冲机制提高读取效率。通常，直接从文件或网络读取数据的速度会受到磁盘或网络延迟的影响，而 BufferedInputStream 类通过增加缓冲区，减少频繁的 I/O 操作，提供了更高效的读取方式。

（5）DataInputStream：DataInputStream 类提供了以原始数据类型方式读取数据的方法，支持读取 int、long、double、boolean 等数据类型。它通常用于从文件中读取格式化的二进制数据，并将其转换为 Java 的基本数据类型。

（6）PipedInputStream：PipedInputStream 类是一种特殊的输入流，用于线程间通信。它与 PipedOutputStream 类配合使用，一个线程写入数据到 PipedOutputStream 类，另一个线程从 PipedInputStream 类读取数据。写入和读取必须在不同线程中进行，否则会导致阻塞。

（7）SequenceInputStream：SequenceInputStream 类用于将多个输入流串联为一个输入流，它依次读取每个输入流中的数据，就像从一个流中读取。

（8）ObjectInputStream：ObjectInputStream 类用于从流中反序列化对象。ObjectInputStream 类不仅能读取基本数据类型数据，还能反序列化对象，将其恢复成原始的 Java 对象。

2. 输出流 OutputStream 的子类

（1）FileOutputStream：FileOutputStream 类是最常用的字节输出流之一，用于将字节数据写入文件中。FileOutputStream 类的基本功能是将字节逐一写入文件，通常与其他缓冲流类结合使用，以提高写入效率。

（2）ByteArrayOutputStream：ByteArrayOutputStream 类是一个内存流，它将字节数据写入内存中的字节数组，而不是直接写入文件或网络。它允许开发者在内存中处理字节数据，并能够方便地获取写入的内容。

（3）FilterOutputStream：FilterOutputStream 类是所有过滤输出流的基类，主要用于对其他输出流提供额外的功能，如缓冲、数据格式化等。它是装饰器模式的一个实现，通常用来"包装"一个基本的输出流，从而增强其功能。

（4）BufferedOutputStream：BufferedOutputStream 类是 FilterOutputStream 类的子类，为输出流提供缓冲功能。通过减少实际写入的次数，提高写入效率。通常用于文件输出场景，可以有效减少频繁写入操作对性能的影响。

（5）PrintStream：PrintStream 类是 FilterOutputStream 类的子类，提供格式化输出功能。与其他输出流不同的是，它不会抛出 IOException，而是通过内部的错误状态标志来记录异常。常用于打印文本、格式化数据输出等场景。

（6）DataOutputStream：DataOutputStream 类支持以特定数据格式写入基本数据类型，如 int、float、double、boolean 等。它保证数据以机器无关的方式写入，可以跨平台读取。

（7）PipedOutputStream：PipedOutputStream 类是一种特殊的输出流，用于与 PipedInputStream 进行配对，支持线程间通信。一个线程写入数据到 PipedOutputStream 类，另一个线程可以从对应的 PipedInputStream 类中读取数据，实现多线程的数据传递。

（8）ObjectOutputStream：ObjectOutputStream 类用于将对象序列化并写入输出流，适用于需要保存对象状态或进行对象持久化的场景。

7.1.1.2 字节流的输入/输出

在 Java 中，字节流是以字节为单位进行数据传输的流，可以用于处理所有类型的 I/O 操作。字节流提供了 InputStream 和 OutputStream 两种基本类，通过它们可以读取和写入字节数据。字节流还提供了多个扩展类，使操作更高效或支持更多功能。

1. 输入流

1）FileInputStream 类

FileInputStream 类是字节输入流的最基本实现之一，它从文件中读取字节数据。常用于读取文件中的原始字节数据。

（1）FileInputStream 类的构造方法。

- FileInputStream(String name)：使用文件路径名创建 FileInputStream 实例，用于从指定路径的文件读取字节数据。

- FileInputStream(File file)：使用 File 对象创建 FileInputStream 实例，用于从指定文件读取字节数据。

（2）FileInputStream 类的常用方法。

- int read()：读取单个字节的数据，返回读取的字节（0 ~ 255）或-1（表示文件末尾）。
- int read(byte[] b)：从文件中读取一定数量的字节并存入字节数组 b 中。
- int available()：返回下一次对此输入流调用的方法不受阻塞地从此输入流读取（或跳过）的估计剩余字节数。
- void close()：关闭此文件输入流并释放与该流关联的所有系统资源。

（3）FileInputStream 类的使用示例。

首先在项目目录下创建了一个 example.txt 文件，如图 7-6 所示。然后创建一个读取文本文件的类，示例代码如下。

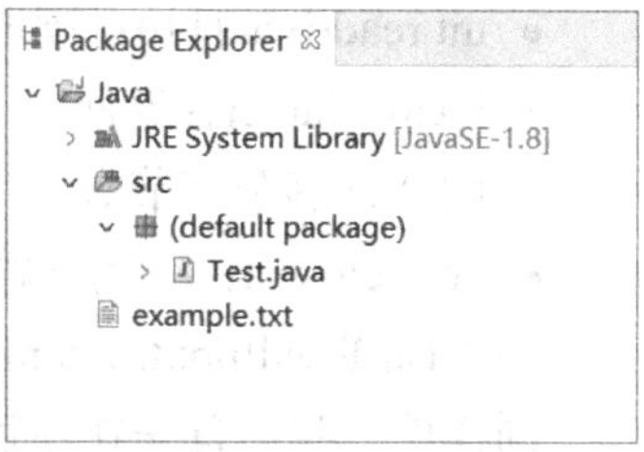
Package Explorer
Java
JRE System Library [JavaSE-1.8]
src
(default package)
Test.java
example.txt

图 7-6　Java 项目目录

```
import java.io.FileInputStream;
import java.io.IOException;
public class Test {
    public static void main(String[] args) {
        try (FileInputStream fileInputStream = new FileInputStream ("example.txt")) {
            int data;
            while ((data = fileInputStream.read()) != -1) {
                System.out.print((char) data);
            }
        } catch (IOException e) {
            e.printStackTrace();
        }
    }
}
```

运行结果如图 7-7 所示。

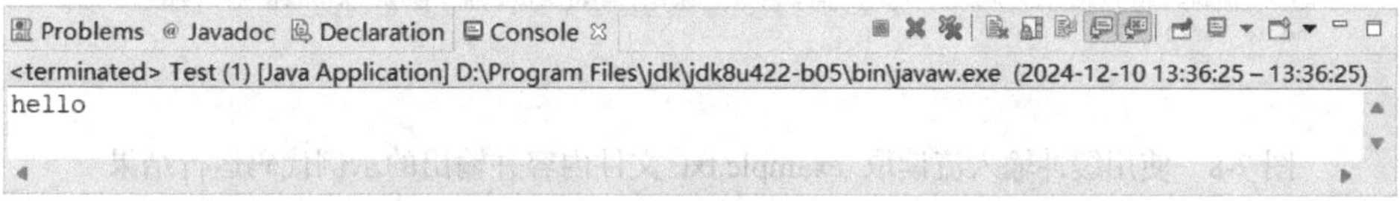
Problems
Javadoc
Declaration
Console
<terminated> Test (1) [Java Application] D:\Program Files\jdk\jdk8u422-b05\bin\javaw.exe (2024-12-10 13:36:25 – 13:36:25)
hello

图 7-7　读取 example.txt 文件内容并输出的示例代码运行结果

上述示例代码通过 FileInputStream 类打开 example.txt 文件，逐字节读取其内容并将每个字节转换为字符输出到控制台，直到文件末尾，最后关闭输入流以释放资源。

2）BufferedInputStream 类

BufferedInputStream 类是对 FileInputStream 类的增强，它通过提供一个缓冲区来提高读取效率，尤其在处理大量数据时非常有用。

（1）BufferedInputStream 类的构造方法。

- BufferedInputStream(InputStream in)：创建一个 BufferedInputStream 类并保存其参数，

即输入流 in，以便将来使用。

- BufferedInputStream(InputStream in,int size)：创建一个具有指定缓冲区大小的 BufferedInputStream 类并保存其参数，即输入流 in，以便将来使用。

（2）BufferedInputStream 类的常用方法。

- int read()：读取下一个字节。
- int read(byte[] b)：读取字节数据并存入字节数组 b 中。
- int available()：返回下一次对此输入流调用的方法不受阻塞地从此输入流读取（或跳过）的估计剩余字节数。
- void close()：关闭此输入流并释放与该流关联的所有系统资源。

（3）BufferedInputStream 类的使用示例。

同样地，我们首先在项目目录下创建 example.txt 文件，在文件中输入内容 "hello world" 并保存，然后创建一个读取文本文件的类，示例代码如下。

```java
import java.io.BufferedInputStream;
import java.io.FileInputStream;
import java.io.IOException;
public class Test {
    public static void main(String[] args) {
        try (BufferedInputStream bis = new BufferedInputStream(new FileInputStream("example.txt"));) {
            int data;
            while ((data = bis.read()) != -1) {
                System.out.print((char) data);
            }
        } catch (IOException e) {
            e.printStackTrace();
        }
    }
}
```

运行结果如图 7-8 所示。

图 7-8　使用缓冲输入流读取 example.txt 文件内容并输出的示例代码运行结果

上述示例代码通过 BufferedInputStream 类从 example.txt 文件中逐字节读取数据，首先将每个字节转换为字符并输出到控制台，直到文件末尾，然后关闭流以释放资源。使用缓冲流提高了读取效率。

3）DataInputStream 类

DataInputStream 类用于从底层输入流中以适当的数据类型读取 Java 基本数据类型（如 int, float, char 等）。DataInputStream 类通常与 DataOutputStream 类配合使用。DataOutputStream 类用于将基本数据类型以二进制格式写入输出流，而 DataInputStream 类用于从输入流中读取这些二进制格式的数据。

（1）配合使用的原因。

- 一致性：确保数据的写入和读取顺序、类型一致，避免数据解析错误。
- 效率：二进制格式比文本格式更紧凑，适合处理大量数据。
- 兼容性：适用于需要读写多种基本数据类型的场景。

（2）DataInputStream 类的构造方法。

DataInputStream(InputStream in)：通过包装一个 InputStream 类，使其能够读取基本数据类型和字符串。

（3）DataInputStream 类的常用方法。

- int readInt()：读取一个 int 类型的数据。
- double readDouble()：读取一个 double 类型的数据。
- String readUTF()：读取一个 UTF-8 编码的字符串。

（4）DataInputStream 类的使用示例。

```
DataInputStream dis = new DataInputStream(new FileInputStream("datafile"));
int i = dis.readInt();
double d = dis.readDouble();
String str = dis.readUTF();
dis.close();
```

上述示例代码首先从 datafile 文件中依次读取一个 int、一个 double 和一个 UTF-8 编码的字符串，并将它们分别存储在变量 i、d 和 str 中，然后关闭数据流。

2. 输出流

1）FileOutputStream 类

FileOutputStream 类用于将字节数据写入文件中，常用于将原始数据写入文件，如图片或音频文件等。

（1）FileOutputStream 类的构造方法。

- FileOutputStream(String name)：通过指定文件名字符串创建文件输出流，用于写入数据到该文件。如果文件不存在，则尝试创建新文件。
- FileOutputStream(File file)：通过指定文件名字符串创建文件输出流，用于写入数据到该文件。如果文件不存在，则尝试创建新文件。

（2）FileOutputStream 类的常用方法。

- void write(int b)：将单个字节写入文件。
- void write(byte[] b)：将字节数组写入文件。
- void write(byte[] b, int off, int len)：将字节数组中的部分数据写入文件。
- void close()：关闭此文件输出流并释放与此流有关的所有系统资源。
- FileDescriptor getFD()：返回与此流有关的文件描述符。

（3）FileOutputStream 类的使用示例。

```
import java.io.FileOutputStream;
import java.io.IOException;
public class Test {
```

```
public static void main(String[] args) {
    FileOutputStream fos = null;
    try {
        fos = new FileOutputStream("out.txt");
        fos.write("Hello, world!".getBytes());
    } catch (IOException e) {
        System.out.println(e.getMessage());
    } finally {
        if (fos != null) {
            try {
                fos.close();
            } catch (IOException e) {
                System.out.println("Error closing stream: " + e.getMessage());
            }
        }
    }
}
```

上述示例代码运行结束后，会在当前项目的根目录下生成一个新文本文件 out.txt（运行程序后，该文件可能不会立即显示，此时右击项目，在打开的窗口中，单击【Refresh】按钮，对项目刷新即可），打开此文件，可以看到如图 7-9 所示的运行结果。

图 7-9　使用 FileOutputStream 类将字节数据写入 out.txt 文件并输出的示例代码运行结果

上述示例代码创建了一个 FileOutputStream 类写入数据到 out.txt 文件，将字符串"Hello, world!"转换为字节数组并写入文件，关闭输出流以释放资源。

2）BufferedOutputStream 类

BufferedOutputStream 类是对 FileOutputStream 类的增强，使用缓冲区提高写入效率，适合大文件写入操作。

（1）BufferedOutputStream 类的构造方法。

- BufferedOutputStream(OutputStream out)：创建一个新的缓冲输出流，将数据写入指定的底层输入流。
- BufferedOutputStream(OutputStream out,int size)：创建一个新的缓冲输出流，将具有指定缓冲区大小的数据写入指定的底层输出流。

（2）BufferedOutputStream 类的常用方法。

- void write(int b)：将一个字节写入输出流。
- void write(byte[] b)：将字节数组写入输出流。
- void flush()：将缓冲区中的数据强制写入目标文件。

（3）BufferedOutputStream 类的使用示例。

```
import java.io.BufferedOutputStream;
```

```
import java.io.FileOutputStream;
import java.io.IOException;
public class Test {
    public static void main(String[] args) {
        BufferedOutputStream bos = null;
        try {
            bos = new BufferedOutputStream(new FileOutputStream ("output.txt"));
            bos.write("Buffered output".getBytes());
            bos.flush(); // 确保数据被写入文件
        } catch (IOException e) {
            System.out.println(e.getMessage());
        } finally {
            if (bos != null) {
                try {
                    bos.close();
                } catch (IOException e) {
                    System.out.println("Error closing stream: " + e.getMessage());
                }
            }
        }
    }
}
```

运行结果如图 7-10 所示。

图 7-10　使用 BufferedOutputStream 类缓冲输出流将数据写入 output.txt 文件的示例代码运行结果

上述示例代码首先创建一个 BufferedOutputStream 类以提高写入 output.txt 文件的效率，将字符串 "Buffered output" 转换为字节数组并写入缓冲区，然后使用 flush() 方法强制将缓冲区的数据写入文件，最后关闭流以释放资源。

3）DataOutputStream 类

DataOutputStream 类用于将 Java 基本数据类型（如 int、double、char 等）写入流中。它可以用来确保数据以可移植的方式进行存储。

（1）DataOutputStream 类的构造方法。

DataOutputStream(OutputStream out)：用于创建一个数据输出流，允许以二进制格式将基本数据类型写入指定的输出流。

（2）DataOutputStream 类的常用方法。

- void writeInt(int v)：将一个 int 类型的数据写入流中。
- void writeDouble(double v)：将一个 double 类型的数据写入流中。
- void writeUTF(String str)：将一个 UTF-8 编码的字符串写入流中。

（3）DataOutputStream 类使用示例。

```
import java.io.DataOutputStream;
```

```java
import java.io.FileOutputStream;
import java.io.IOException;

public class Test {
    public static void main(String[] args) {
        DataOutputStream dos = null;
        try {
            dos = new DataOutputStream(new FileOutputStream("datafile"));
            dos.writeInt(123);
            dos.writeDouble(45.67);
            dos.writeUTF("Hello, DataOutputStream!");
        } catch (IOException e) {
            System.out.println(e.getMessage());
        } finally {
            if (dos != null) {
                try {
                    dos.close();
                } catch (IOException e) {
                    System.out.println("Error closing stream: " + e.getMessage());
                }
            }
        }
    }
}
```

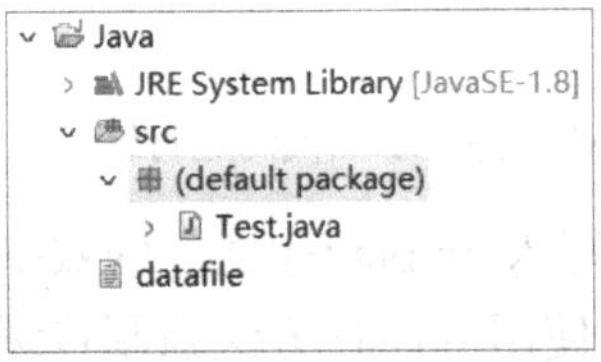

图 7-11　根目录下生成 datafile 文件

上述示例代码运行结束，会在项目的根目录下生成一个 datafile 文件，如图 7-11 所示。

在上述示例代码中，首先创建一个 DataOutputStream 类，用于将数据写入 datafile 文件，然后依次以二进制格式写入整数"123"、双精度浮点数"45.67"和字符串"Hello, DataOutputStream!"，最后关闭流以释放资源。与此同时，我们可以使用 DataInputStream 类读取 DataOutputStream 对象写入的二进制数据，示例代码如下。

```java
import java.io.DataInputStream;
import java.io.FileInputStream;
import java.io.IOException;
public class Test {
    public static void main(String[] args) {
        try (DataInputStream dis = new DataInputStream(new FileInputStream ("datafile"))) {
            int intValue = dis.readInt();
            double doubleValue = dis.readDouble();
            String stringValue = dis.readUTF();
            System.out.println("Integer: " + intValue);
            System.out.println("Double: " + doubleValue);
            System.out.println("String: " + stringValue);
```

```
        } catch (IOException e) {
            System.out.println("Error reading file: " + e.getMessage());
        }
    }
}
```

运行结果如图 7-12 所示。

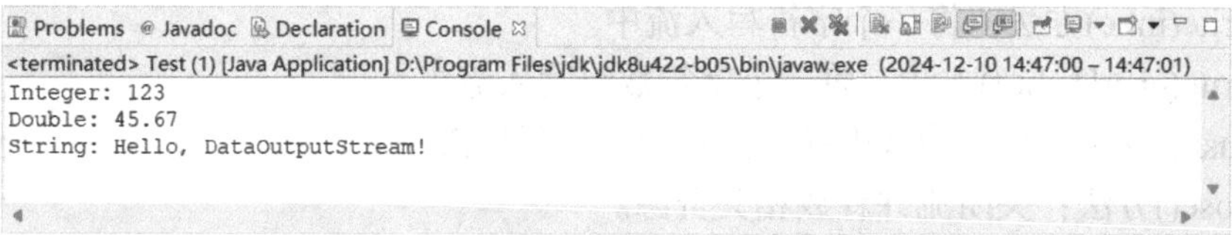

图 7-12 读取由 DataOutputStream 类写入二进制数据的示例代码运行结果

FileInputStream 类用于读取文件的基本字节流，BufferedInputStream 类在此基础上通过缓冲提高读取性能，DataInputStream 类则用于读取 Java 基本数据类型的数据流。对应地，FileOutputStream 类用于将字节写入文件，BufferedOutputStream 类通过缓冲增强写入性能，而 DataOutputStream 类则用于将 Java 基本数据类型的数据写入流。通过这些类，可以高效地读取和写入文件或其他数据流。

7.1.2 字符流

字符流在 Java I/O 系统中主要用于处理文本数据的输入/输出。字符流的核心目的是提供对字符的高效读写。字符流可以自动处理字符编码与解码的问题，让文本数据的处理变得更简单和高效，确保在跨平台环境中读取和写入文本数据时的正确性。同时，字符流还经常被用于网络数据传输、内存数据处理和跨平台的应用中。字符流与字节流的根本区别在于它们的处理单位不同。

字节流（Byte Stream）：以字节为单位处理数据，适用于处理所有类型的 I/O 操作（如文件、音频、视频、图片等），可以处理任意类型的二进制数据。

字符流（Character Stream）：以字符为单位处理数据，适用于文本文件或包含文本数据的文件。字符流在读写字符时，会自动进行字符编码（如 UTF-8、UTF-16 等编码）和解码，不需要开发者手动管理字符集。

7.1.2.1 字符流家族

与字节流类似，字符流也是由一对父类和其子类构成的，字符输入流的父类是 Reader，字符输出流的父类是 Writer。Reader 类和 Writer 类均以字符为单位进行数据的输入/输出。

1. Reader 类

Reader 类是所有字符输入流的父类，它是一个抽象类，用于从字符流中读取字符或字符数组，它的子类负责实现具体的读取操作。Reader 类中的主要方法如下。

（1）read()方法：读取一个字符。如果读取成功，返回字符的 Unicode 值；如果到达流的末尾，返回-1。

（2）read(char[] cbuf)方法：将字符读取到字符数组中，返回实际读取的字符数。

（3）skip(long n)方法：跳过指定数量的字符。

（4）close()方法：关闭流并释放相关资源。

Reader 类的子类负责实现具体的输入操作，如从文件、内存、网络等地方读取数据。

2．Writer 类

Writer 类是所有字符输出流的父类。它是一个抽象类，用于将字符写入目标输出流中，如将字符写入文件、内存或网络等目标中。Writer 类中的主要方法如下。

（1）write(int c)方法：将一个字符写入流中。

（2）write(char[] cbuf)方法：将一个字符数组写入流中。

（3）flush()方法：将缓冲区中的数据强制写入目标流中。

（4）close()方法：关闭流并释放相关资源。

3．字符流的子类

字符流的子类有很多，它们为不同场景的输入/输出需求提供了相应的解决办法。字符流的子类大致可以分为两大类：继承自 Reader 类的字符输入流和继承自 Writer 类的字符输出流，Reader 类和 Writer 类的一些常用子类，分别如图 7-13 和图 7-14 所示。

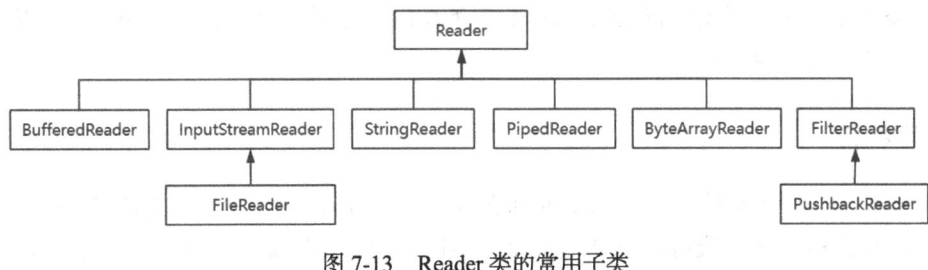

图 7-13　Reader 类的常用子类

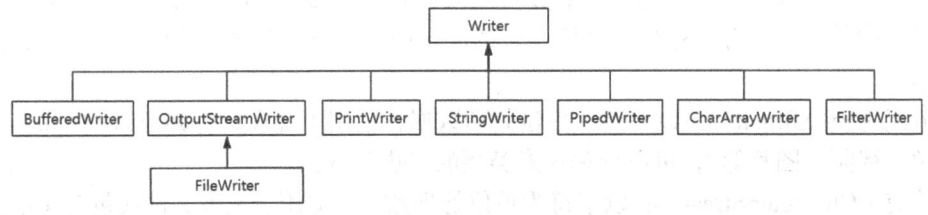

图 7-14　Writer 类的常用子类

1）字符输入流 Reader 类的常用子类

（1）FileReader：FileReader 类是常见的字符输入流，它用于从文件中读取字符数据。FileReader 类适用于文本文件的读取，可以直接从文件中按字符读取数据。

（2）BufferedReader：BufferedReader 类是 Reader 类的一个包装类，用于提供缓冲功能。通过缓冲区来读取字符，它的性能比直接读取文件的 FileReader 类要高。BufferedReader 类还提供了 readLine()方法，可以方便地读取一行文本。

（3）InputStreamReader：InputStreamReader 类是一个桥接类，它将字节流（如 FileInputStream 类）转换为字符流。InputStreamReader 类允许开发者在处理字节流时指定字符编码，使字节数据可以正确地转换为字符。

（4）StringReader：StringReader 类用于从字符串中读取字符数据。它是一个内存流，适用于字符串数据的读取操作。

（5）PipedReader：PipedReader 类是字符输入流的一种，用于实现线程间通信。它与 PipedWriter 类配对使用，一个线程通过 PipedWriter 类写入字符数据，另一个线程通过 PipedReader 类读取数据，适用于多线程环境中的字符数据传递。

（6）ByteArrayReader：ByteArrayReader 类并不是 Java 标准库的一部分，但在 Java 中对应功能的类是 StringReader 或 CharArrayReader，用于从字符串或字符数组中读取数据。它提供了在内存中操作字符流的功能，无须依赖外部文件或设备。

（7）FilterReader：FilterReader 类是所有过滤字符输入流的基类，提供装饰器模式的实现。它用于增强其他字符输入流的功能，如添加缓冲、格式化等功能。通常与具体的过滤流类结合使用，以实现自定义的字符流处理。

（8）PushbackReader：PushbackReader 类是一个特殊的字符输入流，它支持"退回"操作，可以将已读取的字符重新放回输入流中。通常用于解析器等需要回退操作的场景，如实现复杂的文本分析或多字符标记处理。

2）字符输出流 Writer 类的常用子类

（1）BufferedWriter：BufferedWriter 是 Writer 类的包装类，用于为字符输出流提供缓冲功能。通过缓冲区，它能够减少写入操作的次数，从而提升性能。BufferedWriter 类还提供了 newLine()方法，方便写入平台相关的换行符。

（2）OutputStreamWriter：OutputStreamWriter 是一个桥接类，它将字节流（如 FileOutputStream 类）转换为字符流。OutputStreamWriter 类允许在处理字节流时指定字符编码，使字符数据可以正确地写入字节流。

（3）FileWriter：FileWriter 类是常见的字符输出流，用于将字符数据写入文件。它可以直接将字符写入文件中，适用于处理文本文件的输出。

（4）PrintWriter：PrintWriter 类是一个增强型的字符输出流，提供了便捷的方法输出数据。它不仅可以将字符输出到文件中，还可以输出其他数据类型（如 int、float、boolean 等），并且可以自动刷新缓冲区。

（5）StringWriter：StringWriter 类是一种字符输出流，用于将字符数据写入内存中的字符串缓冲区，而不是物理文件或设备。它是 Writer 类的子类，非常适合需要在内存中动态构建字符串内容的场景，如处理文本模板或日志数据。

（6）PipedWriter：PipedWriter 类是字符输出流的一种，用于实现线程间通信。它与 PipedReader 类配对使用，一个线程通过 PipedWriter 类写入字符数据，另一个线程通过 PipedReader 类读取数据，适用于多线程环境中字符数据的传递。

（7）CharArrayWriter：CharArrayWriter 类是一个内存流，用于将字符写入内存中的字符数组。它支持将字符数据存储在内存中，适合处理小规模的数据。

（8）FilterWriter：FilterWriter 类是所有过滤字符输出流的基类，提供装饰器模式的实现，用于增强其他字符输出流的功能，如添加缓冲、格式化或转换等功能。常与具体的过滤流类结合使用，以实现自定义的字符流输出处理。

二、字符流的输入/输出

与字节流不同，字符流用于处理字符数据。它基于 Unicode 字符集，因此能够支持国际化的字符编码。在 Java 中，字符流主要通过 Reader 类和 Writer 类进行输入/输出操作。字符

流 的 常 用 子 类 分 别 是 FileReader 、 BufferedReader 、 FileWriter 、 BufferedWriter 和 OutputStreamWriter 等。字符流自动进行字符编码和解码，提供比字节流更高效的处理文本数据的方式。

1. 输入流

1）FileReader 类

FileReader 类是字符流中用于读取文件数据的基础类，它将文件中的字符数据按 Unicode 编码读取。FileReader 类会自动进行字符编码转换，适用于读取文本文件。

（1）FileReader 类的构造方法。

- FileReader(String fileName)：用于从指定文件路径读取字符数据。
- FileReader(File file)：用于从指定的文件对象读取字符数据。

（2）FileReader 类的常用方法。

- int read()：读取单个字符，返回字符的 Unicode 值（如果到达文件末尾，则返回–1）。
- int read(char[] cbuf)：读取字符到字符数组 cbuf 中。

（3）FileReader 类的使用示例。

首先在项目根目录下创建 example.txt 文件，文件中输入并保存"好好学习，天天向上"，然后创建一个使用字符输入流 FileReader 类读取文件中字符数据的类，示例代码如下。

```java
import java.io.FileReader;
import java.io.IOException;
public class Test {
    public static void main(String[] args) {
        FileReader fr = null;
        try {
            fr = new FileReader("example.txt");
            int data;
            while ((data = fr.read()) != -1) {
                System.out.print((char) data);
            }
        } catch (IOException e) {
            e.printStackTrace();
        } finally {
            try {
                if (fr != null) {
                    fr.close();
                }
            } catch (IOException e) {
                e.printStackTrace();
            }
        }
    }
}
```

运行结果如图 7-15 所示。

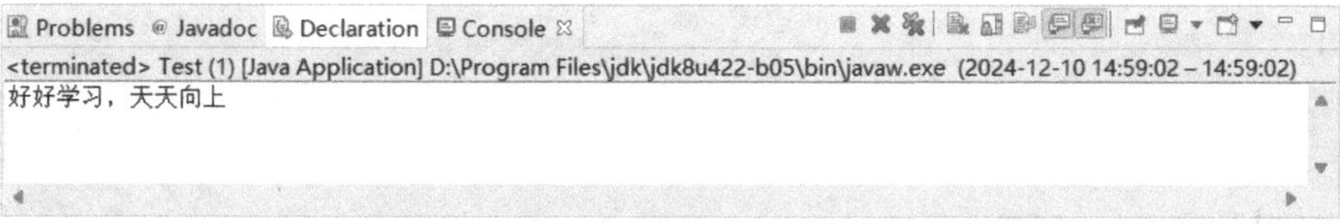

图 7-15　使用 FileReader 类读取文件的示例代码运行结果

上述示例代码通过 FileReader 类从名为 example.txt 的文件中读取字符数据，逐个字符输出，直到文件末尾。

2）BufferedReader 类

BufferedReader 类是 Reader 类的一个高效实现，它通过缓冲区提高了字符读取的性能。特别是在处理大量文本数据时，使用 BufferedReader 类能显著提高效率。

（1）BufferedReader 类的构造方法。

BufferedReader(Reader in)：用于将指定的字符流包装成一个带缓冲区的字符输入流。

（2）BufferedReader 类的常用方法。

- String readLine()：读取一行文本（包括换行符），返回一个字符串（如果到达文件末尾，则返回 null）。
- int read()：读取单个字符。

（3）BufferedReader 类的使用示例。

首先创建一个 example.txt 文件，在该文件中输入并保存"早起的鸟儿有虫吃"，然后创建一个使用字符输入流 BufferedReader 类读取文件中字符数据的类，示例代码如下。

```java
import java.io.BufferedReader;
import java.io.FileReader;
import java.io.IOException;
public class Test {
    public static void main(String[] args) {
        BufferedReader br = null;
        try {
            br = new BufferedReader(new FileReader("example.txt"));
            String line;
            while ((line = br.readLine()) != null) {
                System.out.println(line);
            }
        } catch (IOException e) {
            e.printStackTrace();
        } finally {
            try {
                if (br != null) {
                    br.close();
                }
            } catch (IOException e) {
                e.printStackTrace();
            }
```

```
        }
    }
}
```

运行结果如图 7-16 所示。

```
Problems  @ Javadoc  Declaration  Console ✕                    ■ ✖ ✖ | ▣ ▣ ▣ | ⬚ ⬚ | ⬚ ⬚ ▾ | ⬚ ▾ ▾ ⬚
<terminated> Test (1) [Java Application] D:\Program Files\jdk\jdk8u422-b05\bin\javaw.exe  (2024-12-10 15:03:39 – 15:03:39)
早起的鸟儿有虫吃
```

图 7-16   使用 BufferedReader 类读取文件的示例代码运行结果

上述示例代码通过 BufferedReader 类按行读取 example.txt 文件中的字符数据，并逐行打印输出，直到文件读取完毕。

3）InputStreamReader 类

InputStreamReader 类是一个桥接类，它可以将字节流转换为字符流。通常用于将字节流（如 FileInputStream 类）与字符流配合使用，以支持字符编码转换。

（1）InputStreamReader 类的构造方法。

● InputStreamReader(InputStream in)：用于将字节流转换为字符流，默认使用平台字符编码。

● InputStreamReader(InputStream in, String charsetName)：用于将字节流转换为字符流，并指定字符编码（如 UTF-8 编码）。

（2）InputStreamReader 类的常用方法。

● int read()：读取单个字符。

● int read(char[] cbuf)：将字符数据读取到字符数组中。

（3）InputStreamReader 类的使用示例。

首先创建一个 example.txt 文件，在该文件中输入数据并保存"你好，世界!"，然后创建一个使用字符输入流 InputStreamReader 类读取文件中字符的类，示例代码如下。

```java
import java.io.FileInputStream;
import java.io.IOException;
import java.io.InputStreamReader;
public class Test {
    public static void main(String[] args) {
        InputStreamReader isr = null;
        try {
            isr = new InputStreamReader(new FileInputStream("example.txt"), "UTF-8");
            int data;
            while ((data = isr.read()) != -1) {
                System.out.print((char) data);
            }
        } catch (IOException e) {
            e.printStackTrace();
        } finally {
            try {
```

```
                    if (isr != null) {
                            isr.close();
                    }
            } catch (IOException e) {
                    e.printStackTrace();
            }
        }
    }
}
```

运行结果如图 7-17 所示。

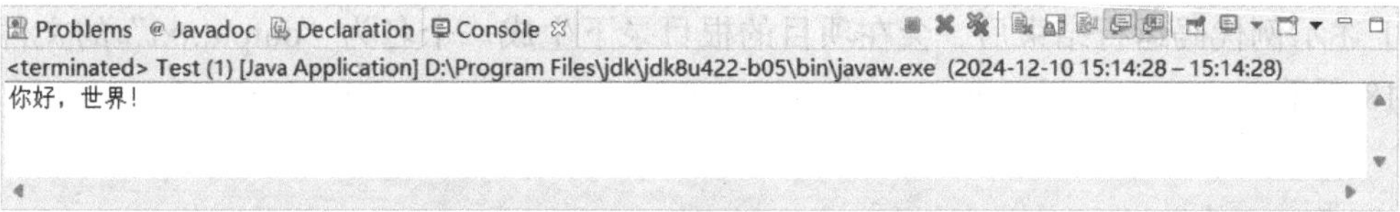

图 7-17　使用 InputStreamReader 类读取文件的示例代码运行结果

上述示例代码通过 InputStreamReader 类从 example.txt 文件中读取字符数据，指定字符编码为 UTF-8，读取并输出字符数据，直到文件末尾。

2．输出流

1）FileWriter 类

FileWriter 类是字符流中用于写入文件数据的基本类，适用于将字符数据写入文件。它能够自动进行字符编码转换，常用于写入文本文件。

（1）FileWriter 类的构造方法。

- FileWriter(String fileName)：用于将字符数据写入指定路径的文件。
- FileWriter(File file)：用于将字符数据写入指定的文件对象。

（2）FileWriter 类的常用方法。

- void write(int c)：写入单个字符。
- void write(char[] cbuf)：写入字符数组。
- void write(String str)：写入字符串。

（3）FileWriter 类的使用示例。

```
import java.io.FileWriter;
import java.io.IOException;
public class Test {
    public static void main(String[] args) {
        FileWriter fw = null;
        try {
            fw = new FileWriter("output.txt");
            fw.write("Hello, World!");
        } catch (IOException e) {
            e.printStackTrace();
        } finally {
```

```
        try {
            if (fw != null) {
                fw.close();
            }
        } catch (IOException e) {
            e.printStackTrace();
        }
    }
  }
}
```

上述示例代码运行结束后，会在项目的根目录下生成一个名为"output.txt"的文件，如图 7-18 所示。

图 7-18　使用 FileWriter 类写入文件的示例代码运行结果

上述示例代码通过 FileWriter 类将字符串"Hello, World!"写入名为"output.txt"的文件。

2）BufferedWriter 类

BufferedWriter 类是 Writer 类的一个高效实现，它通过使用缓冲区来提高写入性能。特别适合处理大量字符输出的情况。

（1）BufferedWriter 类的构造方法。

BufferedWriter(Writer out)：用于将指定的字符流包装成带缓冲区的字符输出流。

（2）BufferedWriter 类的常用方法。

- void write(int c)：写入单个字符。
- void write(char[] cbuf)：写入字符数组。
- void newLine()：写入平台默认的行分隔符。
- void flush()：强制将缓冲区中的数据写入目标文件。

（3）BufferedWriter 类的使用示例。

```
import java.io.BufferedWriter;
import java.io.FileWriter;
import java.io.IOException;
public class Test {
    public static void main(String[] args) {
        BufferedWriter bw = null;
        try {
            bw = new BufferedWriter(new FileWriter("output.txt"));
            bw.write("Hello, BufferedWriter!");
            bw.newLine(); // 写入一个新行
            bw.write("This is another line.");
            bw.flush(); // 确保数据被写入文件
```

```
        } catch (IOException e) {
            e.printStackTrace();
        } finally {
            try {
                if (bw != null) {
                    bw.close();
                }
            } catch (IOException e) {
                e.printStackTrace();
            }
        }
    }
}
```

上述示例代码运行结束后，会在项目的根目录下生成一个名为"output.txt"的文件，如图 7-19 所示。

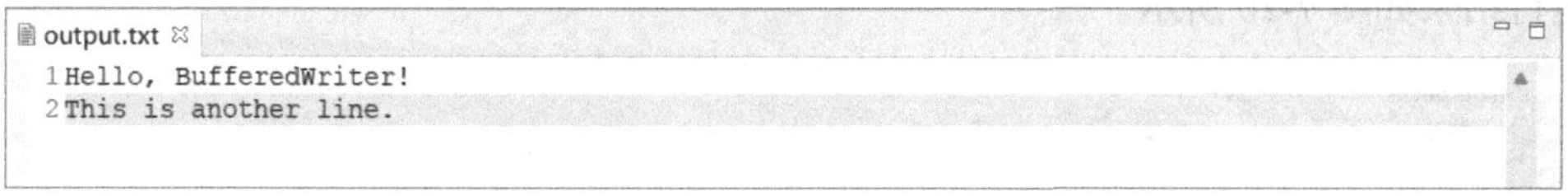

```
output.txt ⊠
1 Hello, BufferedWriter!
2 This is another line.
```

图 7-19　使用 BufferedWriter 类写入文件的示例代码运行结果

上述示例代码通过 BufferedWriter 类向 output.txt 文件写入两行文本，并使用 flush()方法强制将缓冲区中的数据写入文件。

3）OutputStreamWriter 类

OutputStreamWriter 是一个桥接类，用于将字节流转换为字符流。它允许将字节输出流（如 FileOutputStream 类）与字符流配合使用，进行字符编码转换。

（1）OutputStreamWriter 类的构造方法。

- OutputStreamWriter(OutputStream out)：用于将字节流转换为字符流，默认使用平台字符编码。
- OutputStreamWriter(OutputStream out, String charsetName)：用于将字节流转换为字符流，并指定字符编码（如 UTF-8 编码）。

（2）OutputStreamWriter 类的常用方法。

- void write(int c)：写入单个字符。
- void write(char[] cbuf)：将字符数组写入输出流。

（3）OutputStreamWriter 类的使用示例。

```
import java.io.FileOutputStream;
import java.io.IOException;
import java.io.OutputStreamWriter;
public class Test {
    public static void main(String[] args) {
        OutputStreamWriter osw = null;
        try {
```

```
            osw = new OutputStreamWriter(new FileOutputStream("output.txt"), "UTF-8");
            osw.write("Hello, OutputStreamWriter!");
        } catch (IOException e) {
            e.printStackTrace();
        } finally {
            try {
                if (osw != null) {
                    osw.close();
                }
            } catch (IOException e) {
                e.printStackTrace();
            }
        }
    }
}
```

运行结果如图 7-20 所示。

图 7-20　使用 OutputStreamWriter 类写入文件的示例代码运行结果

上述示例代码通过 OutputStreamWriter 类将字符串 "Hello, OutputStreamWriter!" 写入 output.txt 文件，并指定使用 UTF-8 编码进行字符转换。

3. 总结

这些类提供了处理字符数据的能力：FileReader 类用于从文件中读取字符数据，适合文本文件，而 BufferedReader 类通过缓冲区提高读取效率。InputStreamReader 是桥接类，用于将字节流转换为字符流。对应地，FileWriter 类用于将字符数据写入文件，BufferedWriter 类通过缓冲区增强写入效率。OutputStreamWriter 类也是桥接类，用于将字节流转换为字符流，并支持字符编码转换。字符流比字节流更适合处理文本文件，因为它们能自动进行字符编码转换，使读取和写入更方便、高效。

7.1.3　节点流和过滤流

在 Java 中，按照功能可以将输入/输出流分为节点流（或原始流）和过滤流两大类，这两种流提供了不同的功能和使用场景。

1. 节点流（原始流）

节点流是最基础的流，它直接连接到数据源（如文件、内存、网络等）或数据目标，能够进行基本的输入/输出操作。按照数据传输的格式不同，可以将节点流分为字节流的节点流和字符流的节点流两类。

（1）字节流的节点流。

● FileInputStream：用于从文件中读取字节数据，适合读取二进制数据。

- FileOutputStream：用于向文件中写入字节数据，适合写入二进制数据。
- BufferedInputStream：用于为输入流提供缓冲功能，通过缓冲区提高读取效率。
- BufferedOutputStream：用于为输出流提供缓冲功能，通过缓冲区提高写入效率。
- DataInputStream：用于从字节流中读取基本数据类型（如 int、float、char 等），并提供直接读取数据的功能。
- DataOutputStream：用于将基本数据类型（如 int、float、char 等）写入字节流中。

（2）字符流的节点流。

- FileReader：用于从文件中读取字符数据，适合读取文本文件。
- FileWriter：用于向文件中写入字符数据，适合写入文本文件。
- BufferedReader：用于为字符输入流提供缓冲功能，支持高效的读取操作，特别是按行读取。
- BufferedWriter：用于为字符输出流提供缓冲功能，支持高效的写入操作。

2. 过滤流

过滤流是建立在节点流或过滤流之上的流，它将对接收到的数据进行处理后传递给目标流，通常用于修改或优化数据流。过滤流可以对数据进行额外的转换、处理或增强功能。按照数据传输的格式不同，可以将过滤流分为字节流的过滤流和字符流的过滤流两类。

（1）字节流的过滤流。

- BufferedInputStream：继承自 InputStream 类，为字节输入流提供缓冲功能，通常用来提高性能。
- BufferedOutputStream：继承自 OutputStream 类，为字节输出流提供缓冲功能，通常用来提高性能。
- DataInputStream：继承自 InputStream 类，提供读取基本数据类型（如 int、double、char）的方法。
- DataOutputStream：继承自 OutputStream 类，提供写入基本数据类型（如 int、double、char）的方法。

（2）字符流的过滤流。

- BufferedReader：继承自 Reader 类，为字符输入流提供缓冲功能，并且支持按行读取。
- BufferedWriter：继承自 Writer 类，为字符输出流提供缓冲功能，通常用来提高字符输出的效率。
- PrintWriter：继承自 Writer 类，提供了便捷的打印方法，可以方便地将数据输出到文本流中。

3. 节点流与过滤流的区别

节点流与过滤流有不同的作用、功能和使用场景，节点流与过滤流的区别如表 7-3 所示。

表 7-3　节点流与过滤流的区别

特性	节点流	过滤流
作用	直接与数据源或目标进行交互	对数据进行额外的处理或增强功能
功能	执行基本的输入/输出操作	执行数据处理、优化、转换等
使用场景	读取或写入文件、网络数据等	提供缓冲、数据格式化、字符编码等功能

4．示例代码

首先在项目根目录下创建 example.txt 文件，在该文件中输入并保存"好好学习，天天向上"，然后创建一个使用字符输入流 FileReader 读取文件中字符数据，示例代码如下。

```java
import java.io.*;
public class BufferedReaderExample {
    public static void main(String[] args) {
        try {
            // 使用缓冲读取文件中字符数据
            BufferedReader br = new BufferedReader(new FileReader ("example.txt"));
            String line;
            // 按行读取文件中字符数据
            while ((line = br.readLine()) != null) {
                System.out.println(line);
            }
            br.close();
        } catch (IOException e) {
            e.printStackTrace();
        }
    }
}
```

运行结果如图 7-21 所示。

图 7-21　BufferedReaderExample 类的示例代码运行结果

上述示例代码使用了字符流的过滤流 BufferedReader 对节点流 FileReader 进行包装，以便使用缓冲区按行高效读取文本数据。

5．总结

- 节点流是直接与数据源或目标交互的流，能够进行基本的输入/输出操作，如 FileInputStream 类、FileWriter 类。
- 过滤流是建立在节点流之上的流，用于增强功能，如缓冲、格式化、数据转换等。例如，BufferedReader 类提供了按行读取的功能，PrintWriter 类提供了便捷的文本输出功能。
- 过滤流常用于提高性能，或者用于对数据进行特殊处理，因此在处理文本和二进制文件时，使用过滤流可以显著提高效率。

7.2　文件的管理

Java 的文件管理一直是开发者关注的热点话题。在实际开发中，高效的文件操作能够显著提升程序的运行效率和性能。本节将详细介绍文件创建、读写、随机访问、复制和移动等 Java 文件操作方法，旨在帮助开发者更好地掌握文件管理方式和文件系统性能优化方法，提升程序的执行效率。

7.2.1 File 类

File 类是 Java 中用于文件和目录路径名表示的类。它提供了一些方法，用于文件和目录的创建、删除、重命名、路径查询等操作。File 类位于 java.io 包中，是所有 I/O 操作的基础。

1. File 类的构造方法

File 类通过多个构造方法来创建文件对象，常用的构造方法如表 7-4 所示。

表 7-4 File 类常用的构造方法

构造方法	描述
File(String pathname)	根据文件路径创建一个 File 对象
File(String parent, String child)	根据父路径和子路径创建一个 File 对象
File(File parent, String child)	根据父文件对象和子路径创建一个 File 对象

2. File 类的常用方法

表 7-5 所示为 File 类的常用方法，可帮助用户更好地理解如何在 Java 中处理文件和目录。

表 7-5 File 类的常用方法

方法名	描述
boolean exists()	判断文件或目录是否存在
boolean isDirectory()	判断是否为目录
boolean isFile()	判断是否为文件
boolean createNewFile()	创建新文件，如果文件已存在则返回 false
boolean delete()	删除文件或空目录
boolean mkdir()	创建目录。如果父目录不存在则返回 false
boolean mkdirs()	创建多级目录。如果父目录不存在则一并创建
long length()	获取文件的大小（字节数）
String getAbsolutePath()	获取文件的绝对路径
String getName()	获取文件或目录的名称
String[] list()	返回目录中所有文件和子目录的名称

3. File 类的使用示例

示例代码如下。

```
import java.io.File;
import java.io.IOException;
public class FileExample {
    public static void main(String[] args) {
        // 创建一个文件对象
        File file = new File("example.txt");
```

```
                // 检查文件是否存在
                if (!file.exists()) {
                    try {
                        // 创建新文件
                        if (file.createNewFile()) {
                            System.out.println("文件创建成功！");
                        } else {
                            System.out.println("文件已存在！");
                        }
                    } catch (IOException e) {
                        e.printStackTrace();
                    }
                }
                // 获取文件的绝对路径
                System.out.println("文件的绝对路径: " + file.getAbsolutePath());
                // 获取文件的名称
                System.out.println("文件名: " + file.getName());
                // 获取文件的大小
                System.out.println("文件大小: " + file.length() + " 字节");
                // 删除文件
                if (file.delete()) {
                    System.out.println("文件删除成功！");
                } else {
                    System.out.println("文件删除失败！");
                }
            }
        }
```

运行结果如图 7-22 所示。

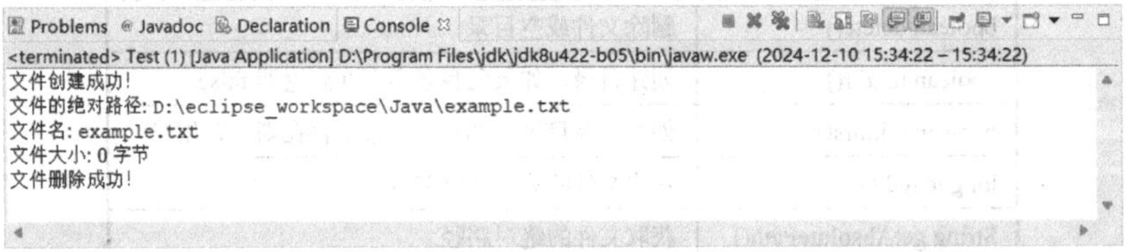

图 7-22　FileExample 类的示例代码运行结果

4. File 类的使用场景

- 文件的创建和删除：可以通过 createNewFile()和 delete()方法创建或删除文件。
- 文件或目录的检查：使用 exists()、isDirectory()、isFile()等方法判断文件或目录的状态。
- 路径操作：可以通过 getAbsolutePath()方法获取文件的绝对路径，也可以通过 getName()方法获取文件名。
- 目录管理：可以使用 mkdir()和 mkdirs()方法创建单级或多级目录。

5. 总结

通过 File 类，开发者能够管理文件和目录，实现文件的常见操作，如检查、创建、删除和获取路径等。File 类提供了对文件和目录的基本操作，是文件处理时最基本且最常用的类之一。

7.2.2　Files 类

Files 类是 Java NIO（New Input/Output）库的一部分，位于 java.nio.file 包中。它是一个工具类，提供了大量静态方法，用于简化对文件和目录的操作。与 File 类相比，Files 类更加现代化和高效，支持更高级的文件操作，尤其是在处理大文件和复杂 I/O 操作时。

Files 类的主要特点是它通过 Path 类表示文件和目录，而不是直接使用 File 对象，因此可以更好地与 NIO 的其他部分集成。它提供了对文件的读取、写入、复制、删除、移动、权限设置等操作的方法。

1. Files 类的常用方法

Files 类的常用方法如表 7-6 所示，展示了如何通过 Files 类进行常见的文件操作。Files 类提供了许多用于操作文件和目录的静态方法，可以简化很多常见的文件处理任务。

表 7-6　Files 类的常用方法

方法名	描述
boolean exists(Path path)	检查指定路径的文件或目录是否存在
Path createFile(Path path)	创建一个新文件，如果文件已存在则抛出异常
void createDirectories(Path path)	创建目录，包括父目录。如果目录已存在，则不做任何操作
long size(Path path)	获取文件的大小（以字节为单位）
void delete(Path path)	删除文件或目录。如果目录不为空，则抛出异常
boolean isDirectory(Path path)	判断指定路径是否为目录
boolean isRegularFile(Path path)	判断指定路径是否为常规文件
Path copy(Path source, Path target)	复制文件或目录，从 source 到 target
Path move(Path source, Path target)	移动文件或目录，从 source 到 target
Path readSymbolicLink(Path path)	读取符号链接并返回链接目标路径
void write(Path path, byte[] bytes)	将字节数据写入指定文件

2. Files 类的使用示例

示例代码如下。

```java
import java.io.IOException;
import java.nio.file.*;
public class FilesExample {
    public static void main(String[] args) {
        // 创建一个文件
        Path path = Paths.get("newfile.txt");
        try {
            // 如果文件不存在则创建文件
            if (!Files.exists(path)) {
                Files.createFile(path);
                System.out.println("文件创建成功！ ");
```

```
        }
        // 获取文件大小
        long fileSize = Files.size(path);
        System.out.println("文件大小: " + fileSize + " 字节");
        // 写入数据
        Files.write(path, "Hello, Java NIO!".getBytes());
        System.out.println("数据写入文件成功！");
        // 复制文件
        Path copyPath = Paths.get("copiedfile.txt");
        Files.copy(path, copyPath);
        System.out.println("文件复制成功！");
        // 移动文件
        Path movePath = Paths.get("movedfile.txt");
        Files.move(copyPath, movePath);
        System.out.println("文件移动成功！");
        // 删除文件
        Files.delete(path);
        Files.delete(movePath);
        System.out.println("文件删除成功！");
    } catch (IOException e) {
        e.printStackTrace();
    }
  }
}
```

运行结果如图 7-23 所示。

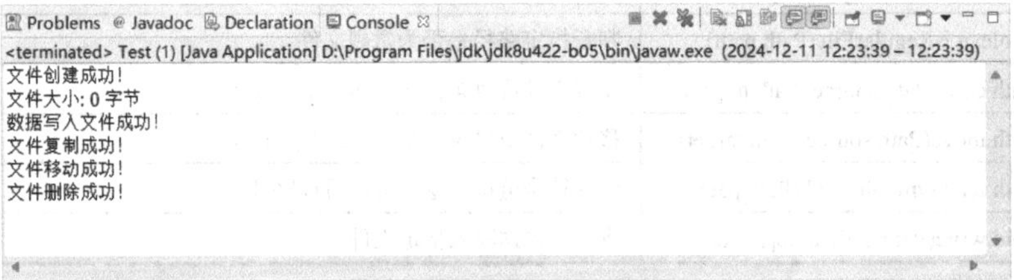

图 7-23　FilesExample 类的示例代码运行结果

3. Files 类的使用场景

- 文件和目录的创建与删除：可以使用 createFile() 和 delete() 方法进行文件的创建和删除，createDirectories() 方法用于创建多级目录。
- 文件复制和移动：通过 copy() 和 move() 方法，方便地复制和移动文件或目录。
- 文件的读取与写入：使用 write() 方法将数据写入文件，使用 size() 方法获取文件大小，读取符号链接使用 readSymbolicLink() 方法。
- 文件属性检查：isDirectory() 和 isRegularFile() 方法可用于判断指定路径是文件还是目录。

4. File 类与 Files 类的对比

File 类和 Files 类都是用于文件和目录操作的 Java 类，但它们在处理文件的方式和效率上存在一些显著的差异。File 类提供了一种传统的文件操作方式，适用于简单的文件和目录操作，在过去的 Java 版本中被广泛使用。而 Files 类提供了一种更现代、高效的方式来操作文件，支持现代化的文件管理操作，如复制、移动、创建文件和目录、读取符号链接等，简化了文件和目录的管理方式，适用于 Java NIO 中的文件系统操作。相比 File 类，Files 类能够更高效地处理大规模 I/O 操作，并且提供更多的功能和更好的错误处理机制。File 类与 Files 类的对比如表 7-7 所示。

表 7-7　File 类与 Files 类的对比

特性/方法	File 类	Files 类
包路径	java.io.File	java.nio.file.Files
文件路径表示方式	使用 File 对象表示文件或目录	使用 Path 对象表示文件或目录
文件操作方式	直接操作 File 对象的方法，如 exists()方法和 createNewFile()方法等	使用静态方法来操作，操作 Path 对象
文件创建与删除	createNewFile()方法和 delete()方法	Files.createFile()方法和 Files.delete()方法
文件复制与移动	没有直接支持复制和移动的方法	Files.copy()方法和 Files.move()方法
符号链接	没有符号链接支持	符号链接的读取 Files.readSymbolicLink()方法
文件属性读取	使用 length()方法和 lastModified()方法等	使用 Files.size()和 Files.getLastModifiedTime()方法等
文件内容读取/写入	使用流对象（如 FileInputStream 和 FileOutputStream）处理文件	Files.readAllBytes()和 Files.write()方法等简化的文件操作
异常处理	大多数方法会抛出 IOException	通过 IOException 和 UnsupportedOperation Exception 提供更多错误处理的 Files()方法
支持的功能	基本的文件和目录操作	更高级的文件操作，如创建目录、复制文件、移动文件、读取符号链接等

详细对比如下。

（1）文件路径表示。

- File 类使用文件系统的绝对路径或相对路径表示文件，操作较为传统，基于文件系统提供的路径字符串。
- Files 类依赖 Path 类表示文件路径，Path 类是 Java NIO 中用于表示文件和目录路径的类，具有更丰富的功能和更好的性能，尤其在处理大型文件时。

（2）创建、删除和操作文件。

- File 类提供了创建和删除文件的方法，如 createNewFile()方法和 delete()方法，但它们仅能用于简单的文件操作。
- Files 类提供了更现代化的文件操作方法，如 createFile()方法和 delete()方法，并且可以用于更复杂的操作，如创建多层目录（createDirectories()）和读取符号链接（readSymbolicLink()）。

（3）文件复制与移动。

- File 类没有直接的文件复制和移动方法。如果需要复制或移动文件，则必须使用流处理。
- Files 类提供了 copy()方法和 move()方法，可以直接复制和移动文件，操作简单且高效。

（4）读取文件内容。

- File 类本身不提供读取文件内容的功能，必须依赖 InputStream 或 Reader 读取文件。
- Files 类提供了 readAllBytes()方法和 readAllLines()方法等，直接读取文件内容，并返回

byte[]或 List<String>，这些方法简化了文件内容的读取操作。

（5）文件属性。

- File 类提供了获取文件属性的方法。例如，使用 length()方法获取文件大小，使用 lastModified()方法获取文件最后修改时间等。
- Files 类提供了更强大的文件属性查询方法。例如，使用 Files.size()方法获取文件大小，使用 Files.getLastModifiedTime()方法获取文件最后修改时间，且可以更方便地处理文件权限等属性。

（6）错误处理。

- File 类在执行大多数文件操作时会抛出 IOException，但不会提供更详细的异常信息。
- Files 类通过异常机制提供了更强大的错误处理能力。例如，使用 Files.createFile()方法会抛出 FileAlreadyExistsException 或 IOException，并能清晰地说明错误的原因。

7.2.3 错误处理与异常捕获

文件操作涉及硬件、操作系统等多个方面，不可避免地会遇到各种各样的错误。因此，如何在 Java 中操作文件时进行有效的错误处理和异常捕获，是每个开发者必须掌握的技能。本节将详细介绍 Java 中与文件读写操作相关的常见异常、异常的捕获与处理方法，以及一些高级的错误处理技巧。

1. 文件读写操作中的常见异常

在文件读写操作中，常见异常类型主要有如下几种。

（1）FileNotFoundException。

FileNotFoundException 通常在试图打开一个不存在的文件时抛出。例如，当使用 FileReader 类或 FileInputStream 类打开一个不存在的文件时，程序将抛出该异常。

示例代码如下。

```
FileReader fileReader = new FileReader("nonexistent_file.txt");// 如果文件不存在，则抛出
FileNotFoundException
```

（2）IOException。

IOException 是所有与输入/输出相关的异常基类。当文件读取或写入过程中发生任何 I/O 错误时，都会抛出此异常。常见的情况包括如下几种。

- 文件读取过程中出现错误。
- 网络流读取或写入错误。
- 文件系统访问权限不足等。

示例代码如下。

```
BufferedReader reader = new BufferedReader(new FileReader("file.txt"));
String line = reader.readLine(); // 如果文件读取错误，则抛出 IOException
```

（3）EOFException。

EOFException（End of File Exception）通常在通过流读取文件内容时，如果读取到文件末

尾且没有正确判断文件结束，则可能抛出该异常。

示例代码如下。

```
DataInputStream dataStream
= new DataInputStream(new FileInputStream("data.bin"));
int data = dataStream.readInt(); // 如果文件已经结束，则抛出 EOFException
```

（4）SecurityException。

如果没有足够的权限访问指定文件路径，则该访问操作会被系统的安全管理器禁止，程序会抛出 SecurityException。

示例代码如下。

```
File file = new File("somefile.txt");
file.delete();   // 如果没有权限删除文件，则抛出 SecurityException
```

2. 异常捕获与处理方法

try 块中的代码可能抛出异常，当发生异常时，程序会跳到 catch 块进行异常处理。catch 块捕获到的异常类型是 try 块中代码抛出的异常类型。同时，一个 try 块中可以有多个 catch 块捕获不同类型的异常。多个 catch 块的顺序很重要，应该将更具体的异常放在前面，较宽泛的异常（如 Exception）放在后面。

示例代码如下。

```
//使用 try-catch 语句处理可能的异常
try {
    // 创建一个 FileReader 对象，用于打开指定的文件 somefile.txt
    FileReader fileReader = new FileReader("somefile.txt");

    // 将 FileReader 包装在 BufferedReader 中，用于高效地逐行读取文件
    BufferedReader reader = new BufferedReader(fileReader);
    // 读取文件的第一行内容
    String line = reader.readLine();
    // 输出读取到的第一行内容
    System.out.println(line);
} catch (FileNotFoundException e) {
    // 如果文件没有找到（即 somefile.txt 文件不存在），会捕获到 FileNotFoundException
    System.out.println（"文件未找到！"）;
} catch (IOException e) {
    // 如果文件读取过程中发生错误，比如文件无法读取、读取过程中出错等，会捕获到 IOException
    System.out.println（"文件读取错误！"）;
} catch (Exception e) {
    // 捕获所有其他类型的异常，防止程序因为未知错误崩溃
    System.out.println（"发生了未知错误！"）;
}
```

7.3 对象序列化

对象序列化（Serialization）是 Java 中一个非常重要的概念，它是将对象转换为字节流的过程。反序列化（Deserialization）则是将字节流还原为对象的过程。对象在被序列化后，可以通过网络传输、文件存储或其他方式进行持久化，并且可以在之后通过反序列化恢复为原始对象。对象序列化与反序列化技术主要应用在数据的持久化存储、分布式系统和数据格式交换中。

- 数据的持久化存储：对象序列化后，可将对象的状态保存在文件中，日后需要时可以从文件中读取并恢复该对象。常见的应用场景包括缓存机制、数据库持久化等。
- 分布式系统：在分布式应用中，可将序列化用于网络传输对象的状态。例如，RMI（远程方法调用）和 Web 服务中的对象传输都依赖于序列化。
- 数据交换格式：序列化可以作为一种数据交换格式，将对象的状态保存为字节流，传输到另一个系统中，或者与其他编程语言进行数据交互。

Java 通过 Serializable 接口和 ObjectOutputStream 类、ObjectInputStream 类实现对象的序列化与反序列化。理解对象序列化的机制，不仅能高效地处理文件和网络 I/O 操作，还能让我们更好地理解 Java 的内存管理、类加载和版本控制等高级特性。

Java 中实现对象序列化主要依赖于 Serializable 接口。Serializable 接口是一个标记接口，它没有任何方法，实现这个接口的类会被标记为"可序列化"，JVM 会自动处理对象的序列化和反序列化。要使一个对象可序列化，需要让该对象的类实现 java.io.Serializable 接口。Java 通过 ObjectOutputStream 和 ObjectInputStream 这两个核心的类，提供了一种将对象转换为字节流，并在需要时将其还原为原始对象的机制。序列化的实现如图 7-24 所示。

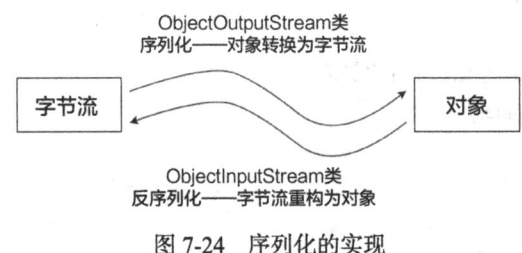

图 7-24 序列化的实现

1. 序列化过程

Java 的序列化是通过将实现了 Serializable 接口的对象转化为字节流来实现的。通过 ObjectOutputStream 类写入数据，经过网络或磁盘传输后，通过 ObjectInputStream 类反序列化，具体步骤如下。

（1）创建输出流：ObjectOutputStream 类用于将对象转化为字节流。在序列化的过程中，ObjectOutputStream 类会先将对象的元数据（如类名、字段名等）写入字节流，再将对象的实际数据写入。

（2）写入对象：调用 ObjectOutputStream 类的 writeObject() 方法将对象写入字节流中。此方法会递归地序列化对象及其引用的其他对象。

（3）创建输入流：ObjectInputStream 类用于读取序列化的字节流并将其恢复为对象。

（4）反序列化对象：通过调用 ObjectInputStream 类的 readObject() 方法，将字节流反序列化为原始对象。需要注意的是，这里的 readObject() 方法会返回一个 Object 类型的实例，因此需要进行类型转换。

2. 序列化的案例

（1）使类实现 Serializable 接口。

为了使一个类可以被序列化，必须让该类实现 Serializable 接口。一个实现了 Serializable 接口的类的实例对象可以通过 ObjectOutputStream 类进行序列化，并通过 ObjectInputStream 类进行反序列化。

例如，如下示例代码为使用一个简单的类 Person 实现 Serializable 接口。

```java
import java.io.*; // 导入序列化相关的类
// Person 类实现 Serializable 接口，表示该类的实例对象可以被序列化
public class Person implements Serializable
    // 添加 serialVersionUID，这是一个用于版本控制的标识符
    // 版本号的变化有助于确保反序列化时的一致性
    private static final long serialVersionUID = 1L;
    private String name; // 姓名字段
    private int age;        // 年龄字段
    // 构造方法，初始化 Person 对象的 name 和 age 字段
    public Person(String name, int age) {
        this.name = name;
        this.age = age;
    }
    // 重写 toString() 方法，返回对象的字符串表示
    @Override
    public String toString() {
        return "Person{name='" + name + "', age=" + age + "}";
    }
}
```

（2）序列化对象。

当一个对象需要被序列化时，可以使用 ObjectOutputStream 类将对象转换为字节流并写入输出流。例如，如下示例代码创建了一个 Person 对象，ObjectOutputStream 类会将该对象转化为字节流，并将其写入名为 person.ser 的磁盘文件。

```java
import java.io.*; // 导入输入/输出流类，用于序列化和文件操作
public class SerializationExample {
    public static void main(String[] args) {
        // 创建一个 Person 对象，初始化为 name = "Alice" 和 age = 30
        Person person = new Person("Alice", 30);

        // 使用 try-with-resources 语句自动关闭资源
        // 创建一个 ObjectOutputStream 类，用于将对象序列化并写入文件
        try (ObjectOutputStream oos = new ObjectOutputStream(new FileOutputStream("person.ser"))) {
            // 将 person 对象序列化并写入 person.ser 文件
            oos.writeObject(person);
            // 输出提示信息，表示对象已被成功序列化
            System.out.println("Object has been serialized.");
        } catch (IOException e) {
            // 捕获和处理序列化过程中可能发生的 I/O 异常
            e.printStackTrace();                }
```

上述示例代码运行结束后，会在项目的根目录下生成一个 person.ser 文件，如图 7-25 所示。

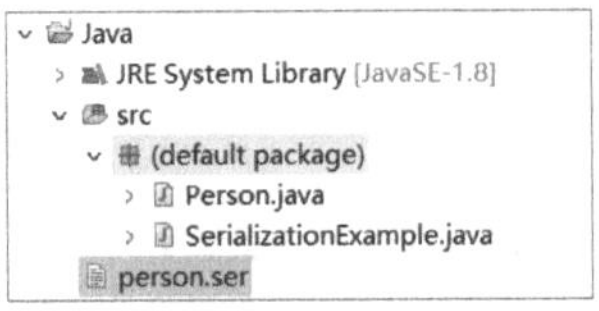

（3）反序列化对象。

反序列化是将字节流转换回对象的过程，使用 ObjectInputStream 类进行对象的反序列化操作。如下示例代码从 person.ser 文件中读取字节流，并通过 ObjectInputStream 类将其反序列化为 Person 对象。

图 7-25　Java 项目目录

```
import java.io.*; // 导入输入/输出流类，用于反序列化和文件操作
public class DeserializationExample {
    public static void main(String[] args) {
        // 使用 try-with-resources 语句自动关闭资源
        // 创建一个 ObjectInputStream 类，用于从文件中读取并反序列化对象
        try (ObjectInputStream ois = new ObjectInputStream(new FileInputStream("person.ser"))) {
            // 从 person.ser 文件中读取并反序列化对象
            // 由于反序列化返回的是一个 Object 类型，需要将其强制转换为 Person 类型
            Person person = (Person) ois.readObject();
            // 打印反序列化后的对象信息
            System.out.println("Object has been deserialized: " + person);
        } catch (IOException | ClassNotFoundException e) {
            // 捕获并处理反序列化过程中可能发生的异常
            // IOException 可能发生在文件读取过程中，ClassNotFoundException 可能发生在类加载
过程中
            e.printStackTrace();
        }
    }
}
```

运行结果如图 7-26 所示。

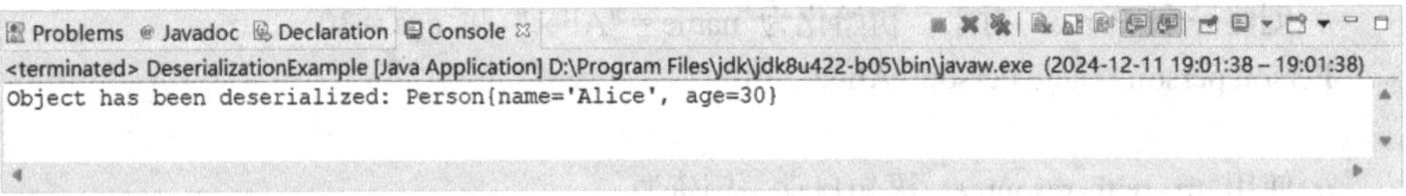

图 7-26　DeserializationExample 类的示例代码运行结果

3. 序列化与 serialVersionUID

在进行对象序列化时，Java 会根据对象的类信息生成一个版本号，这个版本号就是 serialVersionUID。serialVersionUID 用来确保序列化和反序列化时对象的兼容性。如果类的结构发生变化，字段被删除或修改，则序列化时生成的版本号会与反序列化时的版本号不一致，从而抛出 InvalidClassException。

为避免这种问题，建议每个可序列化的类都显式声明一个 serialVersionUID，并在类结构发生变化时手动调整该版本号。如果没有显式声明 serialVersionUID，Java 则根据类结构自动生成

一个值,但这种自动生成的方式可能导致版本不一致的问题,因此推荐手动管理 serialVersionUID。

示例代码如下。

```
import java.io.*; // 导入序列化相关的类
// Person 类实现 Serializable 接口,表示该类的实例可以被序列化
public class Person implements Serializable {
    // serialVersionUID 是一个用于版本控制的唯一标识符
    // 它有助于确保反序列化时的兼容性,避免类发生更改时导致反序列化失败
    private static final long serialVersionUID = 1L;
    private String name; // 姓名字段
    private int age;        // 年龄字段
    // 构造方法,用于初始化 Person 对象的 name 和 age 字段
    public Person(String name, int age) {
        this.name = name;
        this.age = age;
    }
    // Getter() 和 Setter() 方法(如果需要)可以加上,用于访问和修改 name 和 age 字段的值
}
```

4. 序列化时的常见问题

在使用 Java 序列化时,开发者可能会遇到一些常见的问题,了解这些问题及其解决方法是至关重要的。

（1）不可序列化的字段。

类中可能包含一些不需要序列化的字段,如数据库连接、线程等。可以使用 transient 关键字避免这些字段被序列化,标记为 transient 关键字的字段在序列化时会被忽略。例如,在如下示例代码中,connection 字段被标记为 transient 关键字,因此它不会被序列化。其他字段（如 connectionString）仍然会被序列化。

```
import java.io.*; // 导入序列化相关类
import java.sql.Connection; // 导入数据库连接类
// DatabaseConnection 类实现 Serializable 接口,表示该类的实例可以被序列化
public class DatabaseConnection implements Serializable {
// serialVersionUID 是用于版本控制的标识符,确保序列化和反序列化过程中的兼容性
    private static final long serialVersionUID = 1L;
    // transient 关键字用于标记该字段不会被序列化
    // 即使 DatabaseConnection 对象被序列化,connection 字段也不会被写入文件
    private transient Connection connection; // 数据库连接对象,不会被序列化
    private String connectionString; // 连接字符串,将会被序列化
    // 构造函数用于初始化 connectionString 字段和 connection 字段
    public DatabaseConnection(String connectionString, Connection connection) {
        this.connectionString = connectionString;
        this.connection = connection;
    }
    // 获取 connection 字段
    public Connection getConnection() {
```

```
            return connection;
        }
        // 设置 connection 字段
        public void setConnection(Connection connection) {
            this.connection = connection;
        }
        // 获取 connectionString 字段
        public String getConnectionString() {
            return connectionString;
        }
        // 设置 connectionString 字段
        public void setConnectionString(String connectionString) {
            this.connectionString = connectionString;
        }
        // 其他与数据库连接相关的方法可以在这里实现
    }
```

（2）静态字段的序列化。

静态字段属于类级别的属性，它们并不属于实例的一部分，静态字段不会被序列化。即使类的实例被序列化，静态字段的值也不会与对象一起被存储。它们会保留类加载时的初始值，反序列化后静态字段会保持类加载时的状态。例如，在如下示例代码中，count 字段不会被序列化，反序列化后其值仍将保持为类加载时的初始值。

示例代码如下。

```
import java.io.*; // 导入序列化相关的类
// MyClass 类实现 Serializable 接口，表示该类的实例可以被序列化
public class MyClass implements Serializable {
    // serialVersionUID 是一个用于版本控制的标识符，确保序列化和反序列化过程中的兼容性
    private static final long serialVersionUID = 1L;
    private String name; // 普通字段将被序列化
    private static int count = 0; // 静态字段不被序列化
    // 构造方法，用于初始化 name 字段，并增加 count 字段
    public MyClass(String name) {
        this.name = name;
        count++; // 每次创建一个 MyClass 对象时，count 字段递增
    }
    // 获取 name 字段的方法
    public String getName() {
        return name;
    }
    // 获取 count 字段的方法
    public static int getCount() {
        return count;
    }
}
```

（3）writeObject()和 readObject()方法的自定义。

如果在开发过程中需要控制对象序列化和反序列化的过程，则此时可以在类中显式定义 writeObject()和 readObject()方法，以便自定义序列化和反序列化的行为。这些方法允许我们在对象被序列化和反序列化时执行一些额外的操作（如数据验证、加密、压缩等）。例如，在如下示例代码中重写了 writeObject()和 readObject()方法。writeObject()方法在序列化时对 age 字段进行了修改（将其乘以 2），而 readObject()方法则在反序列化时恢复了原始值。这样就能实现自定义的序列化行为。

示例代码如下。

```java
import java.io.*; // 导入序列化相关类
// CustomSerialization 类实现 Serializable 接口，表示该类的实例可以被序列化
public class CustomSerialization implements Serializable {
    // serialVersionUID 用于版本控制，确保序列化和反序列化过程中的兼容性
    private static final long serialVersionUID = 1L;
    private String name;        // 存储姓名的字段，将会被序列化
    private transient int age; // 存储年龄的字段，不会被序列化（使用 transient 修饰）
    // 构造函数，初始化 name 和 age 字段
    public CustomSerialization(String name, int age) {
        this.name = name;
        this.age = age;
    }
    // 自定义序列化方法
    // 在写入对象时，使用 ObjectOutputStream 进行自定义序列化
    private void writeObject(ObjectOutputStream out) throws IOException {
        out.defaultWriteObject();  // 默认序列化，序列化 name 字段
        out.writeInt(age * 2);
    // 自定义序列化，对 age 字段进行修改（如 age * 2）
    }
    // 自定义反序列化方法
    // 在反序列化对象时，使用 ObjectInputStream 进行自定义反序列化
    private void readObject(ObjectInputStream in) throws IOException, ClassNotFoundException {
        in.defaultReadObject();      // 默认反序列化，恢复 name 字段
        this.age = in.readInt() / 2; // 自定义反序列化，恢复 age 字段（如除以 2）
    }
    // 重写 toString() 方法，打印对象的详细信息
    @Override
    public String toString() {
        return "CustomSerialization{name='" + name + "', age=" + age + "}";
    }
}
```

5. 序列化与反序列化的性能考虑

- 磁盘 I/O：序列化的过程会涉及磁盘 I/O 操作，因此在性能要求较高的应用场景中，可能需要对序列化进行优化。例如，可以通过批量序列化、使用压缩算法等方式减少磁

盘 I/O 开销。

- 内存消耗：序列化会存储对象的元数据、类信息等信息而消耗额外的内存。在内存受限的环境中，可能需要通过自定义序列化减少内存占用。

7.4 习　　题

一、简答题

1. 什么是 I/O 流？Java 中的 I/O 流可以分为哪两类？
2. 字节流和字符流的主要区别是什么？
3. 简述节点流和过滤流的区别。
4. 为什么在 Java 中使用缓冲流？
5. 解释 Files 类在 Java 中的作用，并列举三个常用方法。
6. 什么是对象序列化？
7. 如何将一个 Java 对象序列化到文件中？

二、编程题

1. 编写一个程序，使用字节流读取 input.txt 文件中的内容并打印出来。
文件中的内容如下。

```
This is the content of the input file.
Second line.
```

请在本地创建 input.txt 文件，并注意读取文件的路径。

2. 编写一个程序，使用字符流将一个字符串写入 output.txt 文件。
3. 编写一个程序，使用缓冲流读取 input.txt 文件并按行输出。
文件中的内容如下。

```
This is the content of the input file.
Second line.
```

请在本地创建 input.txt 文件，并注意读取文件的路径。

8.1 JDBC 接口

JDBC（Java Database Connectivity）接口是 Java 开发者与数据库进行交互的重要工具，它为开发者提供了一套标准化的接口，支持对各种关系型数据库的访问。通过 JDBC 接口，Java 程序可以方便地执行 SQL 语句、处理查询结果、管理事务等，实现与数据库的高效交互。JDBC 接口的设计目标是跨数据库平台，使开发者可以通过统一的接口与不同厂商的数据库进行交互，而无须关心底层的数据库细节。JDBC 接口示意如图 8-1 所示。

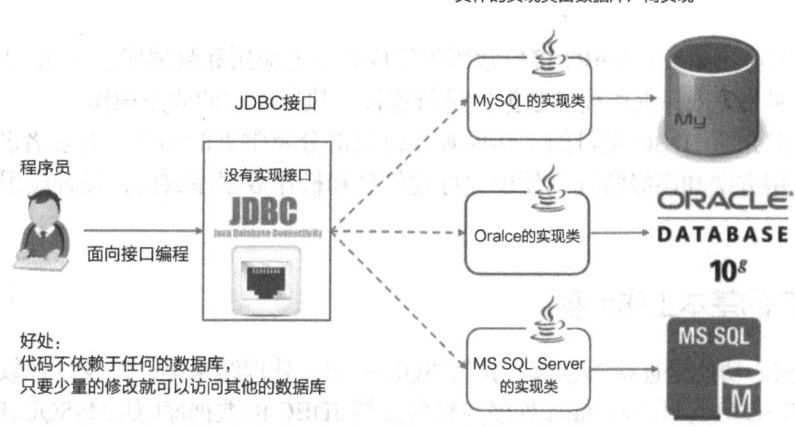

图 8-1　JDBC 接口示意

作为数据库操作的标准接口，JDBC 接口具有以下优点。

（1）跨平台性：JDBC 接口作为 Java 的一部分，天然具备跨平台性。无论数据库是 MySQL、PostgreSQL 还是 Oracle，都可以使用相同的 JDBC API 进行访问。只需安装对应的数据库驱动，就可以在不同的操作系统上运行。

（2）统一的 API：JDBC 提供了一个统一的 API，可以与多种关系型数据库进行交互。开发者不需要为每种数据库学习不同的 API，大大提高了开发效率。

（3）支持事务控制：JDBC 接口提供了对数据库事务的控制功能，允许开发者显式地控制事务的提交和回滚，从而保证数据库操作的一致性和完整性。

（4）支持批处理操作：JDBC 接口支持批处理操作，允许开发者一次性地将多个 SQL 语句提交给数据库，减少数据库交互次数，提高性能。

（5）支持存储过程：JDBC 接口不仅支持执行 SQL 语句，还支持调用数据库中的存储过程。存储过程是数据库层面封装的一段 SQL 代码，可以实现复杂的业务逻辑，提高数据库的性能和可维护性。

（6）灵活的数据处理：JDBC 接口支持对查询结果的灵活处理，可以通过 ResultSet 按列名或列索引获取查询结果的数据，且支持不同数据类型的处理（如字符串、整数、日期等）。

（7）与其他 Java 技术的集成：JDBC 接口可以方便地与 Java 的其他技术（如 JSP、Spring、Hibernate 等）集成，使开发者可以在一个统一的平台上进行各种类型的开发。

在实际开发中，JDBC 接口与其他 Java 技术（如 Spring、Hibernate、JPA 等）紧密结合，广泛应用于各种需要与数据库交互的 Java 应用中。

（1）Web 应用开发：JDBC 接口常用于 Web 应用中，尤其是基于 Servlet、JSP 或 Spring 的应用。Web 应用通过 JDBC 接口与数据库进行交互，处理用户的请求，查询或更新数据库中的数据。

（2）企业级应用：在企业级应用中，JDBC 接口用于处理业务逻辑和数据库交互，如 ERP、CRM 系统等。JDBC 接口与数据库的紧密集成使数据操作可以高效地完成。

（3）数据迁移与备份：JDBC 接口常用于数据迁移和备份任务中，通过编写 Java 程序连接源数据库和目标数据库，将数据从一个数据库迁移到另一个数据库，或者进行定期备份。

（4）大数据与数据分析：JDBC 接口也广泛应用于大数据分析与数据处理领域。例如，Java 应用通过 JDBC 接口与大数据平台（如 Hive、Hadoop 等）进行交互，从数据库中获取数据并进行分析。

（5）第三方应用集成：JDBC 接口常用于集成第三方应用和数据库。例如，将 Java 应用与银行、支付网关等服务提供商的数据库进行连接，执行相关的业务操作。

本节将详细介绍 JDBC 接口的工作原理、组成部分及常见的用法。开发者若掌握 JDBC 接口的基本使用方法和高级特性，便能更好地管理和操作数据库数据，提升应用程序的性能和可靠性。

8.1.1 JDBC 的基本工作流程

JDBC 的核心功能是连接数据库、执行 SQL 语句、处理结果集，以及管理数据库事务。开发者通过 JDBC API，可以将 Java 程序与任何支持 JDBC 的数据库（如 MySQL、PostgreSQL、Oracle、SQL Server 等）建立连接并进行交互。

JDBC 的基本工作流程可以分为如下几个步骤。

（1）加载数据库驱动：在使用 JDBC 时，首先需要加载数据库的驱动程序。每个数据库厂商都会提供一个 JDBC 驱动，它负责将 JDBC 调用并转换为具体数据库的原生操作。现代的数据库驱动通常已经实现了自动加载机制，但有时需要显式地加载数据库驱动类。

（2）建立数据库连接：通过 DriverManager 类，JDBC 提供了一个标准化的方法连接不同的数据库。通过用户提供的数据库的 URL、用户名、密码等连接信息，DriverManager 类会选择合适的驱动并与数据库建立连接。

（3）执行 SQL 语句：建立连接后，开发者可以通过 Statement、PreparedStatement 或 CallableStatement 接口执行 SQL 语句（如查询、更新、删除等）。JDBC 支持普通的 SQL 语句，也支持存储过程的调用。

（4）处理查询结果：对于查询操作，JDBC 会返回一个 ResultSet 对象。ResultSet 对象表示查询结果集，开发者可以通过它获取每行数据。

（5）事务控制与提交：JDBC 提供了事务控制的功能。开发者可以选择开启或关闭事务自动提交模式，在事务内执行多个 SQL 操作，并在操作成功后提交，或者在发生异常时回滚事务，确保数据的完整性。

（6）关闭资源：在 JDBC 操作完成后，必须显式地关闭连接、语句、结果集等资源，以避免资源泄露。

8.1.2　JDBC 的架构

JDBC 的架构由 JDBC API、JDBC 驱动程序和数据库三部分组成。

1.　JDBC API

JDBC API 是 Java 程序与数据库交互的标准接口，它提供了执行 SQL 语句、获取查询结果、处理事务等功能。JDBC API 的主要接口和类包括如下几种。

（1）DriverManager：用于管理数据库驱动程序的类。DriverManager 类会从已经注册的驱动程序中选择一个合适的驱动建立数据库连接。

示例代码如下。

```
DriverManager.getConnection(url,user,password);
```

（2）Connection：表示与数据库的连接，是 JDBC 的核心接口，所有 JDBC 操作都必须通过 Connection 对象来进行。它提供了设置事务、关闭连接等功能。

示例代码如下。

```
Connection conn = DriverManager.getConnection(url, user, password);
```

（3）Statement：用于执行 SQL 语句。Statement 接口有多种实现方式（如 Statement、PreparedStatement 和 CallableStatement）。普通的 SQL 查询或更新操作可以使用 Statement。

示例代码如下。

```
Statement stmt = conn.createStatement();
ResultSet rs = stmt.executeQuery("SELECT * FROM table");
```

（4）PreparedStatement：PreparedStatement 是 Statement 接口的子接口，提供了预编译 SQL 语句的功能，允许在 SQL 语句中使用参数占位符，防止 SQL 注入攻击，并提高性能。

示例代码如下。

```
PreparedStatement pstmt = conn.prepareStatement("INSERT INTO users (name, age) VALUES (?, ?)");
pstmt.setString(1, "John");
pstmt.setInt(2, 30);
pstmt.executeUpdate();
```

（5）ResultSet：表示查询结果集的接口。ResultSet 接口包含数据库查询返回的数据，开发者可以通过它按列或按行访问结果。

示例代码如下。

```
while (rs.next()) {
    String name = rs.getString("name");
    int age = rs.getInt("age");
}
```

（6）SQLException：当 JDBC 操作出现错误时，会抛出 SQLException。SQLException 包含错误的代码、SQL 状态及错误的详细信息。

示例代码如下。

```
try {
    // JDBC 操作代码
} catch (SQLException e) {
    e.printStackTrace();
}
```

2. JDBC 驱动程序

JDBC 驱动程序是 JDBC 架构中的另一部分，负责将 JDBC API 中的调用转换为具体数据库管理系统所使用的原生操作。根据 JDBC 驱动的实现方式和依赖关系，JDBC 驱动可以分为 JDBC-ODBC 桥接驱动（Type1）、本地 API 驱动（Type2）、网络协议驱动（Type3）和纯 Java 驱动（Type4）四种类型。

JDBC 驱动的加载通常通过 Class.forName()方法进行。

示例代码如下。

```
Class.forName("com.mysql.cj.jdbc.Driver");
```

在实际开发中，现代的 JDBC 驱动通常已经通过服务提供者接口（Service Provider Interface，SPI）机制自动加载，因此无须显式加载。

3. JDBC 架构知识

JDBC 架构如图 8-2 所示，展示了 Java 应用程序通过 JDBC API 与数据库进行交互的流程。流程开始于 Java 应用程序通过 JDBC API 发起数据库操作请求，使用 DriverManager 管理数据库驱动并建立连接。Connection 接口用于连接数据库并执行 SQL 语句，Statement 接口用于执行 SQL 语句进行查询、更新或存储操作，ResultSet 接口用于获取查询结果并操作数据，DataSource 接口用于连接池管理，提高性能。数据库在执行 SQL 操作后，将结果返回给 JDBC 驱动，驱动将结果转换为 JDBC API 对象，并通过 ResultSet 接口返回给 Java 应用程序，应用程序处理结果集并进行业务逻辑处理，最后可以通过 Connection.close()方法关闭数据库连接。

图 8-2　JDBC 架构

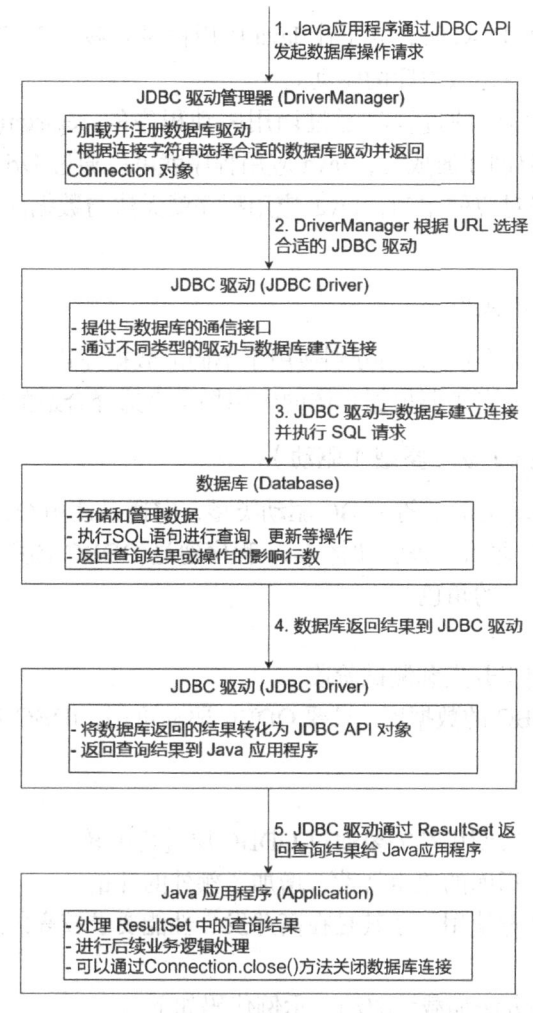

图 8-2 JDBC 架构图（续）

8.2 连接数据库

连接数据库是 JDBC 实现与数据库交互的第一步。本节将详细介绍如何在 Java 中通过 JDBC 连接到数据库，涵盖数据库连接的基本概念、连接池的使用、连接的管理及常见问题的解决方法。

8.2.1 加载数据库驱动

在 Java 中，连接数据库的第一步是加载相应的数据库驱动程序。JDBC 驱动程序是数据库通信的核心组件，它负责将 Java 应用程序发出的 SQL 命令转化为数据库能够理解的命令，对数据库返回的结果进行接收和解析，并将这些结果以 Java 能够理解的方式传回 Java 应用程序。数据库驱动是每种数据库厂商为其数据库系统提供的 JDBC 实现类，每种数据库管理系统都有一个或多个相应的 JDBC 驱动程序，这些驱动程序需要通过特定的接口与 Java 应用程序进行交互。因此在使用 JDBC 时，为了让 Java 应用程序能够与特定数据库系统建立连接，开发者必须确保加载适合目标数据库的驱动。

在加载 JDBC 驱动程序的过程时通过调用驱动程序的 register()方法将该驱动注册到 DriverManager 中。一旦驱动注册成功，Java 应用程序就可以通过 DriverManager 获取数据库连接。如果没有正确加载对应的驱动，Java 应用程序就无法与数据库建立连接，从而无法执行 SQL 语句。

8.2.1.1 JDBC 驱动的类型

JDBC 驱动程序有四种类型，它们分别适用于不同的数据库连接方式。不同类型的驱动程序有不同的性能特性，开发者需要根据具体的应用场景来选择合适的驱动类型。

1. JDBC-ODBC 桥接驱动（类型 1 驱动）

JDBC-ODBC 桥接驱动是最早的 JDBC 驱动类型，它通过使用 ODBC（开放数据库连接）实现 Java 与数据库之间的通信。该驱动将 Java 程序通过 ODBC 调用转发到底层数据库的驱动程序，类似于"中间人"的角色。

（1）优点。

- 简单易用，适合用于开发和测试阶段。
- 支持所有支持 ODBC 的数据库，只要 ODBC 驱动可用，JDBC 就可以通过 ODBC 连接任何数据库。

（2）缺点。

- 性能较差，因为每次调用都需要通过 ODBC 层进行中转。
- 不支持直接访问数据库的原生特性，增加了额外的开销。
- 在生产环境中不推荐使用，尤其是在高并发、性能要求较高的应用场景中。

（3）加载方式。

通过 Class.forName()方法加载该驱动，示例代码如下。

```
Class.forName("sun.jdbc.odbc.JdbcOdbcDriver");
```

2. 本地协议驱动（类型 2 驱动）

本地协议驱动直接使用数据库厂商提供的本地协议与数据库进行通信。与 JDBC-ODBC 驱动不同，本地协议驱动并不依赖于 ODBC，而是通过数据库厂商提供的专有协议与数据库管理系统进行交互。

（1）优点。

- 本地协议驱动的性能比 JDBC-ODBC 桥接驱动的性能更高，适用于一些对性能要求较高的应用。
- 能够更好地利用数据库特有的功能，如批处理、事务等。

（2）缺点。

- 依赖于数据库厂商提供的本地协议，缺乏通用性，只有在特定数据库厂商的环境下才能使用。
- 无法跨数据库使用，对于多种数据库的应用不具备通用性。

（3）加载方式。

通过 Class.forName()方法加载该驱动，示例代码如下。

```
Class.forName("com.ibm.db2.jdbc.app.DB2Driver");
```

3. 网络协议驱动（类型 3 驱动）

网络协议驱动通过数据库中间层（如应用服务器、网关等）与数据库进行通信。这种驱动使用通用的数据库访问协议，与数据库的实际协议无关。它的优点在于可以支持多种不同类型的数据库，不同数据库之间的数据通信通过网络协议进行。

（1）优点。

* 支持多种不同类型的数据库，提供了一定的跨平台能力。
* 网络协议驱动的性能与 JDBC-ODBC 桥接驱动相比要更高。

（2）缺点。

* 由于中间层的存在，其性能可能比本地协议驱动略低，尤其是在大规模并发访问时。
* 需要部署额外的中间层软件，增加了系统的复杂性。

（3）加载方式。

通过 Class.forName()方法加载该驱动，示例代码如下。

```
Class.forName("com.informix.jdbc.IfxDriver");
```

4. 纯 Java 驱动（类型 4 驱动）

纯 Java 驱动是 JDBC 驱动的最佳类型，它完全使用 Java 编写，不依赖于任何本地代码或中间层。这意味着它可以跨平台工作，在任何支持 Java 的操作系统上都能运行。纯 Java 驱动直接与数据库管理系统的协议进行通信，省去了中间层的复杂性。

（1）优点。

* 跨平台性好，适合在不同操作系统上运行。
* 纯 Java 驱动的性能较高，尤其是在高并发、高负载的场景下表现优异。
* 适用于大多数主流数据库，如 MySQL、PostgreSQL、Oracle 等。

（2）缺点。

* 由于该驱动方式是纯 Java 实现的，可能与本地协议驱动的某些特定操作的性能相比略差（尽管差距微乎其微）。

（3）加载方式。

通过 Class.forName()方法加载该驱动，示例代码如下。

```
Class.forName("com.mysql.cj.jdbc.Driver");
```

5. JDBC 驱动的选择

选择合适的 JDBC 驱动类型非常重要，具体选择哪个类型的驱动，取决于数据库的类型、性能需求及系统的复杂性。如果应用只访问单一类型的数据库，并且对性能要求较高，则首选纯 Java 驱动（类型 4 驱动）。如果需要跨多个数据库系统进行访问，则选择网络协议驱动（类型 3 驱动）。

8.2.1.2 手动加载驱动

JDBC 驱动程序的加载方式在 JDBC3.0 升级到 JDBC4.0 时发生了变化。在 JDBC3.0 之前，开发者需要显式地加载驱动程序，而从 JDBC4.0 开始，Java 提供了自动加载机制。

在 JDBC3.0 及之前的版本中，驱动的加载是通过 Class.forName()方法显式实现的。开发者需要在应用程序启动时手动加载相应的数据库驱动类，并注册到 DriverManager 中。手动加载驱动方式的示例代码如下。

```java
import java.sql.*;
public class JdbcExample {
    public static void main(String[] args) {
        try {
            // 手动加载 MySQL 驱动类
            // 这是 JDBC 连接数据库的第一步，加载数据库驱动程序
            // 对于 MySQL 8.x 版本，需要加载 com.mysql.cj.jdbc.Driver 类
            Class.forName("com.mysql.cj.jdbc.Driver");
            // 获取数据库连接
            // DriverManager.getConnection()方法用于建立与数据库的连接
            // 需要提供数据库的 URL、用户名和密码
            // URL 格式：jdbc:mysql://主机:端口/数据库名
            Connection conn = DriverManager.getConnection(
                "jdbc:mysql://localhost:3306/mydatabase",  // 数据库的 URL
                "user",
                // 数据库的用户名
                "password"
                // 数据库的密码
            );
            // 如果连接成功，则会输出连接成功的信息
            System.out.println("连接成功");
            // 关闭数据库连接
            // 使用完数据库连接后，要关闭连接以释放资源
            conn.close();
        } catch (Exception e) {
            // 捕获并打印异常信息
            // 如果发生任何异常则会进入此处
            e.printStackTrace();
        }
    }
}
```

运行结果如图 8-3 所示。

图 8-3 获取数据库连接的示例代码运行结果

在运行代码连接数据库前，需先下载 MySQL-JDBC 驱动程序，并从 MySQL Connector/J 下载页面下载适合操作系统的驱动程序 JAR 文件。下载完成后，需要将所需驱动添加到项目中，步骤如下。

（1）右击项目名称，在弹出的快捷菜单中选择【Build Path】→【Configure Build Path】命令。

（2）在【Libraries】选项卡中，单击【Add External JARs】按钮。

（3）选择下载的 MySQL JDBC 驱动程序 JAR 文件并添加。

8.2.1.3　自动加载驱动

JDBC4.0 引入了 SPI 机制，在类路径（classpath）中自动查找并加载数据库驱动程序。这意味着，只要将 JDBC 的驱动程序 JAR 文件放入类路径中，JDBC 就会在程序启动时自动加载，无须开发者显式调用 Class.forName()方法。

JDBC4.0 通过在 META-INF/services/java.sql.Driver 文件中定义驱动类名实现自动加载机制。MySQL JDBC 驱动会在该文件中注册其驱动类名，示例代码如下。

```
META-INF/services/java.sql.Driver
com.mysql.cj.jdbc.Driver
```

在这种机制下，只要 JDBC 驱动包在类路径中，Java 就会自动加载驱动并注册到 DriverManager，程序员不需要调用 Class.forName()方法加载驱动。

8.2.2　获取数据库连接

在 Java 中，数据库连接是由 java.sql.Connection 接口表示的。java.sql.Connection 接口提供用于与数据库进行交互的方法，如执行 SQL 查询、插入数据、更新数据、提交事务等。

数据库连接对象通过 JDBC 驱动与数据库建立物理连接后，主要有两种方式获取数据库连接。最基本的方式是通过 DriverManager 获取连接，这种方式适用于简单的应用或小型项目。除此之外，还可以通过 DataSource 获取连接，这种方式适用于企业级应用，特别是在使用连接池的场景中更为常见。在进行数据库操作时，连接的有效性和管理方式会直接影响应用的性能和稳定性。

1. 通过 DriverManager 获取数据库连接

DriverManager 是 JDBC 的核心类之一，主要用于管理数据库驱动程序和获取数据库连接。DriverManager 通过在注册的 JDBC 驱动程序中选择一个合适的驱动，用于为指定的数据库 URL 建立连接。通过 DriverManager 获取数据库连接的基本步骤如下。

1）注册数据库驱动

在 Java 中，通过 DriverManager 获取数据库连接时，首先需要加载数据库的 JDBC 驱动。JDBC 驱动程序是一个 Java 类，负责与特定数据库的通信。每个数据库厂商都会提供对应的 JDBC 驱动类，常见的驱动如下。

- MySQL：com.mysql.cj.jdbc.Driver。
- PostgreSQL：org.postgresql.Driver。
- Oracle：oracle.jdbc.OracleDriver。

- SQL Server：com.microsoft.sqlserver.jdbc.SQLServerDriver。

加载驱动的方式有如下两种。

- 手动加载：通过 Class.forName()方法显式加载驱动类。手动加载驱动的示例代码如下。

```
//使用 Class.forName()方法显式加载驱动类 Class.forName("com.mysql.cj.jdbc.Driver");
```

- JDBC4.0 自动加载：在 Java6.0 和之后的版本中，JDBC4.0 引入了自动加载机制，只要将驱动程序的 JAR 文件放入类路径中，JDBC 就会自动加载并注册该驱动。

2）获取连接

在加载驱动后，可以通过 DriverManager.getConnection()方法获取数据库连接，该方法通常有如下三种重载形式。

（1）仅使用数据库 URL 获取连接，示例代码如下。

```
Connection conn
= DriverManager.getConnection("jdbc:mysql://localhost:3306/mydatabase");
```

这种方式适用于不需要用户名和密码的情况（例如，数据库允许匿名访问）。

（2）使用数据库 URL、用户名和密码获取连接，示例代码如下。

```
Connection conn
=  DriverManager.getConnection("jdbc:mysql://localhost:3306/mydatabase", "root", "password");
```

这种方式适用于需要数据库身份验证的情况。

（3）使用 Properties 对象传递更多连接参数，示例代码如下。

```
Properties props = new Properties();
props.put("user", "root");
props.put("password", "password");
Connection conn
= DriverManager.getConnection("jdbc:mysql://localhost:3306/mydatabase", props);
```

3）连接字符串的格式

数据库连接 URL 指定了数据库的访问方式和位置。不同的数据库系统使用不同的 URL格式。以 MySQL 为例，常见的连接 URL 格式如下。

```
jdbc:mysql://hostname:port/databaseName
```

- jdbc:mysql://：指定使用 MySQL 数据库驱动。
- hostname：数据库服务器的主机名或 IP 地址。
- port：数据库监听的端口（默认为 3306）。
- databaseName：数据库的名称。

连接到本地 MySQL 数据库 mydatabase，示例代码如下。

```
Connection conn
= DriverManager.getConnection("jdbc:mysql://localhost:3306/mydatabase", "root", "password");
```

4）关闭连接

使用完数据库连接后，必须使用 Connection.close()方法关闭连接。这不仅可以释放数据库资源，还可以避免数据库连接泄露，示例代码如下。

```
conn.close();
```

关闭连接后，连接对象不能继续使用，如果继续使用将抛出 SQLException。

5）获取连接时的常见问题

（1）No suitable driver found for ... 错误：该错误通常是因为没有加载数据库驱动，或者数据库连接 URL 格式不正确。解决方法是确保 JDBC 驱动已正确加载并且连接 URL 格式正确。

（2）Access denied for user 错误：该错误通常是由于用户名或密码错误，或者该用户没有足够的权限连接数据库。解决方法是检查数据库的用户名、密码及权限设置。

（3）连接池耗尽：在高并发场景下，频繁获取和关闭数据库连接可能导致连接池中的连接耗尽，进而影响应用程序的性能。解决方法是使用数据库连接池，并对连接池的参数进行优化。

2. 通过 DataSource 获取数据库连接

传统的获取数据库连接的方式（通过 DriverManager 获取连接）存在明显的性能瓶颈。在高并发、高负载的情况下，每次从头开始创建新的数据库连接会导致过多的资源消耗，增加系统的响应时间。在企业级应用中，推荐使用 DataSource 管理数据库连接。DataSource 接口比 DriverManager 接口更灵活，并且支持连接池、事务管理等功能。

数据库连接池是一种用于管理数据库连接的技术，它通过复用连接减少数据库连接的开销。连接池是一个持有多个数据库连接的容器，这些连接可以被多个客户端共享，而不需要每次都重新建立连接。每当应用程序请求数据库连接时，连接池就会提供一个可用的连接，如果没有可用连接，则创建一个新的连接，并在不使用时将连接返回池中。连接池的优势在于减少了每次请求时数据库连接创建和销毁的开销，从而提高了数据库连接的复用率和系统的响应速度。

1）使用 DataSource 获取连接

使用 DataSource 获取连接的流程与使用 DriverManager 获取连接的流程类似，它的优势在于连接池的管理。DataSource 会为应用程序提供已经建立好的连接，而无须每次请求都创建新的数据库连接。

获取连接的方式如下。

```
DataSource dataSource
= (DataSource) new InitialContext().lookup("java:/comp/env/jdbc/MyDB");
Connection conn = dataSource.getConnection();
```

2）连接池管理

连接池通过事先创建一定数量的数据库连接，使得程序可以重复使用这些连接，而无须每次都建立新的连接。连接池还提供了一些管理机制，如连接池大小、连接超时、空闲连接清理等。常见的连接池实现包括 ApacheDBCP、C3P0 和 HikariCP 等。

（1）Apache DBCP：Apache DBCP 是一个广泛使用的数据库连接池实现，支持连接池的创建和管理，常用于 Java EE 应用中。

（2）C3P0：C3P0 是一个性能较高的数据库连接池实现，具有自动回收连接、断开连接的处理机制。

（3）HikariCP：HikariCP 是当前性能最优的数据库连接池实现，广泛用于高性能 Java 应用中，尤其是在 SpringBoot 中。

使用 HikariCP 连接池获取连接，示例代码如下。

```java
import com.zaxxer.hikari.HikariConfig;
import com.zaxxer.hikari.HikariDataSource;
HikariConfig config = new HikariConfig();
config.setJdbcUrl("jdbc:mysql://localhost:3306/mydatabase");
config.setUsername("root");
config.setPassword("password");
HikariDataSource ds = new HikariDataSource(config);
Connection conn = ds.getConnection();
```

3）DataSource 的优势

（1）连接池管理：通过 DataSource 可以管理连接池，避免每次都重新创建连接，减少连接的开销。

（2）事务管理：DataSource 支持事务管理，能更好地处理事务的回滚、提交等操作。

（3）性能提升：通过复用已有的连接，减少了数据库连接的建立和销毁次数，从而提高系统性能。

8.3　执行 SQL 语句

在数据库操作中，执行 SQL 语句是基础的操作之一。在 JDBC 中，执行 SQL 语句的主要方式有三种：Statement、PreparedStatement 和 CallableStatement，它们分别适用于不同的场景。

本节将详细介绍如何使用 JDBC 执行 SQL 语句，包括使用 Statement 和 PreparedStatement 执行 SQL 语句，非关系型数据库的 CURD 方法，以及批量操作的使用。

执行 SQL 语句的基本流程大致可以分为如下几个步骤。

（1）创建数据库连接：首先，需要通过 DriverManager 或 DataSource 创建与数据库的连接。

（2）创建 Statement 对象：使用数据库连接创建 Statement、PreparedStatement 或 CallableStatement 对象，具体使用哪种对象取决于 SQL 语句的类型。

（3）执行 SQL 语句：通过 Statement 对象的 executeQuery()方法、executeUpdate()方法或 execute()方法执行 SQL 语句，具体方法选择依赖于 SQL 语句的类型。

（4）处理结果：对于查询语句（SELECT 语句），需要通过 ResultSet 对象处理查询结果。对于更新、插入和删除操作，则可以通过返回的更新计数来确认操作结果。

（5）关闭连接：执行完 SQL 语句后，需要关闭 Statement、ResultSet 和 Connection 对象，释放相关资源。

8.3.1　SQL 语句概述

SQL（结构化查询语言）是一种用于与关系型数据库交互的标准语言，广泛应用于数据查询、数据管理和数据库结构设计等领域。表 8-1 所示为常用的 SQL 语句及其描述与示例。这些语句涵盖了从数据查询、数据更新，到数据库结构设计、权限控制及事务管理等方面。通过掌握这些基础语句，开发者可以高效地与数据库交互，执行常见的数据库操作。

表 8-1　常用的 SQL 语句及其描述与示例

类别	SQL 语句	描述	示例
数据查询语言	SELECT	从一个或多个表中查询数据	SELECT name, age FROM employees WHERE position = 'Manager';
数据操作语言	INSERT	向表中插入新的数据行	INSERT INTO employees (name, position) VALUES ('Alice', 'Manager');
	UPDATE	更新表中现有的数据	UPDATE employees SET salary = 7000 WHERE name = 'Alice';
	DELETE	删除表中的数据	DELETE FROM employees WHERE name = 'Alice';
数据定义语言	CREATE TABLE	创建一个新的表	CREATE TABLE employees (id INT PRIMARY KEY, name VARCHAR(100));
	ALTER TABLE	修改现有表的结构, 如添加、删除列	ALTER TABLE employees ADD salary DECIMAL(10, 2);
	DROP TABLE	删除一个表及其所有数据	DROP TABLE employees;
数据控制语言	GRANT	授予用户某些权限	GRANT SELECT ON employees TO user1;
	REVOKE	撤销已授予用户的权限	REVOKE SELECT ON employees FROM user1;
事务控制语言	COMMIT	提交当前事务, 永久保存对数据库的更改	COMMIT;
	ROLLBACK	回滚当前事务, 撤销对数据库的更改	ROLLBACK;
	SAVEPOINT	设置事务的保存点, 可以在回滚时恢复到指定的保存点	SAVEPOINT savepoint1;

8.3.2　使用 Statement 执行 SQL 语句

在 Java 中，通过 JDBC，可以使用 Statement 执行 SQL 语句，从而与数据库进行交互。Statement 是 JDBC 提供的用于执行 SQL 查询操作、更新操作及管理数据库事务的接口之一。本节将深入介绍如何使用 Statement 执行 SQL 语句，包括基础的查询操作、更新操作、批量操作，以及如何管理事务等内容。此外，还会讨论性能优化、SQL 注入防范、异常处理及资源管理等内容。

1. Statement 基本概述

Statement 是 Java 数据库连接 API（JDBC）中的一种接口，它是执行 SQL 语句的基础工具之一，主要用于发送 SQL 查询、更新或删除请求。通过 Connection 对象的 createStatement() 方法创建 Statement 对象后，可以执行如下三类 SQL 操作。

- 执行查询语句：使用 executeQuery() 方法执行 SELECT 语句，返回一个 ResultSet 对象。
- 执行更新语句：使用 executeUpdate() 方法执行 INSERT、UPDATE 或 DELETE 语句，返回受影响的行数。
- 执行任意 SQL 语句：使用 execute() 方法执行任意 SQL 语句，不论是查询语句还是更新语句，返回布尔值指示是否返回结果集。

1）Statement 的生命周期

（1）创建：通过 Connection 对象调用 createStatement()方法创建 Statement 对象。

（2）执行：通过 Statement 对象的 executeQuery()方法、executeUpdate()方法或 execute()方法执行 SQL 语句。

（3）关闭：执行完 SQL 语句后，需要调用 Statement.close()方法关闭 Statement 对象，以释放资源。

2）Statement 与其他执行方式的比较

Java 提供了三种主要的 SQL 语句执行方式：Statement、PreparedStatement 和 CallableStatement。每种方式都有其独特的使用场景和优势。

（1）Statement：适用于执行不带参数的简单 SQL 语句。缺点是容易受到 SQL 注入攻击，不适用于频繁执行相同 SQL 语句的情况。

（2）PreparedStatement：适用于执行带参数的 SQL 语句，支持预编译 SQL 和参数化查询，能有效防止 SQL 注入攻击。

（3）CallableStatement：适用于执行存储过程，支持带有输入/输出参数的调用。

2. Statement 执行查询操作

1）执行查询语句

执行查询操作通常使用 Statement 类的 executeQuery()方法。此方法用于执行一个 SELECT 语句，并返回一个 ResultSet 对象，表示查询结果的集合。ResultSet 对象包含从数据库返回的数据行，并提供了一组方法来访问这些数据。

示例代码如下。

```
import java.sql.Connection;
import java.sql.DriverManager;
import java.sql.ResultSet;
import java.sql.Statement;
public class JdbcExample {
    public static void main(String[] args) {
        // 数据库连接信息
        String url = "jdbc:mysql://localhost:3306/mydatabase?useSSL= false& serverTimezone=UTC";
        String user = "root";
        String password = "root";
        // SQL 查询
        String sql = "SELECT * FROM users WHERE age > 18";
        // 连接数据库并执行查询
        try {
            // 加载 MySQL JDBC 驱动程序
            Class.forName("com.mysql.cj.jdbc.Driver");
            // 建立连接
            Connection connection = DriverManager.getConnection(url, user, password);
            // 创建 Statement 对象
```

```
        Statement statement = connection.createStatement();
        // 执行查询
        ResultSet resultSet = statement.executeQuery(sql);
        // 处理结果集
        while (resultSet.next()) {
            int id = resultSet.getInt("id");
            String name = resultSet.getString("name");
            int age = resultSet.getInt("age");
            System.out.println("ID: " + id + ", Name: " + name + ", Age: " + age);
        }
        // 关闭资源
        resultSet.close();
        statement.close();
        connection.close();
    } catch (Exception e) {
        e.printStackTrace();
    }
  }
}
```

运行结果如图 8-4 所示。

图 8-4　执行查询的示例代码运行结果

上述示例代码执行了一个 SELECT 查询，返回 users 表中 age 的值大于 30 的所有记录。
executeQuery()方法会返回一个 ResultSet 对象，开发者可以通过该对象遍历查询结果。

2）处理查询结果

ResultSet 是查询结果的封装，它允许开发者按行和列访问查询结果的数据。ResultSet 提
供了一个游标（cursor）遍历查询结果，每次调用 next()方法，游标就会移到结果集的下一行。

关闭 ResultSet 和 Statement，示例代码如下。

```
while (resultSet.next()) {
    int id = resultSet.getInt("id");      // 获取列值
    String name = resultSet.getString("name");
    int age = resultSet.getInt("age");
    System.out.println("ID: " + id + ", Name: " + name + ", Age: " + age);
}
```

在上述示例代码中，resultSet.next()方法用于遍历每一行结果。如果结果集还有下一行数
据，next()方法则返回 true，否则返回 false，此时遍历结束。在每次调用 next()方法后，开发
者可以使用 getInt()、getString()等方法按列名或列索引获取数据。

- getInt(String columnLabel)：获取列值，返回 int 类型。
- getString(String columnLabel)：获取列值，返回 String 类型。

- getDate(String columnLabel)：获取日期类型的列值，返回 java.sql.Date 类型。

3）通过列索引或列名获取数据

在 ResultSet 中，可以通过列索引（从 1 开始）获取每列的数据，示例代码如下。

```
int id = resultSet.getInt(1);           // 按列索引获取（第一列，ID）
String name = resultSet.getString(2);   // 按列索引获取（第二列，Name）
```

此外，还可以通过列名（如 id、name、age）获取每列的数据，示例代码如下。

```
String name = resultSet.getString("name");   // 按列名获取
int age = resultSet.getInt("age");           // 按列名获取
```

一般来说，推荐使用列名获取数据，这样代码可读性更高，也避免了列索引发生变化时的错误。

4）处理空值

数据库查询中可能会包含空值（NULL），ResultSet 提供了专门的方法来处理空值。例如，如果列的值为 NULL，getInt()方法则返回 0，但如果要明确处理 NULL 值，则可以使用wasNull()方法。

示例代码如下。

```
int age = resultSet.getInt("age");
if (resultSet.wasNull()) {
    System.out.println("Age is NULL");
}
```

对于其他类型的列（如 String、Date 等），可以使用类似的方法进行空值判断。

5）关闭资源

在查询完成后，一定要关闭 ResultSet 和 Statement 对象，以释放数据库连接资源，避免连接池资源泄露。

示例代码如下。

```
try {
    resultSet.close();
    statement.close();
} catch (SQLException e) {
    e.printStackTrace();
}
```

3. Statement 执行更新操作

在 Java 中，执行数据库的更新操作通常是指对数据表进行 INSERT、UPDATE 或 DELETE 操作，这些操作属于数据修改类操作。Statement 类提供了 executeUpdate()方法执行这些 SQL 语句。

Statement 类的 executeUpdate()方法可以用于执行 INSERT 语句，向数据库表中插入数据。executeUpdate()方法的返回值是一个整数，表示受影响的行数即插入的记录数。

例如，向 users 表中插入一条新的用户记录，示例代码如下。

```java
import java.sql.Connection;
import java.sql.DriverManager;
import java.sql.Statement;
public class JdbcExample {
    public static void main(String[] args) {
        // 数据库连接信息
        String url = "jdbc:mysql://localhost:3306/mydatabase?useSSL= false&serverTimezone=UTC";
        String user = "root";
        String password = "root";
        // SQL 插入语句
        String insertSQL = "INSERT INTO users (name, age, email) VALUES ('Alice', 30, 'alice@example.com')";
        // 连接数据库并执行插入
        try {
            // 加载 MySQL JDBC 驱动程序
            Class.forName("com.mysql.cj.jdbc.Driver");
            // 建立连接
            Connection connection = DriverManager.getConnection(url, user, password);
            // 创建 Statement 对象
            Statement statement = connection.createStatement();
            // 执行插入操作
            int rowsAffected = statement.executeUpdate(insertSQL);
            System.out.println("插入成功，受影响的行数：" + rowsAffected);
            // 关闭资源
            statement.close();
            connection.close();
        } catch (Exception e) {
            e.printStackTrace();
        }
    }
}
```

运行结果如图 8-5 所示。查看数据库可以发现数据已添加，如图 8-6 所示。

图 8-5　执行插入数据的示例代码运行结果

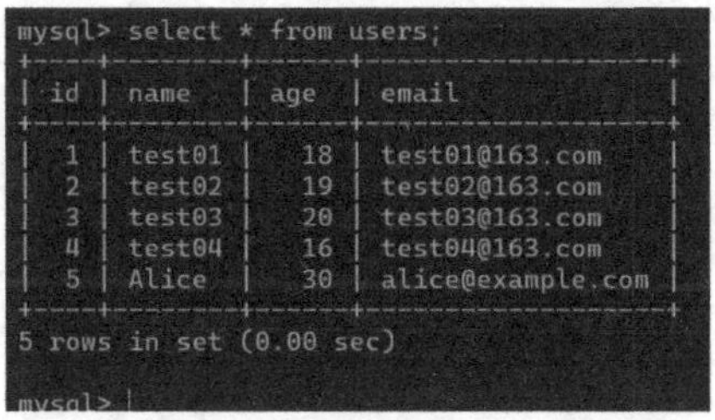

图 8-6　执行插入数据示例代码后的数据库

在上述示例代码中，executeUpdate()方法执行了一个 INSERTSQL 语句，向 users 表中插入了一条记录。插入成功后，rowsAffected 会返回受影响的行数，即插入的记录数。在通常情况下，对于插入操作，返回值为 1，表示成功插入了一条记录。

（1）执行更新操作。

在使用 executeUpdate()方法执行 UPDATE 语句时，可以通过 SET 子句更新表中的一条或多条记录。和插入操作一样，executeUpdate()方法会返回一个整数，表示被更新的行数。

更新 users 表中某个用户的年龄，示例代码如下。

```java
import java.sql.Connection;
import java.sql.DriverManager;
import java.sql.Statement;
public class JdbcExample {
    public static void main(String[] args) {
        // 数据库连接信息
        String url = "jdbc:mysql://localhost:3306/mydatabase?useSSL= false& serverTimezone=UTC";
        String user = "root";
        String password = "root";
        // SQL 更新语句
        String updateSQL = "UPDATE users SET age = 35 WHERE name = 'Alice'";
        // 连接数据库并执行更新
        try {
            // 加载 MySQL JDBC 驱动程序
            Class.forName("com.mysql.cj.jdbc.Driver");
            // 建立连接
            Connection connection = DriverManager.getConnection(url, user, password);
            // 创建 Statement 对象
            Statement statement = connection.createStatement();
            // 执行更新操作
            int rowsAffected = statement.executeUpdate(updateSQL);
            System.out.println("更新成功，受影响的行数：" + rowsAffected);
            // 关闭资源
            statement.close();
            connection.close();
        } catch (Exception e) {
            e.printStackTrace();
        }
    }
}
```

运行结果如图 8-7 所示。查看数据库，可以看到名为"Alice"的用户年龄已被修改为 35，如图 8-8 所示。

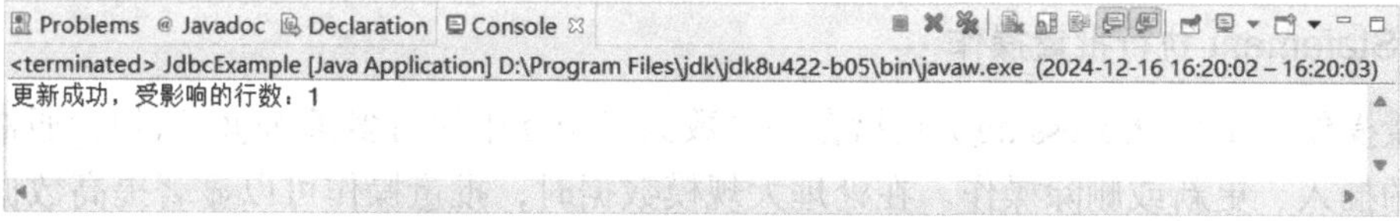

图 8-7 执行更新数据的示例代码运行结果

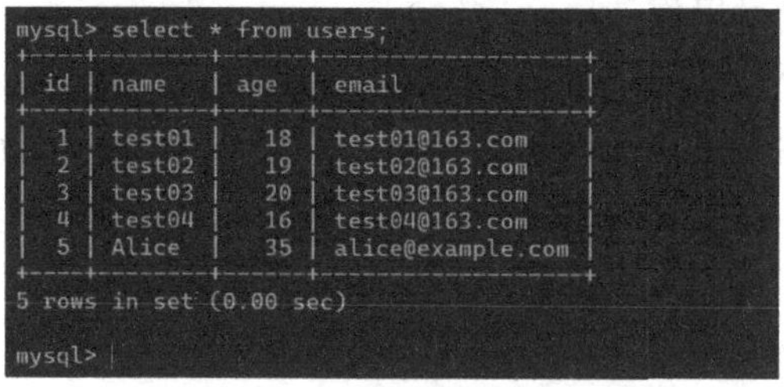

图 8-8 执行更新数据示例代码后的数据库

在上述示例代码中，更新了 users 表中名为 "Alice" 的用户记录，将 age 的值更新为 35。executeUpdate()返回的 rowsAffected 的值表示实际更新的行数。通常，返回值为 1，表示成功更新了一条记录。如果没有匹配的记录，则返回值为 0。

（2）执行删除操作。

类似于 INSERT 和 UPDATE 语句，DELETE 语句同样是通过 executeUpdate()方法执行的。执行 DELETE 语句会删除表中的一条或多条记录，executeUpdate()返回被删除的记录数。

删除 users 表中名为 "Alice" 的用户记录，示例代码如下。

```
String deleteSQL = "DELETE FROM users WHERE name = 'Alice'";
int rowsAffected = statement.executeUpdate(deleteSQL);
System.out.println("删除成功，受影响的行数：" + rowsAffected);
```

运行结果如图 8-9 所示。查看数据库，发现名为 "Alice" 的用户已经被删除，如图 8-10所示。

图 8-9 执行删除数据的示例代码运行结果

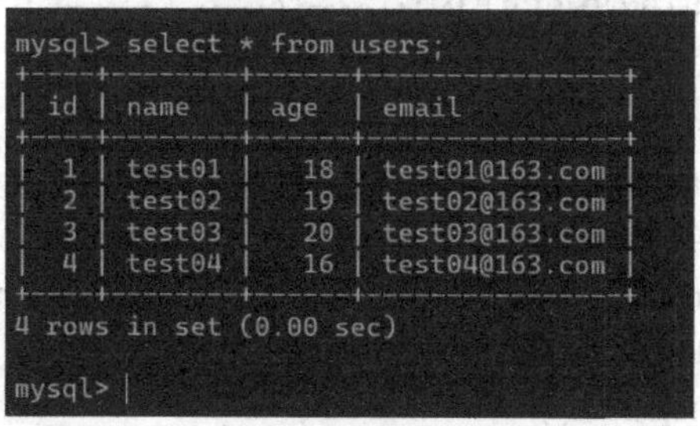

图 8-10 执行删除数据示例代码后的数据库

在上述示例代码中，执行 DELETE 语句删除了名为 "Alice" 的用户记录，返回的rowsAffected 表示删除的记录数。如果没有匹配的记录，则返回值为 0。

4. Statement 执行批量操作

批量操作（BatchProcessing）是指在一次数据库交互中执行多条 SQL 语句，通常用于大量数据的插入、更新或删除操作。在处理大规模数据时，批量操作可以显著提高数据库操作的效率，减少网络传输和数据库连接的开销。

（1）Statement 执行批量操作。

在使用 Statement 执行批量操作时，通常首先将多条 SQL 语句添加到一个批处理中，然后通过 executeBatch()方法一次性执行所有 SQL 语句。executeBatch()方法返回一个整数数组，数组的每个元素对应一条 SQL 语句的执行结果，表示每条语句影响的行数。

```java
import java.sql.Connection;
import java.sql.DriverManager;
import java.sql.SQLException;
import java.sql.Statement;
public class JdbcExample {
    public static void main(String[] args) {
        // 数据库连接信息
        String url = "jdbc:mysql://localhost:3306/mydatabase?useSSL=false& serverTimezone=UTC";
        String user = "root"; // 替换为你的数据库用户名
        String password = "root"; // 替换为你的数据库密码
        Connection connection = null;
        Statement statement = null;
        try {
            // 加载 MySQL JDBC 驱动程序
            Class.forName("com.mysql.cj.jdbc.Driver");
            // 建立连接
            connection = DriverManager.getConnection(url, user, password);
            // 创建 Statement 对象
            statement = connection.createStatement();
            // 添加三条插入语句到批量操作中
            statement.addBatch("INSERT INTO users (name, age, email) VALUES ('Alice', 30,
'alice@example.com')");
            statement.addBatch("INSERT INTO users (name, age, email) VALUES ('Bob', 25,
'bob@example.com')");
            statement.addBatch("INSERT INTO users (name, age, email) VALUES ('Charlie', 35,
'charlie@example.com')");
            // 执行批量操作
            int[] result = statement.executeBatch();
            // 打印批量操作的结果
            System.out.println("批量插入操作完成，受影响的行数：");
            for (int i : result) {
                System.out.println(i);
            }
        } catch (SQLException e) {
            e.printStackTrace();
        } catch (ClassNotFoundException e) {
```

```
                    e.printStackTrace();
            } finally {
                try {
                    if (statement != null) {
                        statement.close();
                    }
                    if (connection != null) {
                        connection.close();
                    }
                } catch (SQLException e) {
                    e.printStackTrace();
                }
            }
        }
    }
}
```

运行结果如图 8-11 所示。查看数据库可以看到批量插入的数据，如图 8-12 所示。

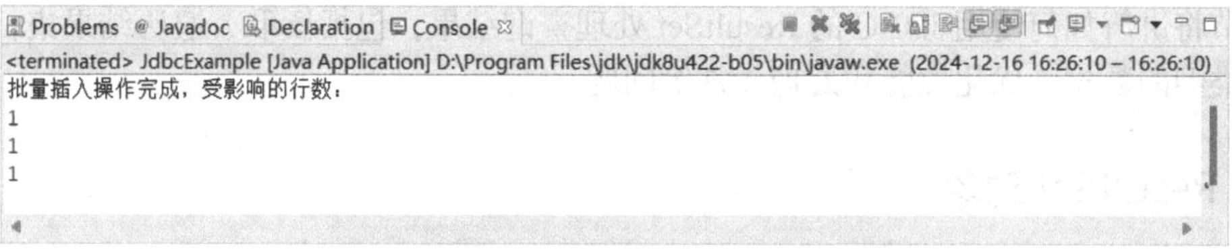

图 8-11　执行批量插入数据的示例代码运行结果

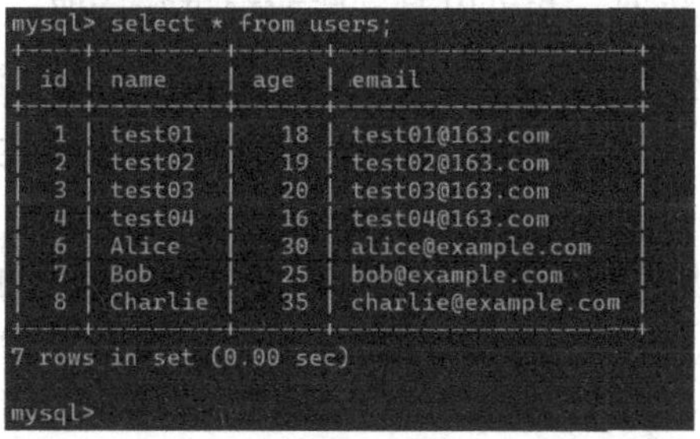

图 8-12　执行批量插入数据示例代码后的数据库

在上述示例代码中，首先使用 addBatch()方法将三条 INSERT 语句添加到批处理中，然后调用 executeBatch()方法一次性执行所有添加的 SQL 语句。executeBatch()方法返回一个包含每条语句影响行数的数组，可以查看每条语句的执行结果。

（2）executeBatch()方法返回结果。

executeBatch()方法返回的结果是一个整数数组，数组中的每个元素对应一条 SQL 语句的影响行数。如果某条语句执行失败，数组中该位置的值则为 Statement.EXECUTE_FAILED（通常为-3）。如果批处理中存在某条语句抛出异常，则后续的语句不会继续执行。

处理返回结果，示例代码如下。

```
//执行批量 SQL 语句，并获取每条语句的执行结果
int[] result = statement.executeBatch();
// 遍历 result 数组，检查每条 SQL 语句的执行状态
```

```
for (int i = 0; i < result.length; i++) {
    // 如果 result[i] 等于 Statement.EXECUTE_FAILED，则表示该条 SQL 语句执行失败
    if (result[i] == Statement.EXECUTE_FAILED) {
        System.out.println("第 " + (i + 1) + " 条 SQL 执行失败");
    } else {
        // 否则，result[i] 表示该条 SQL 语句影响的行数，打印执行结果
        System.out.println("第 " + (i + 1) + " 条 SQL 影响了 " + result[i] + " 行 ");
    }
}
```

通过判断返回数组中的值，可以检查每条 SQL 语句是否执行成功。如果返回值为 EXECUTE_FAILED，则说明该条 SQL 语句执行失败。

8.4　处理结果集

本节将讲解如何使用 JDBC 的 ResultSet 处理查询结果，包括读取、遍历结果集，处理不同数据类型的数据，优化性能和处理异常等问题。

8.4.1　ResultSet 对象

在 JDBC 编程中，ResultSet 是用于存储数据库查询结果的核心类。通过 ResultSet，开发者能够访问从数据库返回的数据，并可以对这些数据进行读取、修改、导航等操作。它充当了从数据库到应用程序数据交互的桥梁，是一个至关重要的组成部分。

ResultSet 是 JDBC 中的一个接口，表示执行 SQL 查询语句返回的结果集，它并不直接存储数据，而是通过一组列和行的结构呈现查询结果。每行数据由一个或多个列组成，而每列的值可以通过 ResultSet 提供的不同方法获取。开发者可以通过 ResultSet 中的方法获取这些查询结果的列值、遍历数据、处理数据等。理解 ResultSet 的工作方式及其方法，对数据库编程至关重要。

本节将详细介绍 ResultSet 的基本概念、方法、类型、获取数据的方式、与数据库交互的工作原理等内容。通过对 ResultSet 的深入理解，开发者能够更有效地从数据库中提取数据，并进行有效的数据处理。

1. ResultSet 的生命周期

ResultSet 的生命周期通常与 SQL 查询的执行过程密切相关。在创建 Statement 后，执行查询会返回一个 ResultSet。ResultSet 中的数据与原始数据库数据是一致的，因此数据也会随着数据库的更新而更新（根据 ResultSet 的类型）。

- 创建：通过调用 Statement 的 executeQuery()方法执行 SQL 查询语句后返回 ResultSet。
- 访问数据：通过 ResultSet 提供的 API，开发者可以访问查询结果中的每列数据。
- 关闭：一旦 ResultSet 不再需要，就应该显式关闭它。通常，在数据库操作完成后，应该调用 rs.close()方法释放相关资源。

2. ResultSet 的工作原理

ResultSet 是基于游标的模型工作的，游标在 ResultSet 中向前、向后移动，通过 next()方法访问每行数据。在默认情况下，ResultSet 在游标初始化时会指向结果集的第一行前面，因此需要调用 next()方法使游标指向第一行。

示例代码如下。

```
while (rs.next()) {
    int id = rs.getInt("id");
    String name = rs.getString("name");
    int age = rs.getInt("age");
    System.out.println(id + " - " + name + " - " + age);
}
```

每调用一次 next()方法，游标就会移动到结果集的下一行，直到 next()方法返回 false，表示已经遍历完所有行。ResultSet 通过这种方式允许开发者逐行读取数据。

3. ResultSet 的常见方法

ResultSet 提供了丰富的 API 方法，帮助开发者从结果集中获取数据。这些方法大体可以分为如下几类。

1）读取单个列的值

常用的 ResultSet 方法是用于读取列值的方法，开发者可以根据列的类型使用不同的方法获取值。常见的列值类型包括字符串、整数、浮动类型、日期等。

- getString(String columnLabel)：用于获取指定列的字符串类型数据。
- getInt(String columnLabel)：用于获取指定列的整型数据。
- getDouble(String columnLabel)：用于获取指定列的浮动型数据。
- getDate(String columnLabel)：用于获取指定列的日期数据。

2）获取整个行的数据

除了逐列获取数据，ResultSet 还允许通过 getObject()方法获取某列的数据，getObject()方法会返回 Object 类型，适用于任何类型的数据。

```
Objectvalue = rs.getObject("column_name");
```

这种方式适合列类型不确定的场景，或者当列的数据类型为自定义类型时。

3）获取元数据

除了通过 get()方法获取数据，ResultSet 还提供了元数据的功能。开发者可以通过 ResultSetMetaData 获取查询结果的相关信息。例如，查询列的数量、列名、列的数据类型等。

示例代码如下。

```
ResultSetMetaData metaData = rs.getMetaData();
int columnCount = metaData.getColumnCount();
String columnName = metaData.getColumnName(1);
```

ResultSetMetaData 提供了如下常用方法。

- getColumnCount()：返回结果集中列的数量。

- getColumnName(int column)：返回指定列的名称。
- getColumnType(int column)：返回指定列的数据类型（java.sql.Types）。

通过 ResultSetMetaData，开发者可以更好地了解查询结果的结构，动态地处理数据。

4. ResultSet 的类型与可滚动性

ResultSet 的类型定义了它的可操作性，决定了开发者如何与结果集交互。ResultSet 有如下三种常见类型。

- TYPE_FORWARD_ONLY。
- TYPE_SCROLL_INSENSITIVE。
- TYPE_SCROLL_SENSITIVE。

1）TYPE_FORWARD_ONLY

TYPE_FORWARD_ONLY 是 ResultSet 的默认类型，支持从结果集的第一行开始按顺序向前读取数据，一旦游标指向结果集的最后一行，就无法再向前移动。因此，它不支持随机访问。

示例代码如下。

```
ResultSet rs = stmt.executeQuery("SELECT * FROM users");
while (rs.next()) {
    // 处理数据
}
```

2）TYPE_SCROLL_INSENSITIVE

与 TYPE_FORWARD_ONLY 不同，TYPE_SCROLL_INSENSITIVE 允许开发者在结果集中向前或向后滚动游标。然而，结果集不会随数据库的更新而改变，也就是说，如果数据库的数据在查询后发生了变化，ResultSet 中的数据仍保持不变。

示例代码如下。

```
Statement stmt = conn.createStatement(ResultSet.TYPE_SCROLL_INSENSITIVE,
ResultSet.CONCUR_READ_ONLY);
ResultSet rs = stmt.executeQuery("SELECT * FROM users");
rs.last();    // 游标指向最后一行
```

3）TYPE_SCROLL_SENSITIVE

与 TYPE_SCROLL_INSENSITIVE 类似，TYPE_SCROLL_SENSITIVE 也支持滚动操作，但它支持更高的灵活性。当数据库中的数据发生变化时，ResultSet 会自动更新以反映最新的数据。

示例代码如下。

```
Statement stmt = conn.createStatement(ResultSet.TYPE_SCROLL_SENSITIVE,
ResultSet.CONCUR_READ_ONLY);
ResultSet rs = stmt.executeQuery("SELECT * FROM users");
```

4）CONCUR_UPDATABLE 和 CONCUR_READ_ONLY

ResultSet 还可以定义其并发更新类型。常见的并发模式包括如下几种。

（1）CONCUR_READ_ONLY：表示 ResultSet 中的数据不能被修改，适用于只读取数据的场景。

（2）CONCUR_UPDATABLE：表示 ResultSet 中的数据可以被修改，并且这些修改可以直接反映到数据库中。

5. ResultSet 的常见问题

ResultSet 是一个重要的工具，但在使用过程中也容易遇到一些问题。常见的错误包括如下几种。

- 列索引错误：当使用列索引而不是列名时，开发者可能会混淆列的顺序。为了避免错误，推荐始终使用列名。
- 数据类型不匹配：从 ResultSet 中获取数据时，确保调用的方法与数据库列的数据类型匹配，避免抛出 SQLException。

8.4.2　遍历结果集

在 JDBC 中，查询数据库返回的结果集是通过 ResultSet 对象表示的。它是一个指向数据库中查询结果的游标，程序通过它访问和遍历数据库中的每行数据。理解如何高效地遍历结果集是 JDBC 编程中的一个重要环节，因为它直接影响到程序的性能和数据库的操作效率。

1. ResultSet 的游标

ResultSet 是通过游标访问数据的。游标是指向当前数据行的位置标记。通过调用 ResultSet 的 next()方法，游标会向下移动到下一行数据。游标开始时位于结果集的"前面"，即在第一行数据之前，因此需要先调用 next()方法才能进入数据的实际位置。

ResultSet 的游标是一个指针，只能从结果集的第一行开始向下逐行访问，并且只能通过 next()方法向下移动游标。使用游标遍历 ResultSet 时，常见的操作如下。

（1）移动游标：ResultSet 提供了 next()方法将游标移动到下一行数据。如果移动成功，则通过 next()方法返回 true，否则返回 false，表示已经遍历完结果集。

（2）获取数据：通过游标当前位置，使用 getXXX()方法获取当前行的某列数据。

（3）关闭结果集：遍历完结果集后，要关闭 ResultSet 对象。

2. 获取不同类型的数据

ResultSet 还提供了多种 getXXX()方法，支持从 ResultSet 中获取不同类型的列数据。常见的 getXXX()方法包括如下几种。

- getString(columnIndex)：获取列索引对应的字符串数据。
- getString(columnLabel)：获取列名对应的字符串数据。
- getInt(columnIndex)：获取列索引对应的整数数据。
- getInt(columnLabel)：获取列名对应的整数数据。
- getDouble(columnIndex)：获取列索引对应的浮动小数点数据。
- getDouble(columnLabel)：获取列名对应的浮动小数点数据。

注意：ResultSet 的列索引是从 1 开始的，而不是从 0 开始的。例如，如果想要获取第一列的数据，列索引应传入 1。

获取不同数据类型的数据，示例代码如下。

```
//定义 SQL 查询语句，选择用户表中的 id、用户名、余额和出生日期字段
String sql = "SELECT id, username, balance, birthdate FROM users";
// 创建一个 Statement 对象，用于执行 SQL 查询
Statement stmt = conn.createStatement();
// 执行 SQL 查询，并返回结果集（ResultSet）
ResultSet rs = stmt.executeQuery(sql);
// 遍历结果集，处理查询到的每一行数据
while (rs.next()) {
    // 获取当前行中的第 1 列数据（id 字段），列索引从 1 开始
    int id = rs.getInt(1);   // 获取第一列（id）的数据
    // 获取用户名（username）字段的数据
    String username = rs.getString("username");   // 使用列名获取 username 的值
    // 获取余额（balance）字段的数据
    double balance = rs.getDouble("balance");   // 使用列名获取 balance 的值
    // 获取出生日期（birthdate）字段的数据
    Date birthdate = rs.getDate("birthdate");   // 使用列名获取 birthdate 的值
    // 打印每一行的数据
    System.out.println("ID: " + id + ", Username: " + username + ", Balance: " + balance + ", Birthdate: " +
birthdate);
}
// 关闭结果集和 Statement 对象，释放数据库资源
rs.close();
stmt.close();
```

上述示例代码说明如下。

- 使用列索引获取数据时，索引是从 1 开始的。
- 对于 Date 类型数据，使用 getDate()方法获取。

3. ResultSet 的游标定位方法

ResultSet 提供了一些额外的方法来定位游标，从而对结果集进行更灵活的操作。常用的定位方法包括如下几种。

- beforeFirst()：将游标移动到结果集的前面，这样调用 next()方法时会返回第一行数据。
- afterLast()：将游标移动到结果集的最后一行之后，这样调用 previous()方法可以从最后一行开始向上遍历。
- first()：将游标移动到结果集的第一行。
- last()：将游标移动到结果集的最后一行。
- absolute(introw)：将游标移动到指定的行位置。如果行位置是负数，则表示从最后一行开始倒数。

游标定位方法的示例代码如下。

```
//定义 SQL 查询语句，选择用户表中的 id、用户名和邮箱字段
String sql = "SELECT id, username, email FROM users";
// 创建一个 Statement 对象，设置 ResultSet 为可滚动和只读模式
Statement stmt = conn.createStatement(ResultSet.TYPE_SCROLL_INSENSITIVE,
```

```
ResultSet.CONCUR_READ_ONLY);
// 执行 SQL 查询，并返回结果集（ResultSet）
ResultSet rs = stmt.executeQuery(sql);
// 将游标移动到结果集的第一行
rs.first();    // 将游标移至结果集的第一行
System.out.println("First row: " + rs.getString("username"));    // 输出第一行的用户名
// 将游标移动到结果集的最后一行
rs.last();    // 将游标移至结果集的最后一行
System.out.println("Last row: " + rs.getString("username"));    // 输出最后一行的用户名
// 将游标移动到倒数第二行
rs.absolute(-2);    // 使用 absolute 方法，-2 表示倒数第二行
System.out.println("Second last row: " + rs.getString("username"));    // 输出倒数第二行的用户名
// 关闭结果集和 Statement 对象，释放数据库资源
rs.close();
stmt.close();
```

上述示例代码说明如下。

- 创建了一个可滚动的 ResultSet，可以随机访问数据。
- first()和 last()方法分别将游标定位到第一行和最后一行。
- absolute(-2)将游标定位到倒数第二行。

4. 高效遍历 ResultSet

当结果集数据量较大时，通常需要优化 ResultSet 的遍历过程以提高效率。如下是一些高效遍历结果集的建议。

- 避免在遍历过程中频繁进行 I/O 操作：如果需要进行多次数据库操作（如多次查询），则考虑合并为一次查询，减少数据库连接的次数。
- 分页查询：如果数据量较大，则可以采用分页查询的方式，分批次加载数据，从而避免一次性加载所有数据到内存中。
- 使用批量操作：对于插入、更新等操作，尽量使用批量操作而非逐条执行 SQL 语句，以减少与数据库的交互次数。

8.5 习　　题

一、简答题

1. 什么是 JDBC？它的主要作用是什么？
2. JDBC 的四个主要组成部分是什么？简要说明它们的作用。
3. 在连接数据库时，为什么需要加载数据库驱动程序？如何加载驱动？
4. 解释什么是数据库事务，并列举事务的四个 ACID 特性。
5. 什么是 JDBC 连接池？它的作用是什么？
6. PreparedStatement 与 Statement 有何不同？

二、编程题

1. 编写一个 Java 程序，使用 JDBC 连接到 MySQL 数据库，并执行一个查询语句获取所有 "users" 表中的数据。

2. 编写一个 Java 程序，使用 PreparedStatement 从数据库中查询 id 为 1 的用户，并打印其姓名和邮箱。

3. 编写一个 Java 程序，使用 JDBC 更新用户余额的值，将 id 为 1 的用户余额的值增加 100。

4. 编写一个 Java 程序，使用 HikariCP 连接池获取数据库连接，并执行一个查询语句。

图形用户界面（Graphical User Interface，GUI）是现代计算机应用程序中常见的用户交互方式。与传统的命令行界面（Command Line Interface，CLI）不同，GUI 通过图形化元素，如窗口、按钮、文本框、图标等呈现程序的操作界面，用户只需要通过鼠标单击、拖动、键盘输入等直观方式与应用程序进行交互，而不必记住复杂的命令或程序输入。GUI 的普及使得计算机使用变得更加容易，极大地降低了技术门槛，改善了用户体验。

在 Java 中，开发图形用户界面应用程序主要依赖于 Swing 和 AWT（Abstract Window Toolkit，抽象窗口工具包）两个类库。AWT 是 Java 早期的 GUI 工具包，它依赖于操作系统提供的本地 GUI 组件，因此可能存在平台差异问题。Swing 作为 AWT 的继任者，提供了一套完全由 Java 实现的轻量级组件，确保跨平台地实现呈现界面一致性，解决了 AWT 的跨平台问题。Swing 不仅提供了更多种类的图形组件，如按钮、标签、文本框等，还支持更为灵活的界面布局和自定义外观，增强了开发者的灵活性和界面的美观性。

本章将讲解如何使用 Java Swing 开发图形用户界面。首先，介绍 Swing 的基本概念及其与 AWT 的关系。然后，介绍如何创建和管理 Swing 窗口与面板，以及如何处理用户的输入和交互事件。窗口和面板是 Swing 应用程序的基本构建块，通过它们可以组织和布局的 GUI 组件，构建完整的用户界面。接着，介绍 Swing 的布局管理器。布局管理器可以自动管理组件的大小和位置，使应用界面在不同屏幕尺寸和分辨率下都能良好展示，避免了手动设置每个组件位置的烦琐工作。Swing 提供了多种布局管理器，如 FlowLayout、BorderLayout、GridLayout 等，每种布局管理器都有其适用的场景，可以根据需求选择合适的布局方式。最后，本章还将介绍如何在 Swing 界面中绘制基本的图形和加载显示图像。Swing 不仅可以创建静态的用户界面组件，还可以用于绘制动态内容，如自定义绘制图表、绘图和图形界面。在这一部分将探讨如何使用 Swing 的 Graphics 类绘制图形，以及如何加载并显示图片文件，丰富用户的交互体验。

9.1　Swing 简介

在本节中，将对 Java Swing 进行基本的介绍，讲解 Swing 中的一些基本概念，并将 Swing 与更早期的 Java GUI 库 AWT 进行对比，说明 Swing 的优势。

9.1.1　Swing 基本概念

Swing 是 Java 语言中的一个 GUI 工具包，提供了开发跨平台桌面应用程序所需的所有组件和工具。与其他 GUI 框架相比，Swing 以其丰富的组件、灵活的界面设计能力及对多平台的支持而著称。Swing 是 Java 的标准类库的一部分，它基于 AWT，但其在功能和表现上对

AWT 进行了显著的扩展和改进。Swing 的开发始于 20 世纪 90 年代中期，最初是作为 Java AWT 的补充和替代。AWT 是 Java 最早的 GUI 工具包，它是平台相关的，依赖于底层操作系统的组件渲染界面。因此，AWT 应用程序在不同平台上可能表现不一致。为了克服此类问题，James Gosling 和他的团队在 Sun Microsystems 开发了 Swing，目标是创建一个轻量级的 GUI 工具包，提供更丰富的组件和更灵活的界面设计能力，同时不依赖于平台特定的图形界面，能够确保跨平台的一致性。

Swing 主要用于开发桌面应用程序，尤其适合那些需要图形用户界面的本地应用程序。Swing 主要适用于如下场景。

（1）传统桌面应用程序：Swing 非常适合开发传统的桌面应用程序，尤其是那些具有标准化 UI 要求的应用，如文本编辑器、图像处理软件、系统管理工具等。例如，具体来说可以用于学校、医院、金融等行业的桌面管理系统，如学生成绩管理系统（用于学校）、库存管理系统（用于各种行业）等。

（2）教育与教学工具：Swing 被广泛应用于教育软件和教学工具的开发中，尤其是那些需要交互式界面的应用程序，如编程学习工具、数学工具、仿真模拟软件等。

（3）企业级应用程序：Swing 广泛应用于企业内部系统的开发，尤其是在中大型桌面客户端中。由于 Java 平台的企业级稳定性，Swing 在企业级桌面应用开发中得到了广泛应用，如基于桌面的库存管理系统、订单管理系统、财务核算系统等。

（4）科学计算与工程软件：科学计算、工程分析和数据可视化软件通常涉及复杂的计算和数据图表展示，Swing 可以提供所需的界面支持，如数据分析工具、图形绘制工具、科学计算仿真软件等。

Swing 是 Java 中非常强大且灵活的 GUI 工具包，它为开发跨平台的桌面应用程序提供了丰富的组件和强大的功能。尽管 Swing 在现代应用开发中面临一些竞争对手，如 Java FX，但它依然是一个可靠的选择，尤其是在一些经典的桌面应用中。理解 Swing 的基本概念和组件体系将为后续的 GUI 开发打下坚实的基础。

1. 轻量级组件与重量级组件

轻量级组件是指 Swing 中那些不直接依赖于本地操作系统的 GUI 资源，是由 Java 的绘图系统绘制的组件。它们通常通过绘制自己呈现外观，因此可以跨平台应用。Swing 的大部分组件都是轻量级的，常用轻量级组件包括 JButton、JLabel、JTextField、JTextArea 等。

重量级组件指的是 Swing 中那些实际上依赖操作系统本地窗口系统的组件，如 Windows、macOS 或 Linux 的组件，它们调用操作系统提供的 API 渲染界面，因此在性能上可能受到不同操作系统的限制。Swing 中依然包含少部分重量级组件，JWindow、JDialog 等属于重量级组件，它们通常会有一个操作系统特定的本地窗口。

2. Swing 组件的继承结构

Swing 组件的继承结构如图 9-1 所示。由于 Swing 是基于 AWT 构建的，因此在类继承上与 AWT 有着紧密的关系。JComponent 类是 AWT 中 java.awt.Container 类的子类，JComponent 类定义了所有子类组件的通用方法，大部分 Swing 组件都是 JComponent 抽象类的直接或间接子类。部分 Swing 组件类继承了 Container 类，所以这些继承了 Container 类的 Swing 组件可作为容器使用。JWindow、JApplet、JFrame 和 JDialog 直接继承了 AWT 组件，它们属于重量级组件。

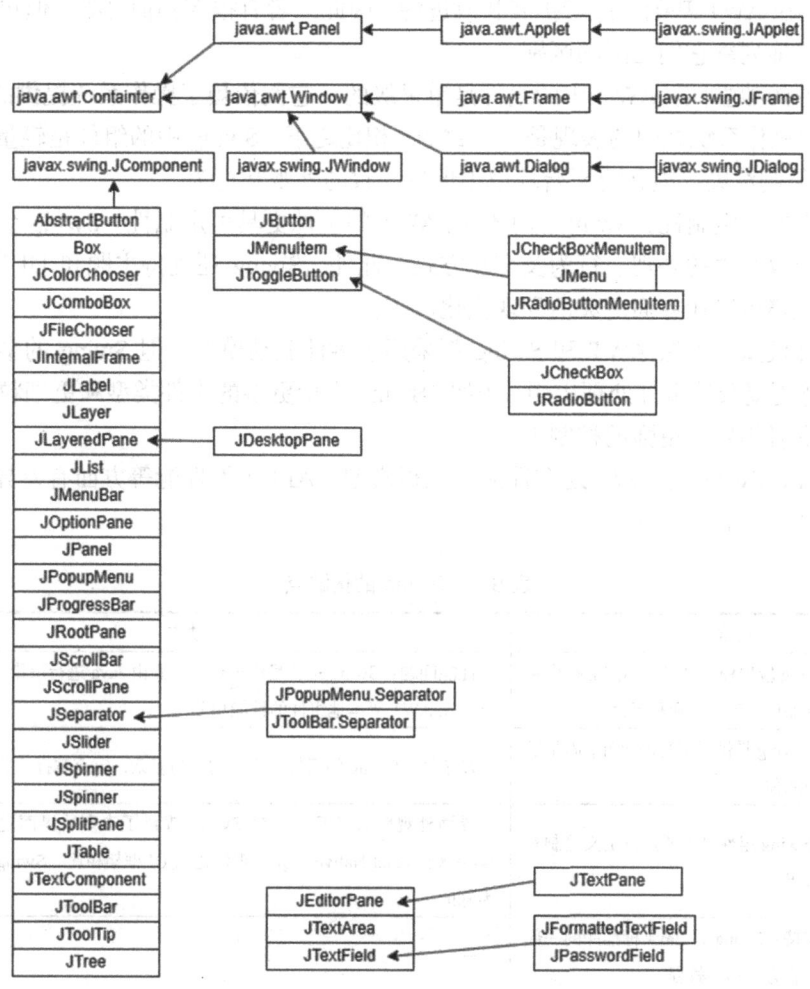

图 9-1 Swing 组件的继承结构

3. 事件处理机制

Swing 使用事件驱动模型处理用户输入。每当用户与界面组件进行交互时，如单击按钮或输入文本，组件则产生事件，这些事件会被发送到事件监听器。Swing 的事件模型与 AWT 的类似，是使用事件源和事件监听器实现的。常见的事件类型包括鼠标事件、键盘事件等，Swing 中的每个组件都可以注册事件监听器以处理这些事件。在 9.3 节中，将详细讲解 Swing 的事件处理。

4. 组件容器和布局管理器

Swing 中的所有组件都需要放置在容器中。容器是特殊类型的组件，它被用于管理其他组件的布局，常见的容器有 JPanel、JFrame、JDialog 等。容器内部可以包含多个组件，布局管理器则负责组件的排列和大小调整。Swing 提供了多种布局管理器，如 FlowLayout、BorderLayout、GridLayout 等，用户可以根据需要选择合适的布局管理器。

9.1.2 Swing 与 AWT 的区别

Swing 是在 AWT 基础上进行扩展和改进的，因此二者有很多相似之处，但也有显著的区别，下面简单地列举它们之间的区别。

（1）组件的独立性：AWT 中的组件是重量级的，它们依赖于操作系统提供的原生 UI 组件，因此不同操作系统之间的表现是不一致的。相比之下，Swing 中的组件是轻量级的，完全由 Java 代码绘制渲染，能在跨平台环境中保持一致的外观和行为。

（2）组件的可定制性：Swing 的组件比 AWT 的组件更具可定制性。Swing 组件允许开发者更便捷地修改组件的外观、行为及交互方式。此外，Swing 还支持主题和 UI 装饰。例如，不同的外观风格可以让界面更灵活和现代化。

（3）事件模型：虽然 AWT 和 Swing 都采用了事件驱动模型，但 Swing 的事件模型更灵活，能够支持更复杂的事件处理机制。例如，Swing 支持更多的事件类型和更细粒度的事件监听，这为开发者提供了更强的控制力。

除此以外，Swing 与 AWT 还在性能、线程模型、API 扩展性能等方面有差异。Swing 的优缺点如表 9-1 所示。

表 9-1　Swing 的优缺点

优点	缺点
跨平台性：Swing 应用程序可以在不同的操作系统上运行，并且保持一致的外观和行为	性能问题：Swing 是轻量级组件，需要由 Java 进行渲染，Swing 的性能可能比 AWT 等本地组件的性能稍差
丰富的组件：Swing 提供了丰富组件，满足了大多数桌面应用的需求	复杂性：Swing 的组件层次结构较为复杂，完全掌握这些结构相对困难
高可定制性：Swing 组件可以通过自定义绘制实现复杂的外观效果	界面外观较为老旧：虽然 Swing 提供了丰富的界面定制功能，但与 JavaFX、React Native、Qt 等现代化的 UI 框架相比，Swing 的默认外观较为陈旧
良好的文档支持：Swing 是 Java 标准库的一部分，拥有丰富的官方文档和教程	—

9.2　创建窗口与面板

在 Swing 中，图形用户界面通常从创建窗口和面板开始。窗口是 GUI 应用程序的基础容器，而面板则是组织和管理界面组件的容器。本节将详细讲解如何在 Swing 中创建窗口和面板，包括常见的窗口类、面板的使用、布局管理器的设置、组件添加与布局等内容。

9.2.1 创建 JFrame 窗口

Swing 中的窗口通常由 JFrame 类表示。JFrame 是一个顶级容器，它用于显示应用程序的主窗口。创建一个 JFrame 对象后，可以向窗口中添加其他组件，如按钮、标签、文本框等。如下示例代码演示了创建一个简单的 JFrame 窗口的步骤。注意，Swing 中的坐标均以左上角为原点。

```java
import javax.swing.*;
public class SimpleWindow {
    public static void main(String[] args) {
        // 创建 JFrame 窗口
        JFrame frame = new JFrame("Swing 窗口示例");
        // 设置关闭操作
        frame.setDefaultCloseOperation(JFrame.EXIT_ON_CLOSE);
        // 设置窗口大小
        frame.setSize(400, 300);
        // 显示窗口
        frame.setVisible(true);
    }
}
```

上述代码解释如下。

（1）JFrame 是 Swing 中表示窗口的类，frame 是窗口的实例。

（2）setDefaultCloseOperation(JFrame.EXIT_ON_CLOSE)用于设置当用户关闭窗口时，程序结束运行。

（3）setSize(int width, int height)用于设置窗口的初始尺寸，这里设置为 400 像素×300 像素。

（4）setVisible(true)用于设置窗口显示在屏幕上。

运行效果如图 9-2 所示。

除了基础的窗口显示，JFrame 还提供了许多方法来设置窗口的其他属性，如位置、最小化、最大化、图标等。自定义窗口的位置、图标和标题方法的示例代码如下。

图 9-2　JFrame 窗口的示例代码运行效果

```java
import javax.swing.*;
import java.awt.*;
public class WindowWithProperties {
    public static void main(String[] args) {
        // 创建 JFrame 窗口
        JFrame frame = new JFrame("窗口属性示例");
        // 设置窗口关闭时退出程序
        frame.setDefaultCloseOperation(JFrame.EXIT_ON_CLOSE);
        // 设置窗口大小和位置
        frame.setSize(500, 400);
        frame.setLocation(100, 100); // 在屏幕的指定位置显示
        // 设置窗口图标
        ImageIcon icon = new ImageIcon("icon.png"); // 需要提供图标文件路径
        frame.setIconImage(icon.getImage());
        // 设置窗口的标题
        frame.setTitle("这是一个定制的窗口");
        // 显示窗口
```

```
        frame.setVisible(true);
    }
}
```

上述代码解释如下。

（1）setLocation(int x, int y)用于设置窗口在屏幕上的位置。

（2）setIconImage(Image image)用于设置窗口的图标。

（3）setTitle(String title)用于设置窗口的标题。

运行效果如图 9-3 所示。

图 9-3　定制窗口的示例代码运行效果

Swing 中的窗口默认使用 BorderLayout 布局管理器，布局管理器可以控制组件在容器中的排列方式。通过调用 setLayout()方法设置自定义的布局管理器，示例代码如下。

```
import javax.swing.*;
import java.awt.*;
public class WindowWithCustomLayout {
    public static void main(String[] args) {
        JFrame frame = new JFrame("自定义布局示例");
        // 设置窗口关闭时退出程序
        frame.setDefaultCloseOperation(JFrame.EXIT_ON_CLOSE);
        // 创建自定义的布局管理器
        frame.setLayout(new FlowLayout()); // 设置为流式布局
        // 添加一些组件
        frame.add(new JButton("按钮 1"));
        frame.add(new JButton("按钮 2"));
        frame.add(new JTextField(20));
        // 设置窗口大小并显示
        frame.setSize(400, 300);
        frame.setVisible(true);
    }
}
```

上述示例代码解释如下。

（1）setLayout()方法设置了窗口的布局管理器。此例使用 FlowLayout，它会把组件按顺序放置，并自动换行。

（2）使用 add()方法将组件添加到窗口。

运行效果如图 9-4 所示。

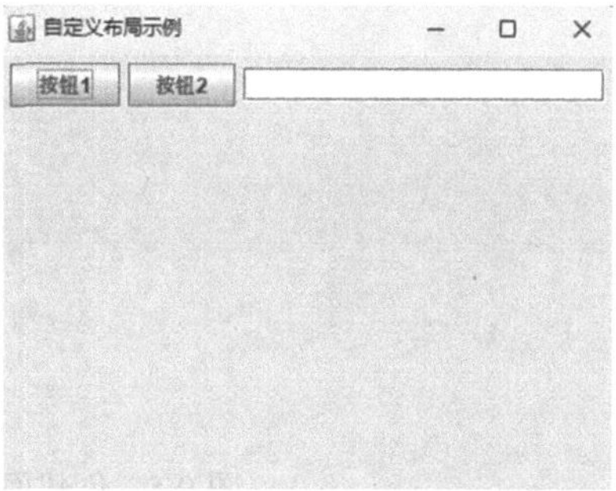

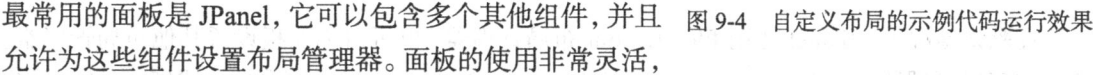

图 9-4　自定义布局的示例代码运行效果

9.2.2　创建面板

Swing 中的面板是一个用来组织和布局组件的容器。最常用的面板是 JPanel，它可以包含多个其他组件，并且允许为这些组件设置布局管理器。面板的使用非常灵活，它可以嵌套并组合其他容器，以帮助开发者创建复杂的界面。创建一个包含若干组件的面板，并将其添加到窗口中，示例代码如下。

```java
import javax.swing.*;
public class PanelExample {
    public static void main(String[] args) {
        // 创建 JFrame 窗口
        JFrame frame = new JFrame("面板示例");
        // 设置窗口关闭时退出程序
        frame.setDefaultCloseOperation(JFrame.EXIT_ON_CLOSE);
        // 创建一个面板
        JPanel panel = new JPanel();
        // 向面板添加组件
        panel.add(new JLabel("用户名"));
        panel.add(new JTextField(20));
        panel.add(new JButton("登录"));
        // 将面板添加到窗口中
        frame.add(panel);
        // 设置窗口大小并显示
        frame.setSize(400, 300);
        frame.setVisible(true);
    }
}
```

上述示例代码解释如下。

（1）JPanel 是 Swing 中最常见的面板类，它用于容纳其他组件。

（2）panel.add()方法用于将组件添加到面板上。

（3）frame.add(panel)用于将面板添加到窗口中，窗口中会显示面板上的所有组件。

运行效果如图 9-5 所示。

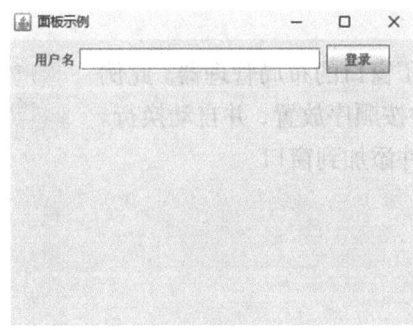

图 9-5　创建面板及向面板中添加组件的示例代码运行效果

在默认情况下，JPanel 使用 FlowLayout 布局管理器，也可以为面板设置其他布局管理器。常见的布局管理器包括 BorderLayout、GridLayout、BoxLayout 等。为面板设置自定义布局的示例代码如下。

```java
import javax.swing.*;
import java.awt.*;
public class CustomPanelLayout {
    public static void main(String[] args) {
        JFrame frame = new JFrame("自定义面板布局");
        // 设置窗口关闭时退出程序
        frame.setDefaultCloseOperation(JFrame.EXIT_ON_CLOSE);
        // 创建面板并设置 GridLayout 布局
        JPanel panel = new JPanel();
        panel.setLayout(new GridLayout(2, 2)); // 创建 2 行 2 列的网格布局
        // 向面板添加组件
        panel.add(new JLabel("用户名"));
        panel.add(new JTextField(15));
        panel.add(new JLabel("密码"));
        panel.add(new JPasswordField(15));
        // 将面板添加到窗口
        frame.add(panel);
        // 设置窗口大小并显示
        frame.setSize(300, 200);
        frame.setVisible(true);
    }
}
```

上述示例代码解释如下。

（1）使用 setLayout(new GridLayout(2, 2))将面板的布局设置为 GridLayout，并创建一个 2×2 的网格，面板中的组件会按行和列排列。

（2）使用 add()方法向面板中添加 JLabel 和 JTextField、JPasswordField 等组件，这些组件将自动放置在网格的各个位置。

（3）使用 frame.setSize(300, 200)设置窗口的大小，并通过 frame.setVisible(true)显示窗口。

运行效果如图 9-6 所示。

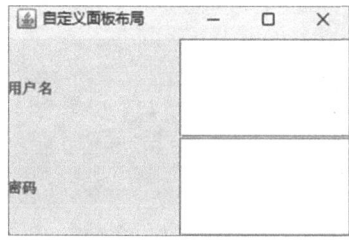

图 9-6　为面板设置自定义布局的示例代码运行效果

9.2.3　嵌套面板

Swing 中的面板可以进行嵌套，并允许用户使用多个布局管理器。一个面板可以放在另一个面板中，以实现复杂的界面布局。嵌套面板的示例代码如下。

```java
import javax.swing.*;
import java.awt.*;
public class NestedPanels {
    public static void main(String[] args) {
        JFrame frame = new JFrame("嵌套面板示例");
        // 设置窗口关闭时退出程序
        frame.setDefaultCloseOperation(JFrame.EXIT_ON_CLOSE);
        // 外部面板使用 BorderLayout 布局
        JPanel outerPanel = new JPanel();
        outerPanel.setLayout(new BorderLayout());
        // 内部面板使用 FlowLayout 布局
        JPanel innerPanel = new JPanel();
        innerPanel.setLayout(new FlowLayout());
        // 向内部面板添加组件
        innerPanel.add(new JButton("按钮 1"));
        innerPanel.add(new JButton("按钮 2"));
        // 将内部面板放入外部面板的顶部
        outerPanel.add(innerPanel, BorderLayout.NORTH);
        // 向外部面板添加其他组件
        outerPanel.add(new JLabel("欢迎使用 Swing"), BorderLayout.CENTER);
        // 将外部面板添加到窗口
        frame.add(outerPanel);
        // 设置窗口大小并显示
        frame.setSize(400, 300);
        frame.setVisible(true);
    }
}
```

上述示例代码解释如下。

（1）outerPanel 使用 BorderLayout 布局管理器，innerPanel 使用 FlowLayout 布局管理器。

（2）使用 outerPanel.add(innerPanel, BorderLayout.NORTH)将内部面板添加到外部面板的顶部。

运行效果如图 9-7 所示。

图 9-7　嵌套面板的示例代码运行效果

9.2.4　多面板的布局管理器组合

创建窗口与面板的过程中，布局管理器的组合起到了至关重要的作用。通过合理运用各种布局管理器，可以有效地控制组件的排列方式，从而让用户界面变得更加友好且灵活。为便于理解，简要介绍部分布局管理器。

（1）FlowLayout 组件：按添加的顺序排列，可以指定对齐方式和组件间距。

（2）BorderLayout 组件：分为五个区域（北、南、东、西、中心），每个区域只能有一个组件。

（3）GridLayout 组件：将容器划分为固定数量的行列，该组件按顺序排列在网格中。

（4）BoxLayout 组件：按垂直或水平方向排列组件，常用于纵向或横向排列的场景。

在编写 GUI 时，常常会组合使用多种布局管理器。如下是一个综合示例代码，展示了如何在同一窗口中使用不同的布局管理器。

```java
import javax.swing.*;
import java.awt.*;
public class CombinedLayouts {
    public static void main(String[] args) {
        JFrame frame = new JFrame("多种布局示例");
        // 设置窗口关闭时退出程序
        frame.setDefaultCloseOperation(JFrame.EXIT_ON_CLOSE);
        // 主面板使用 BorderLayout
        JPanel mainPanel = new JPanel();
        mainPanel.setLayout(new BorderLayout());
        // 左侧面板使用 GridLayout
        JPanel leftPanel = new JPanel();
        leftPanel.setLayout(new GridLayout(2, 1));
        leftPanel.add(new JButton("按钮 1"));
        leftPanel.add(new JButton("按钮 2"));
        // 右侧面板使用 BoxLayout 组件
        JPanel rightPanel = new JPanel();
        rightPanel.setLayout(new BoxLayout(rightPanel, BoxLayout.Y_AXIS));
        rightPanel.add(new JTextField(20));
```

```
        rightPanel.add(new JCheckBox("选项 1"));
        rightPanel.add(new JCheckBox("选项 2"));
        // 将左右面板添加到主面板
        mainPanel.add(leftPanel, BorderLayout.WEST);
        mainPanel.add(rightPanel, BorderLayout.CENTER);
        // 添加主面板到窗口
        frame.add(mainPanel);
        // 设置窗口大小并显示
        frame.setSize(600, 400);
        frame.setVisible(true);
    }
}
```

上述示例代码解释如下。

（1）主面板使用 BorderLayout 布局管理器，将整个窗口分为五个区域：北、南、东、西和中心。我们将左侧面板放置在 BorderLayout.WEST，将右侧面板放置在 BorderLayout.CENTER，实现了基本的区域划分。

（2）左侧面板使用 GridLayout 布局管理器，并设置为 2 行 1 列的网格布局。这样，左侧面板中会垂直排列两个按钮（按钮 1 和按钮 2）。

（3）右侧面板使用 BoxLayout 布局管理器，并设置为垂直方向（BoxLayout.Y_AXIS）。这使右侧面板中的组件（如文本框和复选框）会垂直排列。

运行效果如图 9-8 所示。

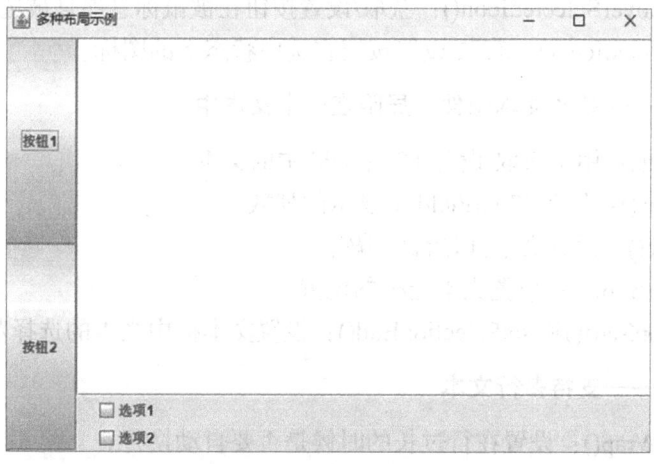

图 9-8　多种布局的示例代码运行效果

9.2.5　组件的常用属性

下面列举了 Swing 基本组件的常用属性。

1. JLabel 组件

（1）get/setText()：获取/设置标签的文本。

（2）get/seticon()：获取/设置标签的图片。

（3）get/setHorizontalAlignment()：获取/设置文本的水平位置。

（4）get/setVerticalAlignment()：获取/设置文本的垂直位置。

（5）get/setDisplayedMnemonic()：获取/设置标签的访问键（下画线文字）。

（6）get/setLableFor()：获取/设置这个标签附着的组件，当用户按"Alt"键和访问键时，将焦点转移到指定的组件。

2. JButton 组件

（1）get/setText()：获取/设置按钮的文本。

（2）get/seticon()：获取/设置按钮的图标。

（3）get/setHorizontalAlignment()：获取/设置按钮文本的水平位置。

（4）get/setVerticalAlignment()：获取/设置按钮文本的垂直位置。

（5）get/setDisplayedMnemonic()：获取/设置按钮访问键（下画线字符），当用户按"Alt"键和访问键时，将焦点转移到指定的组件。

3. JButton 组件在某些状态下的方法

（1）get/setDisabledIcon()：获取/设置按钮禁用状态下的图标。

（2）get/setDisableSelectedIcon()：获取/设置按钮禁用且被选中状态下的图标。

（3）get/setIcon()：获取/设置按钮的常规图标，按钮默认显示的图标。

（4）get/setPressedIcon()：获取/设置按钮在鼠标按下时显示的图标。

（5）get/setRolloverIcon()：获取/设置按钮在被鼠标悬停时显示的图标。

（6）get/setRolloverSelectedIcon()：获取/设置按钮在被鼠标悬停且被选中时显示的图标。

（7）get/setSelectedIcon()：获取/设置按钮在选中状态下的图标。

4. JTextField——基本文本组件，局限在一个文本中

（1）get/setText()：用于获取/设置 JTextField 中的文本

（2）setColumns()：设置 JTextField 中显示的列数。

（3）setEditable()：设置文本框是否可编辑。

（4）setCaretPosition()：设置文本光标的位置。

（5）setSelectionStart()和 setSelectionEnd()：设置文本框中文本的选择范围。

5. JTextArea——支持多行文本

（1）is/setLineWrap()：设置在行过长的时候是否要自动换行。

（2）is/setWrapStyleWord()：设置当单词过长时将长单词移到下一行。

6. JPasswordField——密码输入

（1）get/setEchoChar()：获取/设置每次字符输入时在 JPasswordField 中显示的字符。在获取口令时，不会返回"回声"，而是返回实际的字符。

（2）getText()：不应当使用这个函数，因为它会带来可能的安全问题（String 会保存在内存中，可能的堆栈转储会暴露的口令）。

（3）getPassword()：这是从 JPasswordField 中获得口令的恰当方法，因为它会返回一个包含口令的 char[]。为了保证恰当的安全性，数组应当被设置为 0，以确保它不会保留在内存中。

7. JFrame——容器，将其他组件放在其中展现给用户

（1）get/setTitle()：获取/设置该容器的标题。

（2）get/setState()：获取/设置该容器的最小化、最大化等状态。

（3）is/setVisible()：获取/设置该容器的可视状态，换句话说，是否在屏幕上显示。

（4）get/setLocation()：获取/设置该容器在屏幕上应当出现的位置。

（5）get/setsize()：获取/设置该容器的大小。

（6）add()：将组件添加到该容器中。

8. JComboBox——组合框

（1）addItem()：添加一个项目到 JComboBox.

（2）get/setSelectedIndex()：获取/设置 JComboBox 中选中项目的索引。

（3）get/setSelectedItem()：获取/设置选中的对象。

（4）removeAllItems()：从 JComboBox 删除所有对象。

（5）remoteItem()：从 JComboBox 删除特定对象。

9. JCheckBox/JRadioButton——选择框

JRadioButton 只能选择一个，JCheckBox 可以同时选择多个（必须加入 ButtonGroup 中）。

（1）add()：添加 JCheckBox 或 JRadioButton 到 ButtonGroup。

（2）getElements()：获得 ButtonGroup 中的全部组件，允许对它们进行迭代，找到其中选中的那个。

10. JMenu/JMenuItem/JMenuBar——菜单模块的主要构造

（1）JMenuItem 和 JMenu 的主要构造如下。

- get/setAccelerator()：获取/设置用作快捷键的 "Ctrl" 键和 "+" 键。
- get/setText()：获取/设置菜单的文本。
- get/setIcon()：获取/设置菜单使用的图片。

（2）JMenuBar 的主要构造如下。

- add()：添加另外一个 JMenu 或 JMenuItem 到 JMenu（创建嵌套菜单）。

11. JSlider——滑动条

（1）get/setMinimum()：获取/设置可以选择的最小值。

（2）get/setMaximum()：获取/设置可以选择的最大值。

（3）get/setOrientation()：获取/设置 JSlider 是上/下还是左/右滚动条。

（4）get/setValue()：获取/设置 JSlider 的初始值。

12. JSpinner

（1）get/setValue()：获取/设置 JSpinner 的初始值，在基本实例中，需要是整数。

（2）getNextValue()：获取按上箭头键之后应当选中的下一个值。

（3）getPreviousValue()：获取按下箭头键之后应当选中的前一个值。

13. JScrollPane——滚动条

（1）getHorizontalScrollBar()：返回水平的 JScrollBar 组件。

（2）getVerticalScrollBar()：返回垂直的 JScrollBar 组件。

（3）get/setHorizontalScrollBarPolicy()：这个"策略"可以是以下三个中的一个：Always、Never 或 As Needed（设置滚动条的显示时间）。

（4）get/setVerticalScrollBarPolicy()：与水平函数相同（同上）。

14. JList

（1）get/setSelectedIndex()：获取/设置列表中选中的行。在多选择列表的情况下，返回一个 int[]。

（2）get/setSelectionMode()：与上面解释的一样，获取/设置选择模式，模式有单一、单一间隔和多选间隔。

（3）setListData()：设置在 JList 中使用的数据。

（4）get/setSelectedValue()：获得选中的对象（与选中行号对应）。

9.3 处理事件

在 Swing 中，事件驱动编程是 GUI 编程的核心。当用户与界面进行交互（如点击按钮、输入文本、移动鼠标等）时，会触发特定事件。事件处理机制决定了程序如何响应用户的输入，Swing 中通过事件监听器来捕捉和处理这些事件。本节将详细讲解 Swing 中的事件处理，包括事件的基本概念、常用的事件类型、事件源和事件监听器的关系，以及如何编写事件处理程序。

9.3.1 事件的基本概念

事件处理机制遵循事件源（Event Source）和事件监听器（Event Listener）的模式。事件源是产生事件的组件，事件监听器是用来响应事件的对象。事件源、事件监听器、事件对象的定义如下。

（1）事件源：事件源是指在 Swing 应用程序中能够触发事件的所有组件。例如，按钮（JButton）、文本框（JTextField）、复选框（JCheckBox）等都是事件源。当用户与这些组件交互时，它们会生成事件。

（2）事件监听器：事件监听器是用来处理事件的接口。在 Swing 中，监听器接口通常是以 Listener 结尾的类，如 ActionListener、MouseListener、KeyListener 等。当事件发生时，Swing 会调用相应监听器中的方法处理事件。

（3）事件对象（Event）：事件对象包含了事件的详细信息，例如事件源、发生的时间、事件类型等。Swing 中的所有事件类都继承自 java.util.EventObject 类。具体的事件类提供了事件源的获取方法及与事件相关的信息。Swing 中有许多不同类型的事件，常见的事件类型包括如下几种。

- ActionEvent：通常用于按钮单击、菜单选择等操作。
- MouseEvent：与鼠标操作相关的事件，如鼠标单击、移动、按下等。

- KeyEvent：与键盘输入相关的事件，如按键按下、按键释放等。
- WindowEvent：与窗口相关的事件，如窗口关闭、窗口激活等。
- ItemEvent：与复选框、单选按钮等组件的状态变化相关的事件。

事件源是一个组件，当用户进行一些操作时，如按下鼠标或释放键盘等，都会触发相应的事件，如果事件源注册了监听器，则触发的相应事件将会被处理。Swing 事件处理流程如图 9-9 所示。

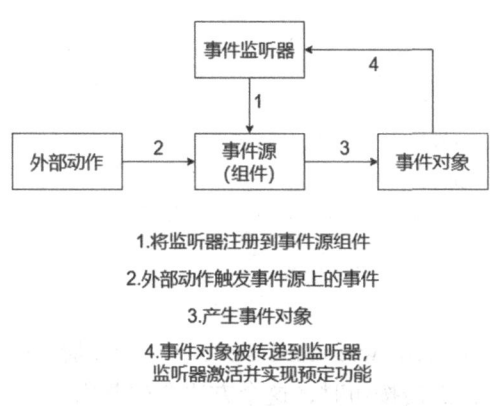

图 9-9　Swing 事件处理流程

9.3.2　事件监听器

在 Swing 中，通过调用组件的 addXXXListener()方法注册事件监听器。例如，JButton 的 addActionListener()方法可以用来注册 ActionListener，JTextField 的 addKeyListener()方法可以用来注册 KeyListener 等。

1．ActionListener

ActionListener 是常用的事件监听器之一，它用于处理点击按钮等操作。当点击按钮时，actionPerformed()方法会被调用。

注册 ActionListener 并处理点击事件的示例代码如下。

```java
import javax.swing.*;
import java.awt.event.*;
public class ActionEventExample {
    public static void main(String[] args) {
        // 创建 JFrame 窗口
        JFrame frame = new JFrame("ActionEvent 示例");
        // 设置窗口关闭时退出程序
        frame.setDefaultCloseOperation(JFrame.EXIT_ON_CLOSE);

        // 创建按钮
        JButton button = new JButton("点击我");
        // 注册 ActionListener
        button.addActionListener(new ActionListener() {
            @Override
```

```
                public void actionPerformed(ActionEvent e) {
                    // 点击按钮时触发的事件
                    JOptionPane.showMessageDialog(frame, "按钮被点击了!");
                }
            });

            // 将按钮添加到窗口
            frame.add(button);

            // 设置窗口大小并显示
            frame.setSize(300, 200);
            frame.setVisible(true);
        }
    }
```

上述示例代码解释如下。

（1）button.addActionListener(new ActionListener() {...})注册了一个 ActionListener，并重写了 actionPerformed()方法。在点击按钮时，这个方法会被调用。

（2）JOptionPane.showMessageDialog()方法用于显示消息框。

代码运行后，单击如图 9-10（a）所示的"ActionEvent 示例"窗口中的"点击我"按钮，弹出如图 9-10（b）所示的事件触发效果，其中显示"按钮被点击了!"。

（a）"ActionEvent 示例"窗口 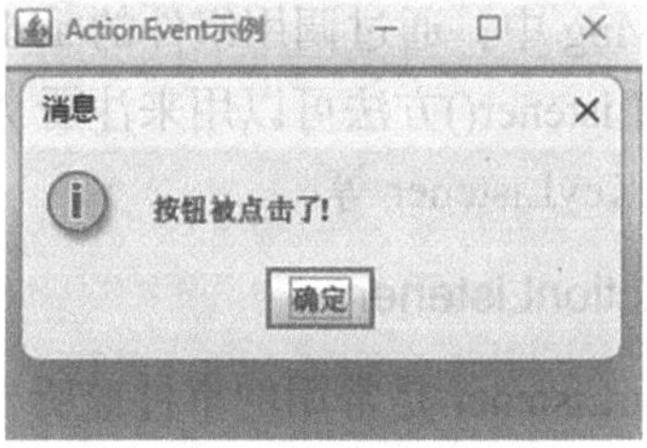　　　　　　　　　　　　（b）事件触发效果

图 9-10　处理点击事件

2. MouseListener

MouseListener 用于监听鼠标的各种操作，如点击、按下、释放、进入和退出组件，包含以下五个方法。

（1）mouseClicked(MouseEvent e)。

（2）mousePressed(MouseEvent e)。

（3）mouseReleased(MouseEvent e)。

（4）mouseEntered(MouseEvent e)。

（5）mouseExited(MouseEvent e)。

使用 MouseListener 处理鼠标事件的示例代码如下。

```
import javax.swing.*;
import java.awt.event.*;
public class MouseEventExample {
```

```
public static void main(String[] args) {
    // 创建 JFrame 窗口
    JFrame frame = new JFrame("MouseListener 示例");
    // 设置窗口关闭时退出程序
    frame.setDefaultCloseOperation(JFrame.EXIT_ON_CLOSE);
    // 创建一个面板
    JPanel panel = new JPanel();
    JLabel label = new JLabel("请点击面板");

    // 注册 MouseListener
    panel.addMouseListener(new MouseListener() {
        @Override
        public void mouseClicked(MouseEvent e) {
            label.setText("面板被点击了!");
        }
        @Override
        public void mousePressed(MouseEvent e) {}
        @Override
        public void mouseReleased(MouseEvent e) {}
        @Override
        public void mouseEntered(MouseEvent e) {
            label.setText("鼠标进入了面板!");
        }
        @Override
        public void mouseExited(MouseEvent e) {
            label.setText("鼠标离开了面板!");
        }
    });
    // 将标签和面板添加到窗口
    frame.add(label, "North");
    frame.add(panel, "Center");
    // 设置窗口大小并显示
    frame.setSize(400, 300);
    frame.setVisible(true);
}
}
```

上述示例代码解释如下。

（1）调用 panel.addMouseListener()方法为面板添加鼠标监听器。

（2）根据鼠标事件类型，调用 mouseClicked()、mouseEntered()等方法。

运行效果如图 9-11 所示，将鼠标移入面板区域，显示如图 9-12 所示，使用鼠标点击面板区域，显示如图 9-13 所示，将鼠标移出面板区域，显示如图 9-14 所示。

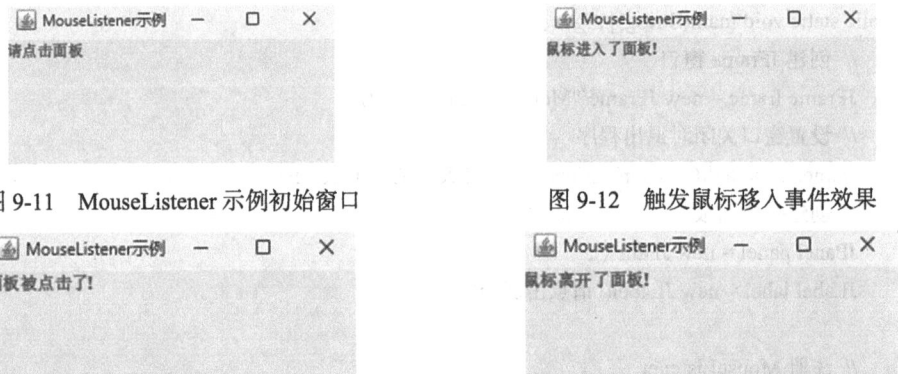

图 9-11　MouseListener 示例初始窗口　　　　图 9-12　触发鼠标移入事件效果

图 9-13　触发点击事件效果　　　　　　图 9-14　触发鼠标移出事件效果

3. KeyListener

KeyListener 用于监听键盘事件，它包括如下三个方法。

（1）keyPressed(KeyEvent e)。

（2）keyReleased(KeyEvent e)。

（3）keyTyped(KeyEvent e)。

使用 KeyListener 处理键盘输入事件的示例代码如下。

```
import javax.swing.*;
import java.awt.event.*;
public class KeyEventExample {
    public static void main(String[] args) {
        // 创建 JFrame 窗口
        JFrame frame = new JFrame("KeyListener 示例");

        // 设置窗口关闭时退出程序
        frame.setDefaultCloseOperation(JFrame.EXIT_ON_CLOSE);
        // 创建一个文本框
        JTextField textField = new JTextField();
        // 注册 KeyListener
        textField.addKeyListener(new KeyListener() {
            @Override
            public void keyPressed(KeyEvent e) {
                System.out.println("按下键：" + e.getKeyChar());
            }
            @Override
            public void keyReleased(KeyEvent e) {
                System.out.println("释放键：" + e.getKeyChar());
            }
            @Override
            public void keyTyped(KeyEvent e) {
                System.out.println("键盘输入：" + e.getKeyChar());
            }
```

```
        });
        // 将文本框添加到窗口
        frame.add(textField);
        // 设置窗口大小并显示
        frame.setSize(400, 200);
        frame.setVisible(true);
    }
}
```

上述示例代码解释如下。

（1）调用 textField.addKeyListener()方法为文本框添加键盘监听器。

（2）调用 keyPressed()方法、keyReleased()方法和 keyTyped()方法分别处理按下键、释放键和键盘输入事件。

KeyListener 示例代码的初始窗口如图 9-15 所示，在键盘上敲击"k""e""y"，键盘输入效果如图 9-16 所示，对应的控制台输出如图 9-17 所示。

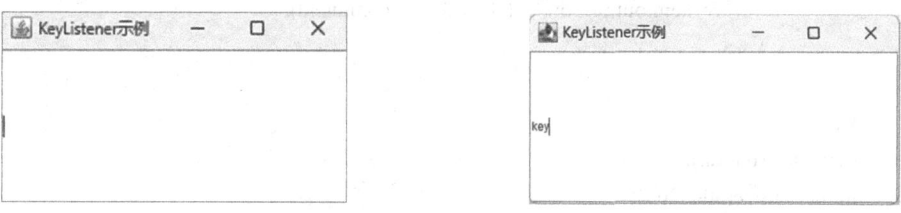

图 9-15　KeyListener 示例代码的初始窗口　　　　图 9-16　键盘输入效果

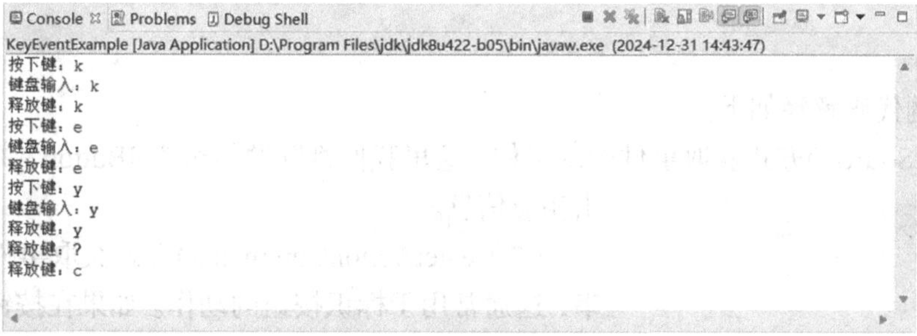

图 9-17　控制台输出

9.3.3　事件对象

Swing 中的每个事件都有一个与之相关的事件对象，事件对象包含了关于事件的详细信息。例如，在 ActionEvent 中事件对象会包含关于按钮的信息，在 MouseEvent 中则包含鼠标的坐标信息。

获取事件的事件源信息的示例代码如下。

```
import javax.swing.*;
import java.awt.event.*;
public class EventInfoExample {
    public static void main(String[] args) {
        JFrame frame = new JFrame("事件信息示例");
```

```
frame.setDefaultCloseOperation(JFrame.EXIT_ON_CLOSE);
JButton button = new JButton("点击我");
// 设置按钮的动作命令
button.setActionCommand("BUTTON_CLICK");

button.addActionListener(new ActionListener() {
    @Override
    public void actionPerformed(ActionEvent e) {
        // 获取事件源
        Object source = e.getSource();
        if (source instanceof JButton) {
            System.out.println("按钮被点击了");

            // 获取动作命令
            String command = e.getActionCommand();
            System.out.println("动作命令: " + command);
        }
    }
});
frame.add(button);
frame.setSize(300, 200);
frame.setVisible(true);
    }
}
```

上述示例代码解释如下。

（1）e.getSource()方式获取事件的源组件，这里我们判断源是否为 JButton，并在控制台输出相应信息。

图 9-18　事件信息的示例代码运行效果

（2）e.getActionCommand()方式获取事件的命令字符串，这通常用于标识按钮的动作。如果在按钮上设置了特定的命令字符串（通过 setActionCommand()方式），则可以通过此方法获取该字符串。

运行效果如图 9-18 所示，对应的控制台输出如图 9-19 所示。

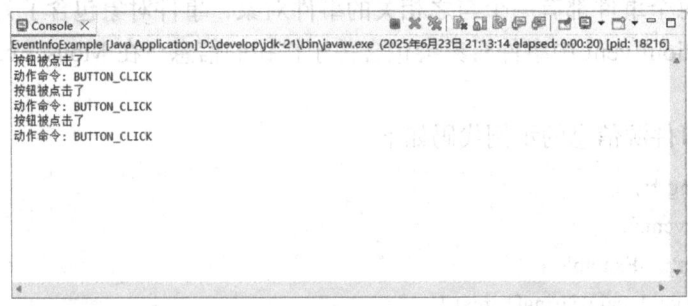

图 9-19　控制台输出

9.3.4 事件适配器

为了实现监听器接口，需要实现接口其中的所有抽象方法。很多监听器都有多个方法，在实际开发中我们只会用到其中的部分方法，但是也需要以空方法的形式实现其他方法，这样就会造成大量冗余代码。为了解决这个问题，Java Swing 又提供了相应的适配器类。适配器类实际上就是监听器接口的默认实现类，这些实现类中都提供了监听器接口中抽象方法的空实现。在实现监听器时，无须直接实现这些监听器接口，而可以去继承这些实现类，在继承实现类的时候，重写那些真正需要处理事件的方法。大部分监听器接口都有对应的适配器类，但也有一些没有，监听器与适配器类的关系如表 9-2 所示。

表 9-2 监听器与适配器类的关系

监听器接口	适配器类
ActionListener	—
AdjustmentListener	—
ContainerListener	ContainerAdapter
FocusListener	FocusAdapter
ItemListener	—
KeyListener	KeyAdapter
MouseListener	MouseAdapter
WindowListener	WindowAdapter

9.4 习 题

一、简答题

1. 什么是 Swing 中的"事件驱动编程"？
2. 如何在 Swing 中处理按钮点击事件？
3. 简述 JFrame 和 JDialog 的主要区别。
4. 简述 AWT 和 Swing 的关系。为什么 Swing 被认为是 AWT 的扩展？
5. Swing 中常见的事件有哪些？请举例说明。
6. 什么是事件监听器？它在 Swing 中的作用是什么？

二、编程题

1. 编写一个程序，创建一个窗口，窗口中包含一个按钮和一个标签。在点击按钮时，标签的文字应更新为"按钮被点击！"。
2. 使用 GridLayout 布局管理器创建一个包含四个按钮的界面，按照如下方式布局。

按钮 1　按钮 2
按钮 3　按钮 4

3. 编写一个 Java Swing 程序，创建一个窗口，窗口中包含一个下拉菜单（JComboBox）和一个标签。选择不同的菜单项时，标签的文字应根据选择项更新。

4. 使用 Swing 编写一个程序，显示包含六个标签的框架。设置标签背景颜色为白色，前景色分别为黑色、蓝色、青色、绿色、粉色和橙色，并设置每个标签的边界为黄色的线边界。设置每个标签的字体为 TimesRoman、加粗，字号为 20 像素，每个标签的文本和工具提示文本都为它的前景色的名字，效果如图 9-20 所示。

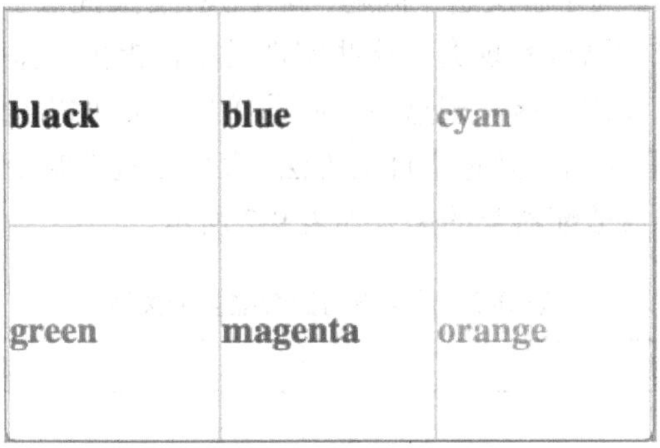

black	blue	cyan
green	magenta	orange

图 9-20　编程题 4 效果

5. 使用 Swing 编写一个程序，显示一个棋盘，棋盘中的每个白色格和黑色格都是将背景色设置为黑色或白色的 JButton，效果如图 9-21 所示。

图 9-21　编程题 5 效果

Java 作为一种跨平台的编程语言，提供了强大的网络编程能力。在 Java 中，网络通信的核心是 java.net 包，它为程序员提供了实现网络编程所需的各种工具和类，这些类是基于操作系统的网络协议栈实现的，但封装了许多复杂的细节，从而简化了程序员对网络通信的操作，能够让网络编程变得更简洁和高效。

本章将介绍 Java 中的网络编程基础，包括不同网络协议下的数据通信。首先解析网络编程核心概念和 java.net 包中的关键类与接口；然后分别介绍 TCP 和 UDP 协议的编程实现，通过 Socket/ServerSocket 完成 TCP 连接的客户端与服务器通信，借助 DatagramSocket 实现 UDP 无连接数据报传输；最后引入非阻塞的概念，基于 java.nio 包的 ServerSocketChannel、SocketChannel 及 Selector 等类，介绍非阻塞通信的核心机制与实现原理。

10.1　核心类与接口

本节将对 Java 网络编程涉及的常用类与接口进行概述，并简要描述它们的功能与用法。

10.1.1　java.net 包

java.net 包是 Java 标准库的一部分，是 Java 网络编程的核心包，提供了多种类和接口以支持客户端和服务器端的网络通信。java.net 包支持多种协议，如 TCP、UDP、HTTP 等，为开发网络应用程序提供了强大的功能。通过 Java.net 包，Java 应用能够轻松实现基于 TCP 和 UDP 协议的客户端和服务器端之间的通信。

java.net 包在 Java 的最初版本（JDK 1.0）中就已经存在，最初版本的 java.net 包包含了 Socket 和 ServerSocket 等基本的网络类，它们的主要功能都是围绕 TCP 与 UDP 连接而设计的。在后续的 JDK 1.1 与 JDK 1.2 等版本中，java.net 包得到了进一步扩展与改进，尤其是在协议支持、URL 处理和连接管理等方面。java.net 包加入了更多与网络相关的特性，包括 URLConnection 类、MulticastSocket 类和 Proxy 类等，使其具备了发送和处理 HTTP 请求、多播、代理等功能。

操作系统提供的标准 Socket 方法通常包括 socket()、bind()、connect()、listen()、accept()、sendto()、recvfrom()、send()、recv()、close()、setsockopt()等方法，而 java.net 包对这些方法进行了封装，并在此基础上提供了常用的 java 网络通信类。

（1）Socket 类：Socket 类用于建立 TCP 客户端的连接，并通过它在客户端和服务器端之间传输数据。Socket 是进行 TCP/IP 网络通信的基础类。

（2）ServerSocket 类：ServerSocket 类用于实现 TCP 协议下的服务器端应用程序。它负责监听并接收来自客户端的连接请求，接收连接后会返回一个 Socket 对象，用于与客户端进行通信。

（3）DatagramSocket 类：DatagramSocket 类用于 UDP 协议下的通信。UDP 是无连接的协议，适用于快速传输数据，但不保证数据的可靠性和顺序。

（4）URL 类：URL 类表示统一资源定位符，用于描述在网络上资源的地址。Java 提供了 URL 类用于方便地处理 URL，并通过它进行网络资源的访问。

（5）URLConnection 类：URLConnection 类用于打开一个 URL 连接，并通过该连接发送请求和接收响应。它可以处理 URL 所指定资源的输入和输出流，支持多种数据类型的读取和写入。

（6）InetAddress 类：InetAddress 类主要用于处理 IP 地址和主机名的解析，支持 IPv4 和 IPv6。它属于对网络层次中的网络层的操作，是网络通信中基本的类之一。

（7）MulticastSocket 类：MulticastSocket 类是 DatagramSocket 类的扩展，专门用于 UDP 多播通信。它允许数据包被发送到一个多播地址，并被加入多播组的多个接收者接收。

（8）Proxy 类：Proxy 类允许 Java 应用通过代理服务器访问网络资源。在一些网络环境下，程序员可能需要通过代理访问外部服务，Proxy 类提供了配置代理的能力。

10.1.2 Socket 类

Socket 类是 Java 网络编程的核心类之一，主要用于实现客户端与服务器之间的 TCP 连接。通过 Socket 类，客户端可以与服务器进行双向通信。它所基于的 TCP 协议是基于连接的协议（即面向连接的协议），意味着在通信开始之前，必须建立连接，且数据在传输过程中是可靠的。

1. 特点

（1）面向连接：Socket 类是面向连接的，客户端和服务器在数据传输前需要通过三次握手建立可靠的连接。

（2）全双工通信：Socket 类支持全双工通信，即客户端和服务器可以同时进行数据的发送与接收。

（3）数据流操作：Socket 类提供了基于流的输入/输出操作，即支持使用 InputStream 和 OutputStream 对象进行数据传输。这种方式更适合处理大流量的数据。

2. 工作流程

（1）连接建立：创建 Socket 对象时会尝试与指定的远程主机建立连接。如果连接成功，客户端与服务器就可以进行数据交换了。

（2）数据传输：连接建立后，客户端和服务器可以通过 Socket 对象的输入/输出流进行数据传输。TCP 协议确保数据的可靠传输，即数据包按顺序到达，不丢失且无误。

（3）连接关闭：数据传输完毕后，客户端和服务器可以通过 Socket 对象的 close()方法关闭连接，释放资源。

3. 应用场景

（1）客户端程序：任何需要与服务器建立 TCP 连接的客户端程序（如网页浏览器、FTP 客户端、数据库客户端等）都可以使用 Socket 类。

（2）网络游戏客户端：部分基于 TCP 的网络游戏客户端也可以使用 Socket 类与游戏服务器进行通信。

4. 常用方法

（1）Socket(String host, int port)方法：用于构造一个指定主机和端口的 Socket 对象，并立即尝试连接。

用法如下。

```
Socket socket = new Socket("localhost", 8080);
```

（2）getInputStream()方法：用于获取 Socket 对象的输入流，接收来自服务器的数据。

用法如下。

```
InputStream inputStream = socket.getInputStream();
BufferedReader reader = new BufferedReader(new InputStreamReader (inputStream));
String line = reader.readLine();
```

（3）getOutputStream()方法：用于获取 Socket 对象的输出流，向服务器发送数据。

用法如下。

```
OutputStream outputStream = socket.getOutputStream();
PrintWriter writer = new PrintWriter(outputStream, true);
writer.println("Hello, Server!");
```

（4）setSoTimeout(int timeout)方法：用于设置套接字的读取超时时间（单位为毫秒），当 InputStream 的读取操作超时时会抛出 SocketTimeoutException。

用法如下。

```
socket.setSoTimeout(5000);    // 5 秒超时
```

（5）close()方法：用于关闭套接字，释放资源。

用法如下。

```
socket.close();
```

（6）isClosed()方法：用于判断 Socket 对象是否已经关闭。

用法如下。

```
if (socket.isClosed()) {
    System.out.println("Socket is closed.");
}
```

（7）isConnected()方法：用于判断 Socket 对象是否已建立连接。

用法如下。

```
if (socket.isConnected()) {
    System.out.println("Socket is connected.");
}
```

（8）getInetAddress()方法：用于获取 Socket 对象连接的远程主机的 IP 地址。

用法如下。

```
InetAddress remoteAddress = socket.getInetAddress();
System.out.println("Remote address: " + remoteAddress);
```

10.1.3　ServerSocket 类

ServerSocket 类是 Socket 类的一个重要补充，专门用于在服务器端监听客户端的连接请求。ServerSocket 类只负责监听客户端连接请求的接收，不直接参与数据的传输。它属于面向连接的通信，只能用于 TCP 协议的服务器端。

1．特点

（1）监听端口：ServerSocket 类通常绑定到一个指定的端口上，等待客户端的连接请求。绑定端口后，服务器就能接收客户端的连接请求。

（2）多客户端支持：ServerSocket 类本身不限制客户端的连接数，服务器端可以通过accept()方法并发接收多个客户端的连接请求，从而实现多客户端同时连接的功能。

（3）封装 Socket 类：ServerSocket 类与 Socket 类紧密配合，ServerSocket 类用于接收连接请求并返回一个新的 Socket 对象，这个新的 Socket 用于与客户端进行数据交换。

2．工作流程

（1）监听：ServerSocket 类启动后，会绑定到指定的端口上（通常是服务器的 IP 地址和某个端口号）。此时，它会阻塞并等待客户端发起连接请求。

（2）接收连接：当客户端发起连接请求时，ServerSocket 类会接收请求，并返回一个新的Socket 对象，客户端与该 Socket 类进行数据交换。

（3）多连接支持：一个 ServerSocket 对象可以连续接收多个客户端连接，每个客户端的连接会由 ServerSocket 类返回一个新的 Socket 对象来处理。

3．应用场景

（1）Web 服务器：如 HTTP 服务器，它使用 ServerSocket 类监听客户端的连接请求，并为每个客户端提供一个单独的 Socket 类交换数据。

（2）文件服务器：提供文件传输服务的服务器会使用 ServerSocket 类监听客户端请求，并通过与每个客户端建立的 Socket 类连接进行数据传输。

（3）即时通信服务器：即时通信软件的服务器端可以通过 ServerSocket 类管理多个客户端的连接。

4．常用方法

（1）ServerSocket(int port)方法：在服务器端构造一个指定端口的 ServerSocket 对象，用于在指定端口监听客户端连接。

用法如下。

```
ServerSocket serverSocket = new ServerSocket(8080);
```

（2）accept()方法：用于阻塞等待并接收客户端的连接请求，返回一个新的 Socket 对象，用于与客户端进行通信。

用法如下。

```
Socket clientSocket = serverSocket.accept();
System.out.println("Client connected.");
```

（3）setSoTimeout(int timeout)方法：用于设置连接超时时间，避免长时间等待客户端连接时的阻塞，单位为毫秒。如果超时，accept()方法则抛出 SocketTimeoutException。

用法如下。

```
serverSocket.setSoTimeout(5000);   // 设置超时为 5 秒
```

（4）close()方法：用于关闭 ServerSocket，释放绑定的端口。

用法如下。

```
serverSocket.close();
```

（5）getLocalPort()方法：用于获取 ServerSocket 绑定的本地端口。

用法如下。

```
int port = serverSocket.getLocalPort();
System.out.println("Server listening on port: " + port);
```

10.1.4　DatagramSocket 类

DatagramSocket 类是用于处理 UDP 通信的类。与 Socket 类不同，DatagramSocket 是无连接的，它不需要在发送数据之前建立连接，不保证数据的可靠传输，因此在数据传输中可能会出现丢包、顺序错乱等问题。但它的优点是开销小、速度快，适用于需要高性能而不需要严格可靠性的应用场景。

1. 特点

（1）无连接通信：DatagramSocket 类不需要先与远程主机建立连接。客户端可以直接将数据包发送到指定的 IP 地址和端口号，服务器也可以接收来自任意客户端的数据包。

（2）基于数据报：数据以数据报的形式发送，每个数据报包含目标地址和端口信息。DatagramSocket 类提供的 send()和 receive()方法用于发送和接收这些数据报。

（3）轻量级：由于没有连接管理、数据可靠性保障等机制，UDP 相对于 TCP 更加轻量级，适合大规模并发和实时数据传输的场景。

2. 工作原理

（1）发送数据报文：客户端通过 DatagramSocket 创建一个数据报，并通过 send()方法将数据发送到指定的地址和端口。

（2）接收数据报文：服务器或客户端通过 receive()方法接收传入的数据报文，解析并处理数据。

（3）无连接：UDP 不需要连接，因此不进行三次握手。

3. 应用场景

（1）实时音视频通信：UDP 能够提供较低延迟，适合语音通信和视频直播等实时传输场景。

（2）在线游戏：大多数在线游戏使用 UDP 传输控制信息和游戏状态数据，因为它对延迟非常敏感，要求实时性高。

（3）广播和多播：UDP 支持广播和多播，适合大规模的广播式数据传输。

（4）DNS 查询：DNS 协议使用 UDP 来处理查询请求和响应，因为其消息短小，且需要快速处理。

4. 常用方法

（1）DatagramSocket(int port)方法：构造一个指定端口的 DatagramSocket 对象，用于发送和接收 UDP 数据包。

用法如下。

```
DatagramSocket socket = new DatagramSocket(8080);
```

（2）send(DatagramPacket packet)方法：用于发送一个 DatagramPacket 数据包，该数据包包含要发送的数据、目标地址和目标端口。

用法如下。

```
String message = "Hello, UDP!";
DatagramPacket packet = new DatagramPacket(message.getBytes(), message.length(), InetAddress.getByName
("localhost"), 8080);
socket.send(packet);
```

（3）receive(DatagramPacket packet)方法：用于接收一个 DatagramPacket 数据包，阻塞直到接收到数据。接收到的数据将存储在传入的 DatagramPacket 对象中。

用法如下。

```
DatagramPacket packet = new DatagramPacket(new byte[1024], 1024);
socket.receive(packet);
String received = new String(packet.getData(), 0, packet.getLength());
System.out.println("Received: " + received);
```

（4）setSoTimeout(int timeout)方法：用于设置接收数据时的超时时间，避免在接收数据时长时间阻塞，单位为毫秒。如果超时，receive()方法则抛出 SocketTimeoutException。

用法如下。

```
socket.setSoTimeout(5000);   // 5 秒超时
```

（5）close()方法：用于关闭 DatagramSocket，释放与 UDP 通信相关的资源。

用法如下。

```
socket.close();
```

10.1.5 java.nio 包

Java NIO 是 Java 1.4 引入的一个新 I/O 框架，它提供了一种更为高效、灵活的 I/O 操作方式，特别适用于处理大量连接的网络应用程序。在其众多新特性中，最具革命性的是非阻塞 I/O（Non-blocking I/O）。它通过通道（Channel）与缓冲区（Buffer）结合使用来实现非阻塞 I/O 操作，使得应用程序能够在一个单一的线程中处理多个 I/O 操作，从而显著提高了性能和资源利用率，因此能更好地支持高并发、低延迟的网络通信，被广泛应用于高性能的网络服务器、实时数据处理等场景。

java.nio 包中与非阻塞通信相关的常用类有如下几种。

1. ServerSocketChannel 类

ServerSocketChannel 类用于实现非阻塞的服务器端 Socket（TCP），它是 ServerSocket 类的一个扩展，支持监听客户端连接请求。与传统的阻塞式 ServerSocket 类不同，ServerSocketChannel 类提供了非阻塞的方式来接收客户端连接。

常用方法如下。

（1）open()方法：打开一个 ServerSocketChannel 实例，返回一个新的 ServerSocketChannel 对象。

用法如下。

```
ServerSocketChannel serverChannel = ServerSocketChannel.open();
```

（2）bind()方法：将 ServerSocketChannel 实例绑定到指定的端口和地址，以便监听连接请求。

用法如下。

```
serverChannel.bind(new InetSocketAddress(8080));
```

（3）accept()方法：非阻塞方法，用于接收来自客户端的连接请求，返回一个新的 SocketChannel 对象。

用法如下。

```
SocketChannel clientChannel = serverChannel.accept();
```

2. SocketChannel 类

SocketChannel 类代表了一个客户端和服务器端之间的 TCP 连接，它是 Socket 类的 NIO 版本，支持非阻塞 I/O 和通道机制。SocketChannel 类可以是阻塞的，也可以是非阻塞的，通过 Selector 类处理多个客户端的连接和 I/O 操作。

常用方法如下。

（1）open()方法：打开一个新的 SocketChannel 实例，并返回一个 SocketChannel 实例。

用法如下。

```
SocketChannel socketChannel = SocketChannel.open();
```

（2）connect()方法：连接到远程主机。对于非阻塞模式，connect()方法可能立即返回，而连接的完成将在后续的操作中通过 Selector 监听。

用法如下。

```
socketChannel.connect(new InetSocketAddress("localhost", 8080));
```

（3）read()方法：从 SocketChannel 实例中读取数据到 ByteBuffer 中。

用法如下。

```
ByteBuffer buffer = ByteBuffer.allocate(1024);
socketChannel.read(buffer);
```

（4）write()方法：将数据从 ByteBuffer 写入 SocketChannel 实例。

用法如下。

```
ByteBuffer buffer = ByteBuffer.wrap("Hello".getBytes());
socketChannel.write(buffer);
```

3. Selector 类

Selector 类是 Java NIO 中用于实现事件驱动 I/O 的关键类，它允许一个线程同时处理多个通道（ServerSocketChannel 和 SocketChannel）。Selector 类会监控多个通道上的事件，并且当某个通道上有感兴趣的事件发生时，Selector 类会返回相应的通道供处理。

常用方法如下。

（1）open()方法：打开一个新的 Selector 实例。

用法如下。

```
Selector selector = Selector.open();
```

（2）select()方法：阻塞并等待至少一个通道的事件发生，返回发生事件的通道数量。

用法如下。

```
selector.select();
```

（3）selectedKeys()方法：返回一个集合，包含了所有已发生事件的通道。

用法如下。

```
Set<SelectionKey> keys = selector.selectedKeys();
```

（4）register()方法：将 SelectableChannel（如 SocketChannel 或 ServerSocketChannel）注册到 Selector 上，监听指定的 I/O 事件。

用法如下。

```
socketChannel.register(selector, SelectionKey.OP_READ);
```

4. SelectionKey 类

SelectionKey 是 Selector 和注册到它的通道之间的桥梁，它表示通道的一个 I/O 事件，包含了通道的状态、感兴趣的事件及与该通道关联的附加信息。

常用方法如下。

（1）isReadable()方法：检查该 SelectionKey 是否与读事件（OP_READ）相关。

用法如下。

```
if (key.isReadable()) {
a)    // 处理读事件
}
```

（2）isWritable()方法：检查该 SelectionKey 是否与写事件（OP_WRITE）相关。

用法如下。

```
if (key.isWritable()) {
a)    // 处理写事件
}
```

（3）channel()方法：返回与该 SelectionKey 关联的通道。

用法如下。

```
SocketChannel channel = (SocketChannel) key.channel();
```

（4）cancel()方法：取消该 SelectionKey 的注册。
用法如下。

```
key.cancel();
```

5. ByteBuffer 类

ByteBuffer 类代表了一个字节缓冲区，用于存储从通道中读取的数据或准备写入通道的数据。ByteBuffer 类主要用于缓冲数据，支持读写操作，并且可以与 Channel 类结合进行高效的 I/O 操作。

常用方法如下。

（1）allocate()：分配一个普通的缓冲区。
用法如下。

```
ByteBuffer buffer = ByteBuffer.allocate(1024);
```

（2）allocateDirect()：分配一个直接缓冲区，适用于需要高性能的 I/O 操作。
用法如下。

```
ByteBuffer buffer = ByteBuffer.allocateDirect(1024);
```

（3）flip()：切换缓冲区的模式，从写模式切换到读模式。
用法如下。

```
buffer.flip();
```

（4）clear()方法：清空缓冲区，为下一次写操作做准备。
用法如下。

```
buffer.clear();
```

10.2　TCP 网络通信编程

TCP（Transmission Control Protocol，传输控制协议）是一个面向连接和字节流的、可靠的传输层协议，它具有丢包重传机制、流控机制和拥塞控制机制。例如，HTTP 和 FTP 都采用 TCP 进行传输。TCP 为了保证传输的可靠性，引入了非常复杂的保障机制。例如，连接建立时的三次握手和连接关闭时的四次挥手机制、滑动窗口机制、发送流控机制、慢启动和拥塞避免机制等。在对可靠性要求很高的应用场景中，可以选择可靠 TCP 作为传输层协议。本节主要介绍通过 Java 编写 TCP 客户端、服务器端程序的具体方法。

10.2.1　Java TCP 通信基本概念

编写 TCP 客户端、服务器端程序通常分为如下几个步骤。

（1）创建客户端 Socket，连接到某个服务器监听的端口，需要指定服务器监听的 host 和 port。host 可以是 IP 地址，也可以是域名。

（2）创建服务端 Socket，绑定到一个固定的服务端口，监听客户端的连接请求。

（3）客户端发起连接请求，完成三次握手过程。

（4）TCP 连接建立成功后，双方进行数据流交互。

（5）数据流交互完成后，关闭连接。

Socket 标准方法下 TCP 客户端和服务器的建立过程如图 10-1 所示。

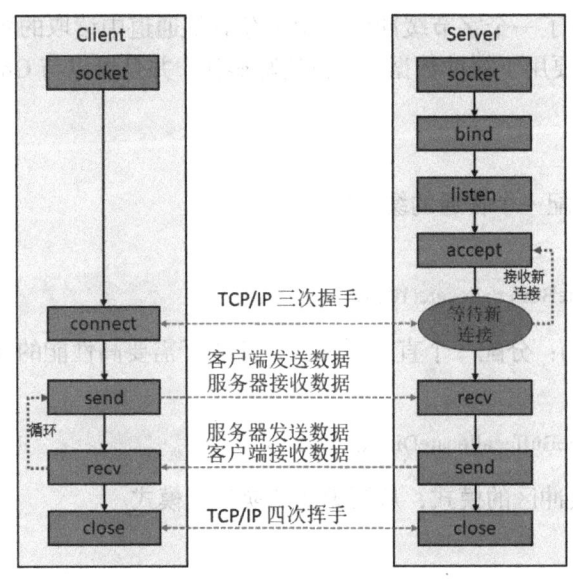

图 10-1　Socket 标准方法下 TCP 客户端和服务器的建立过程

Java 语言应用面向对象的思维，对以上过程进行了抽象。在 Java 中，可以使用如下操作实现。

1．创建服务器

（1）创建 ServerSocket 对象：用于监听指定端口的连接请求。

（2）接收客户端连接：使用 ServerSocket.accept()方法接收客户端连接，返回一个 Socket 对象，用于和客户端进行数据传输。

（3）获取输入/输出流：通过 socket.getInputStream()和 socket.getOutputStream()方法获取输入/输出流，用于数据的读写。

（4）关闭连接：数据交换完成后，关闭流和 Socket 类。

2．创建客户端

（1）创建 Socket 对象：通过 Socket 类与服务器建立连接，指定服务器的 IP 地址和端口号。

（2）获取输入/输出流：通过 socket.getInputStream()和 socket.getOutputStream()方法获取输入/输出流。

（3）发送数据：通过输出流发送数据到服务器。

（4）接收数据：通过输入流接收服务器返回的数据。

（5）关闭连接：完成数据交换后，关闭输入/输出流和 Socket 类。

10.2.2　Socket 类与 ServerSocket 类详解

在 10.2 节，已经初步介绍了 Java Socket 类和 ServerSocket 类，现在将详细介绍它们的具体用法。

1．Socket 类

Java 抽象了 java.net.Socket 类，它表示一个 Socket 连接对象，既可以将它用于客户端，又可以用于服务器端。

java.net.Socket 类包含的主要功能如下。

（1）创建 Socket：创建一个 java.net.Socket 类的对象。

（2）建立 TCP 连接：可以通过 java.net.Socket 类的构造方法完成，也可以通过调用 connect() 方法完成。

（3）将 Socket 绑定到本地 IP 地址或端口：可以调用 java.net.Socket 类的 bind() 方法完成。

提示：服务器需要进行 bind 操作，客户端一般不需要进行 bind 操作。

（4）关闭连接：可以调用 java.net.Socket 类的 close() 方法完成。

（5）接收数据：可以通过 java.net.Socket 类的 getInputStream() 方法，返回一个 java.io.InputStream 对象实现数据接收。

（6）发送数据，可以通过 java.net.Socket 类的 getOutputStream() 方法，返回一个 java.io.OutputStream 对象实现数据发送。

java.net.Socket 类的重载构造方法如下。

（1）无参构造方法为 public Socket()，使用无参构造方法创建一个空的 Socket 对象后，需要手动调用 connect() 方法连接到服务器。

```
public void connect(SocketAddress endpoint, int timeout) throws IOException
```

在调用 connect() 方法时，需要构造 SocketAddress 结构，也可以设置连接的超时时间（毫秒）。

（2）指定服务器的 host 和 port 参数的构造方法。

```
public Socket(String host, int port) throws UnknownHostException, IOException
public Socket(InetAddress address, int port) throws IOException
```

host 参数可以传入 IP 地址或域名，也可以传入构造好的 InetAddress 地址结构。

在本构造方法中，首先会创建一个 InetAddress 地址结构，然后进行域名解析，最后调用它的 connect() 方法自动和服务器建立连接。

（3）指定绑定的本地地址参数的构造方法。

```
public Socket(String host, int port, InetAddress localAddr,   int localPort) throws IOException
public Socket(InetAddress address, int port, InetAddress localAddr,   int localPort) throws IOException
```

此类构造方法可以传入 host 和 port 参数，功能与上一个方法的功能类似；同时，也可以传入 localAddr 和 localPort 参数，调用 java.net.Socket 类的 bind() 方法，将传入的参数绑定到本地的接口地址和端口。

（4）指定代理服务器的构造方法。

```
public Socket(Proxy proxy)
```

当需要访问某个代理服务器时，可以调用此构造方法，Socket 会自动连接代理服务器。

2. ServerSocket 类

Java 抽象了 java.net.ServerSocket 类，表示服务器在监听 Socket 客户端的连接，它只用于服务器端，通过调用 accept()方法获取新的连接。accept()方法的返回值是 java.net.Socket 类型，后续服务器和客户端的数据收发，都是通过 accept()方法返回的 Socket 对象来完成的。

java.net.ServerSocket 类的重载构造方法如下。

（1）public ServerSocket() throws IOException。

使用无参构造方法构造 java.net.ServerSocket 类的对象，需要手动调用 bind()方法，绑定监听端口和接口地址。

（2）public ServerSocket(int port) throws BindException, IOException。

（3）public ServerSocket(int port, int queueLength) throws BindException, IOException。

（4）public ServerSocket(int port, int queueLength, InetAddress bindAddress) throws IOException。

含义如下。

（1）port 参数用于传入服务器监听的端口号。如果传入的 port 是 0，系统则会随机选择一个端口监听。

（2）queueLength 参数用于设置连接接收队列的长度。如果不传入此参数，则采用系统默认长度。

（3）bindAddress 参数用于将监听 Socket 绑定到一个本地接口。如果传入此参数，则服务器会监听指定的接口地址；如果不指定此参数，则默认会监听通配符 IP 地址，如监听 IPv4 地址 0.0.0.0。

10.2.3 TCP 通信实例

在本节中，通过 TCP 通信的代码实例演示客户端与服务器的通信。

服务器启动后将接收客户端 Socket，并不断将客户端传输的信息打印到控制台，示例代码如下。

```java
import java.io.BufferedReader;
import java.io.IOException;
import java.io.InputStreamReader;
import java.net.ServerSocket;
import java.net.Socket;
public class SocketService {
    //搭建服务器端
    public static void main(String[] args) throws IOException{
        //创建服务器
        ServerSocket server=new ServerSocket(8080);
        System.out.println("服务器启动成功");
        //等待客户端连接后，接收客户端 Socket
```

```
        Socket socket=server.accept();
        //获取客户端 Socket 的输入流
        BufferedReader in=new BufferedReader(new InputStreamReader (socket.getInputStream()));
        while(true){
                //等待客户端 Socket 的不为空输入流
                String str = in.readLine();
                if (str == null) {
                        break;
                }
                System.out.println("客户端说：" + str);
        }
        in.close(); //关闭 Socket 输入流
        socket.close(); //关闭 Socket
        server.close(); //关闭 ServerSocket
    }
}
```

客户端将与服务器连接，不断将控制台的用户输入传输到服务器，示例代码如下。

```java
import java.io.BufferedReader;
import java.io.IOException;
import java.io.InputStreamReader;
import java.io.PrintWriter;
import java.net.Socket;
public class SocketClient {
    // 搭建客户端
    public static void main(String[] args) throws IOException {
        //创建客户端，并连接服务器
        Socket socket = new Socket("localhost", 8080);
        System.out.println("客户端启动成功");
        //获取控制台输入流
        BufferedReader out = new BufferedReader(new InputStreamReader(System.in));
        //通过 Socket 输出流创建 write 推送功能对象
        PrintWriter pw = new PrintWriter(socket.getOutputStream());
        while (true) {
            //等待控制台不为空的输入流
            String str = out.readLine();
            if ("".equals(str)) {
                break;
            }
            //通过 socket 对象将字符串推送到服务器
            pw.println(str);
            //立刻刷新推送功能对象
            pw.flush();
        } // 继续循环
        pw.close(); // 关闭 Socket 输出流
        socket.close(); // 关闭 Socket
```

```
        }
    }
```

TCP 实例代码的执行逻辑如图 10-2 所示，接下来结合案例对该实例进行讲解。

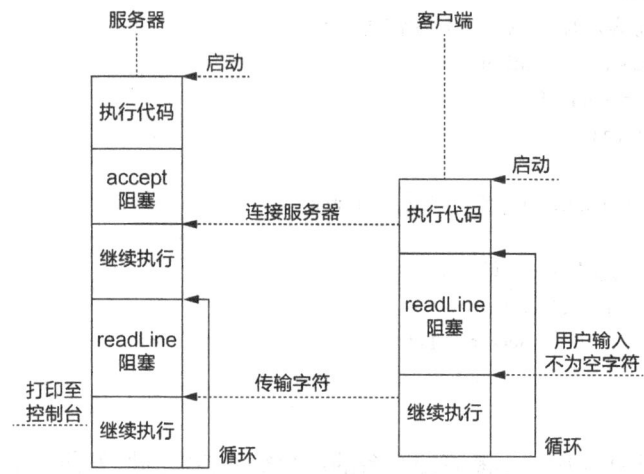

图 10-2　TCP 实例代码的执行逻辑

1. 代码执行逻辑

（1）首先，启动服务器，accept()方法被阻塞，等待一个 Socket 连接。服务器的代码执行到此暂停。

（2）然后，启动客户端。客户端启动后，服务器会继续执行，至 while 循环的 readLine()方法处阻塞，等待获取客户端 Socket 中的输入流，而同时，客户端也会被循环的 readLine()方法阻塞，等待控制台中的输入流的出现，这样整个程序就进入了等待中。

（3）此时，在客户端的控制台中输入一串字符，客户端的 readLine()方法便会立刻读取这段输入流。然后，客户端通过 PrintWriter()方法将该输入流通过 Socket 的输出流推送到服务器的 Socket 中。接着，进入下一个循环的等待。而服务器中的 readLine()方法会立刻读取到 Socket 的输入流，打印到服务器的控制台，接着同样进入下一个循环的等待。

（4）借助 while(true)循环，重复步骤（3）以实现多次通信。每当向客户端输入一个字符串，客户端均能传输到服务器，并由服务器进行输出。

（5）当用户输入空字符（仅输入回车）时，客户端跳出循环并关闭。当客户端关闭连接后，readLine 将返回 null，此时服务器的 readLine()方法首先收到一个空字符，并同样跳出循环，然后关闭。

2. 注意细节

（1）在代码中，br.readLine()方法和 pw.println(str)方法是互相配合使用的，因为 readLine()方法读入一条完整的数据必须有换行符表示结束，否则其将一直等待一个换行符而一直阻塞，所以使用 println()方法可以确保包含换行符。

（2）flush()方法刷新缓冲区：写入网络数据时，如果不调用 flush()方法，客户端和服务器则可能都无法接收数据。这是因为以流的形式写入数据并不会立刻发送到网络，而是会先写入内存缓冲区，直到缓冲区满了，才会一次性地发送到网络，这样设计的目的是提高传输效率。如果缓冲区的数据很少，而我们又想强制把这些数据发送到网络，就必须调用 flush()方法强制把缓冲区数据发送出去。

3. PrintWriter 与 BufferedReader 类

在之前的章节中，已经介绍过 PrintWriter 与 BufferedReade 类；在 10.2 节中，也介绍过 socket.getOutputStream() 和 socket.getInputStream() 方法。socket.getOutputStream() 和 socket.getInputStream()方法是 Java Socket 类的基本方法，用于直接获取字节流，从而实现数据的发送和接收。然而，字节流操作对于文本数据的处理较为烦琐，因此 Java 提供了 PrintWriter 和 BufferedReader 这两个类来包装这些字节流，从而更方便地处理字符数据。在 Socket 编程中，常将它们组合使用。

（1）当需要发送文本或字符数据时，可以使用 PrintWriter 类封装 socket.getOutputStream()方法。

示例代码如下。

```
PrintWriter writer = new PrintWriter(socket.getOutputStream(), true);
writer.println("Hello, Server!");
```

（2）当需要 Socket 对象接收文本数据时，可以使用 BufferedReader 类封装 socket.getInputStream()方法。

示例代码如下。

```
BufferedReader reader = new BufferedReader(new InputStreamReader (socket.getInputStream()));
String line = reader.readLine();
```

10.3 UDP 网络通信编程

用户数据报协议（User Datagram Protocol，UDP）是一个无连接的、不可靠的传输层协议，它没有丢包重传机制、流控机制和拥塞控制机制。同时，它不保证数据包的顺序，也不对重复包进行过滤，传输中经常会出现乱序。因为 UDP 没有提供复杂的各种保障机制，所以它具有实时、高效的传输特性。UDP 在音视频会议、VOIP、音视频实时通信等行业有着广泛的应用。本节主要讲解通过 Java 编写 UDP 客户端、服务器程序的具体方法。

10.3.1 Java UDP 通信基本概念

UDP 通信没有流的概念，它没有创建连接，一次收发一个数据包，因此，相对 TCP Socket 通信，UDP Socket 通信流程是简单的。应用程序在使用 UDP 时需要指定 IP 和端口号，UDP 通信也需要使用 Socket。注意，UDP 端口和 TCP 端口虽然都使用 0 ~ 65535，但其为两套独立的端口。例如，一个应用程序用 TCP 占用了端口 1234，不影响另一个应用程序用 UDP 占用端口 1234。

编写 UDP 客户端、服务器程序通常分为如下几个步骤。

（1）创建客户端 Socket，指定服务器的 host 和 port。客户端 Socket 不需要进行连接操作，因为 UDP 是无连接的协议。只需指定目标主机的 IP 地址、域名，以及目标端口号。

（2）创建服务端 Socket，绑定到一个固定的服务端口。服务端通过创建 Socket 并绑定到指定端口进行监听。同理，服务端不需要像 TCP 那样等待连接请求。

（3）在连接建立后，客户端和服务端可互相发送数据报进行交互。每次数据报的发送都不依赖于前一次的发送，且每个数据报都是独立的。

（4）数据流交互完成后，关闭 Socket。

Socket 标准方法下 UDP 客户端和服务器建立过程如图 10-3 所示。

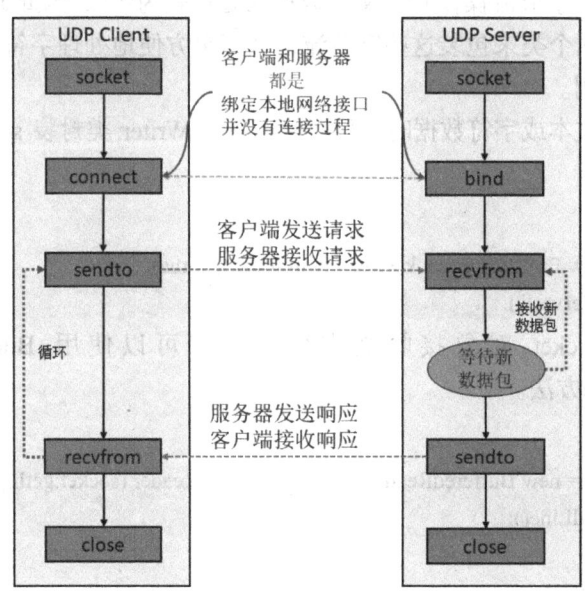

图 10-3　Socket 标准方法下 UCP 客户端和服务器建立过程

对比 TCP 客户端、服务器的建立过程可以发现，UDP 客户端的建立过程虽然会调用 connect()方法，但是并不会连接服务器，只是和本地接口进行绑定；同时，UDP 服务器也没有 listen 和 accept 调用。对于 UDP 客户端来说，connect()方法的调用是可选的。

在 Java 中建立 UDP 连接体现为以下操作。

1. 创建服务器

（1）创建 DatagramSocket 对象：用于监听指定端口的客户端数据报请求。

（2）接收数据报：调用 DatagramSocket.receive()方法接收客户端发送的数据包。此方法会阻塞，直到接收到数据为止。

（3）处理数据：从接收到的 DatagramPacket 中提取数据并进行处理。

（4）发送响应：如果需要，调用 DatagramSocket.send()方法将响应数据包发送回客户端。

（5）关闭连接：完成数据交换后，调用 DatagramSocket.close()方法关闭服务器端的 Socket。

2. 创建客户端

（1）创建 DatagramSocket 对象：客户端使用 DatagramSocket 创建一个新的 Socket。由于 UDP 是无连接的协议，客户端不需要指定目标服务器端口和 IP 地址，直接构造数据包即可发送数据。

（2）创建数据包并发送数据：通过构造 DatagramPacket 对象，将数据包封装并发送到服务器的指定 IP 地址和端口。

（3）接收响应数据：如果服务器发送了响应数据，则客户端可以通过 DatagramSocket.receive() 方法接收服务器返回的 DatagramPacket。

（4）关闭连接：数据交换完成后，调用 DatagramSocket.close() 方法关闭客户端 Socket。

10.3.2　DatagramSocket 实现 UDP Socket

Java 抽象了 java.net.DatagramSocket 类，它表示了一个 UDP Socket，既可以被用在客户端，又可以被用在服务器端。java.net.DatagramSocket 是一个包装类，对外抽象了一组方法，具体实现是在 java.net.DatagramSocketImpl 类中完成的，它允许用户自定义具体实现。

java.net.DatagramSocket 类包含的主要功能如下。

（1）创建 UDP Socket，即创建一个 java.net.DatagramSocket 类的对象。

（2）将 Socket 绑定到本地接口 IP 地址或端口，可以调用 java.net.DatagramSocket 类的构造方法或 bind() 方法完成。

（3）将客户端 UDP Socket 和远端 Socket 进行绑定，可以通过 java.net.DatagramSocket 类的 connect() 方法完成。

提示：UDP 客户端调用 connect() 方法，仅仅是将本地 Socket 和远端 Socket 进行绑定，并不会有类似 TCP 三次握手的过程。

（4）关闭连接，可以调用 java.net.DatagramSocket 类的 close() 方法完成。

（5）接收数据，可以通过 java.net.DatagramSocket 类的 receive() 方法实现数据接收。

（6）发送数据，可以通过 java.net.DatagramSocket 类的 send() 方法实现数据发送。

java.net.Socket 类的重载构造方法如下。

（1）无参构造方法。

```
public DatagramSocket() throws SocketException
```

将 java.net.Socket 类绑定到任意可用的端口和通配符 IP 地址，如 IPv4 的 0.0.0.0。一般用作 UDP 客户端 Socket 的创建。

（2）指定 port 参数的构造方法。

```
public DatagramSocket(int port) throws SocketException
```

将 java.net.Socket 类绑定到由 port 指定的端口和通配符 IP 地址，如 IPv4 的 0.0.0.0。一般用作 UDP 服务端 Socket 的创建。

（3）指定 IP 和 Port 参数的构造方法。

```
public DatagramSocket(SocketAddress bindaddr) throws SocketException
public DatagramSocket(int port, InetAddress laddr) throws SocketException
```

将 java.net.Socket 类绑定到指定的端口和指定的网络接口。如果主机有多个网卡，并且需要在某个指定的网卡上收发数据，则可以调用此构造方法。这样既可以用作 UDP 客户端 Socket，也可以用作 UDP 服务端 Socket。

10.3.3 UDP 通信实例

在本节中，将用一个 UDP 通信的代码实例介绍客户端与服务器的通信。

服务器在循环中阻塞等待接收数据包并在接收以后立即打印，且向客户端发送响应，示例代码如下。

```
DatagramSocket ds = new DatagramSocket(8080); // 监听指定端口
for (;;) { // 无限循环
    byte[] buffer = new byte[1024];
    DatagramPacket packet = new DatagramPacket(buffer, buffer.length);
    ds.receive(packet); // 收取一个 UDP 数据包
    String s = new String(packet.getData(), packet.getOffset(), packet.getLength(), StandardCharsets.UTF_8);
    // 创建一个新的数据包来发送 ACK
    byte[] data = "ACK".getBytes(StandardCharsets.UTF_8);
    DatagramPacket ackPacket = new DatagramPacket(data, data.length, packet.getAddress(), packet.getPort());
    ds.send(ackPacket); // 发送 ACK
}
```

向服务器发送简短信息，接收服务器响应后关闭，示例代码如下。

```
DatagramSocket ds = new DatagramSocket();
ds.setSoTimeout(1000);
// 连接是可选的，通常不需要在 UDP 中使用
// ds.connect(InetAddress.getByName("localhost"), 8080);
// 发送:
byte[] data = "Hello".getBytes();
DatagramPacket packet = new DatagramPacket(data, data.length, InetAddress.getByName("localhost"), 8080);
ds.send(packet);
// 接收:
byte[] buffer = new byte[1024];
packet = new DatagramPacket(buffer, buffer.length);
ds.receive(packet);
String resp = new String(packet.getData(), packet.getOffset(), packet.getLength());
// 关闭:
ds.close();
```

接下来将结合实例进行分析。

1. 服务器代码分析

（1）创建并绑定 DatagramSocket。

```
DatagramSocket ds = new DatagramSocket(8080);
```

服务器创建一个 DatagramSocket 对象，并绑定到端口 8080。这意味着服务器在该端口上等待接收客户端的 UDP 数据包。

（2）进入无限循环接收数据。

```
for (;;) {
```

```
byte[] buffer = new byte[1024];
DatagramPacket packet = new DatagramPacket(buffer, buffer.length);
ds.receive(packet);
}
```

服务器进入无限循环，使用 ds.receive(packet)阻塞等待接收客户端发来的数据。每当接收到数据时，服务器会将数据存储在 packet 的缓冲区中。

（3）处理接收到的数据。

```
String s = new String(packet.getData(), packet.getOffset(), packet.getLength(), StandardCharsets.UTF_8);
```

当服务器接收到数据后，通过 packet.getData()方法获取数据并解析为字符串，打印接收到的消息（如客户端发送的"Hello"）。

（4）发送响应数据。

```
byte[] data = "ACK".getBytes(StandardCharsets.UTF_8);
DatagramPacket ackPacket = new DatagramPacket(data, data.length, packet.getAddress(), packet.getPort());
ds.send(ackPacket);
```

服务器创建一个新的数据包，内容为"ACK"，并将该数据包发送回客户端。packet.getAddress()和 packet.getPort()方法确保响应数据包发送回客户端的正确地址与端口。

（5）继续循环接收数据。

服务器会继续等待新的数据包。如果客户端继续发送数据，则服务器会接收并响应。

2. 客户端代码分析

（1）创建并绑定 DatagramSocket。

```
DatagramSocket ds = new DatagramSocket();
```

客户端创建一个 DatagramSocket 对象。此时，客户端没有绑定端口，它会自动绑定到一个随机端口。

（2）设置超时。

```
ds.setSoTimeout(1000);
```

客户端设置接收超时时间为 1000 毫秒。如果在该时间内没有收到服务器的响应，则抛出SocketTimeoutException。

（3）发送数据包给服务器。

```
byte[] data = "Hello".getBytes();
DatagramPacket packet = new DatagramPacket(data, data.length, InetAddress.getByName("localhost"), 8080);
ds.send(packet);
```

客户端向服务器的 localhost:8080 端口发送数据包，内容为"Hello"。

（4）等待并接收服务器响应。

```
byte[] buffer = new byte[1024];
packet = new DatagramPacket(buffer, buffer.length);
ds.receive(packet);
```

客户端通过 ds.receive(packet)等待接收来自服务器的响应数据包。

（5）处理响应数据。

```
String resp = new String(packet.getData(), packet.getOffset(), packet.getLength());
```

在客户端接收到响应数据包后，通过 packet.getData()方法获取响应数据，转换为字符串并存储在 resp 变量中。假设服务器发送了"ACK"，则 resp 变量的值为"ACK"。

（6）关闭 DatagramSocket。

```
ds.close();
```

客户端完成与服务器的通信后，关闭套接字，释放资源。

3. 代码执行逻辑分析

（1）启动服务器：服务器首先启动并绑定到端口 6666，然后进入无限循环等待客户端发送数据。

（2）启动客户端：客户端创建套接字，向服务器发送一个数据包（内容为"Hello"）。客户端发送数据后，继续等待服务器的响应。

（3）服务器接收客户端数据：服务器接收到客户端发送的数据（内容为"Hello"），解析该数据，并向客户端发送一个响应数据包（内容为"ACK"）。

（4）客户端接收服务器响应：客户端在等待 1000 毫秒内接收服务器的响应（内容为"ACK"）。

（5）一旦收到响应，客户端将响应内容转换为字符串并打印。

（6）客户端关闭套接字：客户端完成所有操作后，关闭 DatagramSocket，断开与服务器的连接。

（7）服务器继续循环接收数据：服务器继续等待接收新的数据。如果客户端发送更多数据，服务器会继续处理并响应。

4. 客户端向两个不同的服务器发送 UDP 包的方法

（1）客户端可以创建两个 DatagramSocket 实例，调用 connect()方法连接到不同的服务器。

（2）客户端也可以不调用 connect()方法，而是在创建 DatagramPacket 的时候指定服务器地址，这样可以用一个 DatagramSocket 实例发送 DatagramPacket 到不同的服务器。

调用 connect()方法向两个不同的服务器发送 UDP 包，示例代码如下。

```
DatagramSocket ds = new DatagramSocket();
ds.setSoTimeout(1000);
// 发送到 localhost:8080:
byte[] data1 = "Hello".getBytes();
var packet1 = new DatagramPacket(data1, data1.length, InetAddress.getByName("localhost"), 8080);
ds.send(packet1);
// 发送到 localhost:8081:
byte[] data2 = "Hi".getBytes();
var packet2 = new DatagramPacket(data2, data2.length, InetAddress.getByName("localhost"), 8081);
ds.send(packet2);
```

```
// 关闭:
ds.close();
```

10.4　习　　题

一、简答题

1. 什么是 Socket?

2. 什么是阻塞和非阻塞模式的 Socket 编程? 简述多线程服务器中每线程模型和线程池模型的区别。

3. 在网络编程中, 如何选择使用 TCP 或 UDP? 需要考虑哪些因素?

4. 阻塞和非阻塞通信有什么区别?

5. 什么是 Java NIO? 列举三个 Java NIO 核心组件并简述其作用。

二、编程题

1. 编写一个简单的 TCP 客户端和服务器, 客户端发送消息到服务器, 服务器接收到消息后打印。

2. 实现一个 TCP 服务器, 允许客户端通过输入用户名和密码进行验证, 验证成功后打印欢迎信息。显示对应的客户端, 能够通过验证。(假设用户名为 admin, 密码为 password。)

3. 编写一个简单的 UDP 客户端和服务器, 客户端向服务器发送一条消息, 服务器接收到消息后返回相同的消息。

4. 编写一个简单的多线程 TCP 服务器, 使用线程池处理每个客户端请求。

5. 编写一个使用 Java NIO 的非阻塞 TCP 服务器, 监听多个客户端连接。